现代测绘理论与技术丛书

航天线阵影像摄影测量定位理论与方法

Principle and Methods of Photogrammetric Positioning for Space Linear Imagery

胡 莘 王仁礼 王建荣 编著

测绘出版社

·北京·

内容简介

本书系统地介绍了航天线阵影像摄影测量定位理论与方法,主要包括航天摄影测量基础、航天摄影系统、线阵传感器成像模型、精密定轨与定姿、线阵影像外部定向、线阵影像摄影测量立体定位及摄影系统的几何标定等内容。本书既阐述了传统理论和方法,也介绍了最新研究成果,适合于航天、测绘、遥感、地理信息领域的高等院校教师、科研人员、研究生和工程技术人员学习参考。

图书在版编目(CIP)数据

航天线阵影像摄影测量定位理论与方法/胡莘,王仁礼,王建荣编著.—北京:测绘出版社,2018.4
(现代测绘理论与技术丛书)
ISBN 978-7-5030-4036-8

Ⅰ.①航… Ⅱ.①胡… ②王… ③王… Ⅲ.①航天摄影测量 Ⅳ.①P236

中国版本图书馆 CIP 数据核字(2018)第 052084 号

责任编辑 雷秀丽 **封面设计** 李 伟 **责任校对** 孙立新 **责任印制** 陈 超

出版发行	测绘出版社	**电　话**	010－83543956(发行部)
地　址	北京市西城区三里河路 50 号		010－68531609(门市部)
邮政编码	100045		010－68531363(编辑部)
电子信箱	smp@sinomaps.com	**网　址**	www.chinasmp.com
印　刷	北京虎彩文化传播有限公司	**经　销**	新华书店
成品规格	169mm×239mm		
印　张	10.375	**字　数**	202 千字
版　次	2018 年 4 月第 1 版	**印　次**	2018 年 4 月第 1 次印刷
印　数	0001－1500	**定　价**	68.00 元

书　号 ISBN 978-7-5030-4036-8
本书如有印装质量问题,请与我社门市部联系调换。

前　言

随着航天技术和空间遥感技术的发展，航天摄影测量从经典的航空摄影测量中脱颖而出。一方面，它以月球探测中的测绘技术为跳板，继而解决太阳系中其他行星的测绘问题；另一方面，以全球基础测绘为牵引，解决无地面控制点条件下的高精度地图测绘问题。

苏联于 1959 年 10 月 4 日发射了 Luna-3 宇宙飞船，拍摄了月球背面的像片，1960 年 11 月 6 日出版了世界上第一张月球背面图；1967 年在综合处理 Zond-3（1965 年 7 月发射）和 Luna-3 宇宙飞船拍摄的像片基础上，构建了 59 个点的月面控制网，测制了第一幅 1∶500 万比例尺的月面图，制作了 1∶200 万比例尺的影像图和 1∶100 万比例尺的月面彩色图，标志着航天摄影测量的诞生。

美国利用 1966 年 8 月 1 日发射的“月球轨道飞行器”拍摄的像片，首次采用轨道约束的空中三角测量，为阿波罗登月测制了月形图。1971 年至 1972 年，相继利用阿波罗 15、16 和 17 号飞船上搭载的测图相机、星相机及测高仪，经区域网平差，建成了 5 324 个点的月面控制网，测制了 1∶25 万比例尺的正射影像图，以及 1∶5 万、1∶2.5 万、1∶1 万比例尺的月形图，成为航天摄影测量最成功的实践。

早期的航天摄影采用的是返回型胶片式框幅相机，其缺点是在轨时间短、难以避开云层的影响，且无法针对所需区域开展快速的摄影测量工作。1986 年 2 月 22 日法国成功发射 SPOT-1 号卫星，它是全球第一颗真正意义上的传输型测绘卫星，标志着卫星遥感发展到一个新阶段。近年来，全球高分辨率传输型光学成像测绘卫星取得了引人瞩目的发展，目前在中小比例尺测图及部分大比例尺测绘方面，已基本取代传统的航空摄影测量。尤为重要的是传输型测绘卫星具有不受边界限制、长期不间断工作及工作效率高的特点，已成为全球基础测绘的主要手段。

目前，传输型光学测绘卫星的主要传感器是线阵 CCD 推扫式相机，其获取的是线阵影像，属于动态扫描成像，即在 CCD 扫描行方向是严格的中心投影，而在卫星飞行方向则是近似平行投影。由于线阵影像与面阵影像的摄影几何特性具有很大的不同，因此摄影测量数据处理的理论与方法也具有显著的差异性。

本书从系统工程的角度出发，结合课题组多年从事航天摄影测量工程实践的经验，既注重理论性与系统性，又兼顾工程性与实用性。全书共分 8 章。第 1 章介绍了光学遥感测绘卫星及其数据处理技术的发展与现状；第 2 章介绍了航天摄影测量所需的基础知识，包括天文学基础知识及时空基准；第 3 章介绍了航天线阵影像的获取，主要包括航天器轨道理论、航天摄影系统及摄影测量对航天摄影的基本要求；第 4 章介绍了线阵 CCD 传感器的成像模型，包括物理传感器模型与通用传感器模型；第 5 章介绍了线阵影像外方位元素的直接测定方法，包括精密定轨和精密定姿；第 6 章介绍了线阵影像外部定向，包括外方位元素的建模、单像空间后方交会和区域网平差；第 7 章介绍了线阵立体影像摄影测量定位方法，重点介绍了基于有理函数模型的三维几何重建；第 8 章介绍了航天摄影系统的几何标定，包括实验室标定和在轨标定。

在本书的编写过程中，王新义、王一、熊超、张福刚、赵莹芝、明朝辉、马凯等参加了部分章节的撰写，另外书中也引用了国内外同行的大量研究成果。在此，一并表示衷心的感谢。由于作者水平所限，加上内容涉及范围较广，故书中难免有疏漏和不足，敬请读者和同行专家批评指正。

胡 莘

2017 年 9 月于西安

目　录

Contents

第1章　绪　论

航天摄影测量是以人造地球卫星、宇宙飞船、航天飞机、空间探测器等航天器作为遥感平台，用遥感器在轨道空间对地球或其他行星进行摄影，并根据获取的影像数据，通过判读、量测、分析与表达等处理，以确定被测物体的形状、大小和位置，并判断其性质的一门学科。

航天摄影测量的主要任务是获取具有现势性的地理空间信息，即测绘各种比例尺的地形图，具体包括数字线划图（digital line graph，DLG）、数字正射影像图（digital orthophoto map，DOM）、数字高程模型（digital elevation model，DEM）或数字表面模型（digital surface model，DSM）。因此，执行航天摄影测量任务的卫星也称为测绘卫星。从广义上讲，具备立体测图或者高程测量能力的卫星都可以称为测绘卫星。从狭义上说，目前一般把能从不同视角获取同一地区影像的光学遥感卫星称为测绘卫星。

在近半个世纪的发展进程中，测绘卫星从最初的胶片返回式卫星，发展到目前的传输型卫星；从面阵相机，发展到现在的单线阵、双线阵或三线阵电荷耦合器件（charge coupled device，CCD）相机；其空间分辨率从百米级提高到当前的亚米级，时间分辨率和光谱分辨率也不断提高；其种类日趋完善，从光学卫星发展到干涉雷达卫星、激光测高卫星、重力卫星、磁力卫星、导航卫星等；卫星测绘应用技术也不断进步，从过去的有地面控制测图，发展到稀少控制测图甚至无地面控制测图；测图精度也日益提高，从满足 1∶25 万地形图制图发展到满足 1∶5 000 地形图制图；测绘应用也日益广泛，应用范围从军用向军民共用，从限于本国到全球共享，从单一的测绘产品生产扩展为全球各行业地理信息的获取与更新等。卫星传感器技术与测绘应用技术的巨大进步，为国民经济和社会的发展做出了重要贡献（唐新明 等，2012）。

由于受面阵 CCD 幅面及电荷转移速率的限制，目前传输型光学测绘卫星搭载的均为线阵 CCD 传感器。为表述方便，后续文中所述的测绘卫星均指采用光学线阵 CCD 传感器的测绘卫星。

§1.1　光学遥感测绘卫星的现状与发展

SPOT-1 号卫星于 1986 年 2 月 22 日发射成功，标志着卫星遥感发展到一个新阶段，它是全球第一颗真正意义上的传输型测绘卫星。1999 年美国空间成像公司的 IKONOS 卫星发射升空，标志着卫星遥感对地观测系统进入了高分辨率商业遥感卫星的时代。随后的几年，世界上相继发射了多种高分辨率商业遥感测绘卫星，如 QuickBird-2、EROS-A1/B1、OrbView-4、SPOT-5、Cartosat、Kompsat-2、ALOS 等，特别是 QuickBird-2 卫星，其分辨率达到了 0.61 m，为世界遥感市场首次提供了亚米级的商业遥感影像。2007 年，新一代遥感卫星 WorldView-1 发射成功，随后 GeoEye-1、WorldView-2 也相继发射，特别是 2014 年 WorldView-3 的成功发射，标志着超高分辨率的商业遥感卫星时代的到来。这些卫星都提供优于 0.5 m 地面分辨率的遥感影像，给世界遥感市场带来了全新的机遇和挑战，使得利用卫星影像测制 1∶1 万至 1∶5 000 乃至更大比例尺的地形图成为可能。表 1.1 为国外典型的高分辨率遥感测绘卫星的概况。

表 1.1　国外光学遥感测绘卫星的基本参数与性能指标

国家机构	卫星名称	发射年份	立体成像模式	地面分辨率	平面精度		高程精度	
					无控	有控	无控	有控
法国国家空间研究中心(CNES)	SPOT-5	2002	HRG、HRS	2.5	50	10	—	5
	SPOT-6	2012	HRG、HRS	1.5	35	1.5	—	4
	SPOT-7	2014	HRG、HRS	1.5	35	1.5	—	4
	Pleiades-1	2011	单线阵同轨/异轨	0.5	3	1	—	—
	Pleiades-2	2014	单线阵同轨/异轨	0.5	3	1	—	—
美国数字地球(Digital Global)公司	IKNOS	1999	单线阵同轨/异轨	1	25	4	22	5
	GeoEye-1	2008	单线阵同轨/异轨	0.41	3	2	6	3
	QuickBird	2001	单线阵同轨/异轨	0.61	23	—	17	2～5
	WorldView-1	2007	单线阵同轨/异轨	0.41	7.6	2	—	—
	WorldView-2	2009	单线阵同轨/异轨	0.46	6.5	2	3	2
	WorldView-3	2014	单线阵同轨/异轨	0.31	3.5	—	—	—
	WorldView-4	2016	单线阵同轨/异轨	0.31	—	—	—	—
日本	ALOS	2006	三线阵同轨/异轨	2.5	15	4～6	6	5
印度	Cartosat-1	2005	双线阵同轨	2.5	80	5	70	5

注：平面精度采用 90%圆概率误差(CE90)，高程精度采用 90%线概率误差(LE90)；单位为 m。

1.1.1　典型的光学遥感测绘卫星系统

1. 法国 SPOT 卫星

SPOT 系法文 Systeme Probatoire d'Observation dela Tarre 的缩写，意即地球观测系统。SPOT 卫星是法国国家空间研究中心(Centre National d'Études

Spatiales,CNES)研制的一种地球观测卫星系统,至今已发射7颗。1986年以来,SPOT已经接收、存档上千万幅全球卫星数据,提供了准确、丰富、可靠、动态的地理信息源,满足了制图、农业、林业、土地利用、水利、国防、环境、地质勘探等多个应用领域不断变化的需要。

SPOT-1号卫星于1986年2月22日成功发射。卫星采用近极地圆形太阳同步轨道。轨道倾角为93.7°,平均高度为832 km(在北纬45°处),绕地球1周的平均时间为101.4 min,轨道重复覆盖周期为26天。卫星覆盖全球1次共需369条轨道。卫星在地方时上午10时30分由北向南飞越赤道,此时轨道间距为108.6 km。星上载有2台完全相同的高分辨率可见光遥感器(high resolution visible imaging system,HRV),采用推扫式的线阵CCD,其全色波段的地面分辨率为10 m。当以"双垂直"方式进行近似垂直扫描时,2台仪器共同覆盖一个宽117 km的区域,2帧影像有3 km的重叠部分,其中线在参考轨道上。其中每帧影像覆盖面积为60 km×60 km。当进行侧向(可达27°)扫描时,每帧影像覆盖面积为80 km×80 km。这种交向观测可获得较高的重复覆盖率和立体像对,便于进行立体测图。

SPOT-2/3/4分别于1990年1月、1993年9月和1998年3月发射,搭载的全色波段传感器与SPOT-1相同。

SPOT-5于2002年5月4日发射,星上载有2台高分辨率几何成像装置(high resolution geometric, HRG)、1台高分辨率立体成像装置(high resolution stereoscopic,HRS)、1台宽视域植被探测仪(Vegetation,VGT)等,空间分辨率最高可达2.5 m,前后视模式实时获得立体像对,测绘性能有很大改善,数据压缩、存储和传输等方面的精度也均有显著提高。通常情况下,HRG获取5 m分辨率的全色影像。为进一步提高分辨率,HRG采用了一种新的成像模式——超级模式(supermode),可将地面分辨率提高到2.5 m,即所谓的"超分辨率成像"技术。HRG的成像条带仍保持60 km的宽度。SPOT-5在SPOT-1到SPOT-4号卫星的基础上进一步提高了立体成像能力,可以获取同轨或异轨立体影像。HRG通过侧摆可在不同轨道对同一地区进行成像,获取异轨立体;HRS由前视、后视2台相机组成,相机的望远镜系统在轨道面内前后偏离铅垂线的夹角均为20°。卫星飞行期间,前视传感器首先对目标成像,90 s后后视相机对该地区进行第二次成像,因此HRS在同一轨道上几乎在同一时刻以同一辐射条件获取立体影像,避免了因成像时间差过大引起的影像色调变化,便于后续的摄影测量处理。HRS的线阵CCD长12 000像素(像素尺寸为6.5 μm),工作在全色波段,影像的分辨率在飞行方向为10 m,线阵方向为5 m,立体覆盖面积为600 km×120 km。HRS获取的同轨立体影像的基高比可达0.84,良好的基高比保证了DEM生成的精度。SPOT-5采用了新的恒星跟踪仪和定轨装置多里斯系统(Doppler orbitograph and radio positioning intergrated by satellite,DORIS),可以更精确地测定卫星位置和姿态,从而有效地提高了影像的定位精度。

2012 年 9 月 9 日由欧洲 Astrium 公司制造的对地观测卫星 SPOT-6 由印度 PSLV 运载火箭成功发射。作为 SPOT-6 的双子卫星,SPOT-7 于 2014 年 7 月 2 日发射成功,与其处于同一轨道高度,彼此相隔 180°。SPOT-7 的成功发射,标志着空中客车防务与空间公司此前规划的由 SPOT-6/7 与 Pleiades-1A/1B 组成 4 颗卫星星座的计划终于得以完成,这 4 颗卫星同处 1 个轨道平面,彼此之间相隔 90°。由这 4 颗卫星组成的星座将开启光学遥感影像产品应用的全新时代,该星座将对全球任意地点进行每日 2 次的重访,由 SPOT 卫星提供高分辨率影像,Pleiades 提供极高分辨率影像。其中,SPOT-6/7 可以提供大幅宽的 1.5 m 分辨率影像产品,Pleiades-1A/1B 则可以针对特定目标区域提供 0.5 m 分辨率的影像产品。

2. 法国 Pleiades 卫星

Pleiades 为法国国家空间研究中心研制的超高分辨率对地观测系统,由 Pleiades-1 和 Pleiades-2 组成,分别于 2011 年 12 月 17 日和 2014 年 12 月 1 日成功发射,双星配合可实现全球任意地区的每日重访,最快速地满足客户对任意地区的超高分辨率数据获取需求。

Pleiades 设计为一种敏捷的高分辨率光学遥感卫星,其性能上一方面继续保持了与 SPOT 系列卫星在立体成像、波段设置、星座运行等方面一致,另一方面在卫星轨道、空间分辨率、观测灵活性及数据获取模式等方面进行重新设计,其卫星轨道降到了 694 km,仍然采用太阳同步轨道设计,轨道倾角为 98.64°,星下点成像幅宽变为 20 km。由于轨道的大幅降低,故其空间分辨率得到大幅提高,全色分辨率为 0.5 m,多光谱分辨率为 2 m。Pleiades 卫星对有地面控制点的影像定位精度达到 1 m,对无地面控制点的定位精度达到 3 m(CE90),与 SPOT 系列卫星相比,Pleiades 卫星是敏捷型卫星,重量为 1 000 kg。在姿态控制和侧视能力方面,与 SPOT 系列卫星采用改变传感器的观测方向来实现对不同地区成像的工作方式不同,Pleiades 卫星采取了使卫星整体绕滚动轴或俯仰轴大角度摆动的方式,灵活地实现对不同目标区域的观测。另外,Pleiades 卫星除具有侧视能力外,可以在很短的时间内调整观测角度,能在 8 s 内将卫星姿态调整 5°,在 10 s 内将卫星姿态调整 10°,或者在 25 s 内将卫星姿态从 −30°调整到 30°(共 60°的范围),如此优秀的姿态控制能力可以对直径为 20 km 的面状目标进行瞬时成像,也可以沿飞行轨道方向近实时获取立体像对,并且可以通过编程调整立体成像的基高比,还可以通过姿态调整实现三视角的立体成像,具有灵活多变的成像方式,可大幅提高成像效率。

Pleiades 卫星采用了瞬时回转控制(control moment gyros,CMG)技术,使得卫星在 11 s 的时间内可以扫描 200 km 的范围。除此之外,Pleiades 最突出的特点是进行卫星组网,采用星座设计成像,可进一步提高成像能力,双星组网能够达到地球上任意点单日覆盖能力。

3. 美国 IKONOS 卫星

IKONOS 是空间成像公司(Space Imaging)为满足高分辨率和高精度空间信息获取而设计制造的,是全球首颗高分辨率商业遥感卫星。IKONOS-1 于 1999 年 4 月 27 日发射失败,同年 9 月 24 日 IKONOS-2 发射成功。

IKONOS 卫星由洛克希德·马丁(Lockheed Martin)公司制造,重约 726 kg,由 Athena Ⅱ火箭于加利福尼亚州的范登堡空军基地成功发射,卫星设计寿命为 7 年。它采用太阳同步轨道,轨道倾角为 98.1°,平均飞行高度为 681 km,轨道周期为 98.3 min,通过赤道的当地时间为上午 10:30。

IKONOS 卫星的传感器系统由美国伊斯曼·柯达(Eastman Kodak)公司研制,包括 1 个 1 m 分辨率的全色传感器和 1 个 4 m 分辨率的多光谱传感器,其中全色线阵传感器由 13 816 个 CCD 单元组成,CCD 单元的物理尺寸为 12 μm×12 μm,多光谱传感器分为 4 个波段,每个波段由 3 454 个 CCD 单元组成。传感器光学系统的等效焦距为 10 m,视场角(field of view,FOV)为 0.931°,因此当卫星在 681 km 的高度飞行时,其星下点的地面分辨率在全色波段最高可达 0.82 m,多光谱可达 3.28 m,扫描宽度约为 11 km。传感器可倾斜至 26°进行立体成像,平均地面分辨率为 1 m 左右,此时扫描宽度约为 13 km。IKONOS 的多光谱波段与 Landsat TM 的 1～4 波段大体相同,并且全部波段都具有 11 位的动态范围,从而使其影像包含更加丰富的信息。

IKONOS 卫星载有高性能的全球定位系统(global positioning system,GPS)接收机、恒星跟踪仪和激光陀螺。GPS 数据经过后处理可提供较精确的星历信息;恒星跟踪仪用于高精度地确定卫星的姿态,其采样频率较低;激光陀螺则可高频地测量成像期间卫星的姿态变化,短期内有很高的精度。恒星跟踪数据与激光陀螺数据通过卡尔曼滤波能提供成像期间卫星较精确的姿态信息。GPS 接收机、恒星跟踪仪和激光陀螺提供的高精度的轨道星历和姿态信息,保证了在没有地面控制的情况下,IKONOS 卫星影像也能达到较高的地理定位精度。

与 SPOT-4 卫星相比,IKONOS 卫星的成像方式更加灵活,其传感器系统采用独特的机械设计,可以十分灵活地以任意方位角成像,偏离星下点的摆动角甚至可达到 60°。IKONOS 卫星既可侧摆成像以获取异轨立体影像或缩短重访周期,也可通过沿轨方向的前后摆动获取同轨立体影像。当卫星接近目标时,传感器光学系统先沿着轨道向前倾斜,照准目标区域并采集第一幅影像,接着控制系统操纵传感器向后摆动,大约 100 s 后再次照准目标区域并采集第二幅影像。IKONOS 卫星利用单线阵 CCD 传感器,通过光学系统的前后摆动实现同轨立体成像,因此,相应的立体影像覆盖是不连续的。

4. 美国 QuickBird 卫星

QuickBird 卫星由 Ball 航天技术公司、柯达公司和 Fokker 空间公司联合研制，由数字地球(Digital Globe)公司运营。早在 1997 年 12 月 24 日，地球观测(EarthWatch)公司(DigitalGlobe 公司的前身)就用俄罗斯 START-1 运载火箭发射了 EarlyBird 卫星，但卫星在入轨 4 天后失踪；3 年以后，在 2000 年 11 月 20 日地球观测公司又发射了 QuickBird-1 卫星，仍采用俄罗斯的运载火箭发射，但卫星未入轨而宣告失败；1 年后地球观测公司改名为数字地球公司，并于 2001 年 10 月 18 日改用美国波音公司 Delta-Ⅱ型运载火箭发射 QuickBird-2 卫星获得成功。现在所称的 QuickBird 卫星即指 QuickBird-2 卫星。

QuickBird 卫星是为高效、精确、大范围地获取地面高清晰影像而设计制造的。卫星基本参数如表 1.2 所示。

表 1.2 QuickBird 卫星有关参数

发射日期	2001 年 10 月 18 日
轨道高度	450 km
轨道倾角	97.2°
降交点时刻	上午 10:30
轨道周期	93.5 min
条带宽度	垂直成像时为 16.5 km
平面精度	23 cm(CE90)
动态范围	11 位
空间分辨率	全色:61 cm　多光谱:2.44 m
光谱响应范围	全色:450～900 nm B:450～520 nm　G:520～600 nm R:630～690 nm　NIR:760～900 nm

与 IKONOS 卫星类似，QuickBird 卫星也具有推扫、横扫成像能力，可以获取同轨立体或异轨立体影像。但一般情况下通过推扫成像获取同轨立体影像，立体影像的基高比为 0.6～2.0，绝大多数情况下位于 0.9～1.2 范围内，适合三维信息提取。根据纬度的不同，卫星的重访周期为 1～3.5 天。垂直摄影时，QuickBird 卫星影像的条带宽为 16.5 km，当传感器摆动 30°时，条带宽约 19 km。

5. 美国 GeoEye 卫星

GeoEye 公司成立于 2006 年 1 月。该公司由轨道空间影像(ORBIMAGE)公司与空间成像(Space Imaging)公司合并而成。

GeoEye-1 是在成熟的卫星平台(SA 200HP)上加装新一代的光学载荷形成，

于2008年9月6日发射，卫星的轨道高度为684 km，采用太阳同步轨道，轨道倾角为98°，地面分辨率为全色0.41 m、多光谱1.65 m，由于该影像为当时分辨率最高的遥感卫星，因此GeoEye-1卫星又称为“上帝之眼”。相机口径为1.1 m，可以采用仅全色、仅多光谱和同时进行全色与多光谱三种成像模式，影像覆盖的幅宽为15.2 km，在0.59 m分辨率时的重访周期为2.1天，0.5 m分辨率时为2.8天，像素尺寸为8 μm，有效像素数达到了37 000，视场角大于1.28°，焦距为13.3 m，量化级数为11 bit，立体影像定位精度为平面误差2 m、高程误差3 m，单视影像平面误差为2.5 m，指向角精度为75″，姿态稳定度为0.007″/s，卫星重量为1 955 kg，设计寿命为7年，其燃料可用15年，重访周期小于3天。

GeoEye-1卫星的姿态机动速度达到2.4(°)/s，姿态加速度为0.16(°)/s^2，GeoEye-1卫星如此高的敏捷性使得其成像方式更加灵活，大幅提高成像效率。GeoEye-1卫星能达到0.41 m的超高分辨率，其主要使用了一种全新的全视场(full field three mirror cassegrain，FFTMC)光学成像系统，不仅可以实现灵活多变的成像模式，还可以获得超高分辨率。

6. 美国WorldView卫星

WorldView卫星由美国数字地球公司在QuickBird卫星基础上发展起来，当前已经制造并发射了4颗，分别为WorldView-1、WorldView-2、WorldView-3和WorldView-4。

WorldView-1于2007年9月18日在范登堡空军基地发射升空。相对于QuickBird，WorldView-1的设计指标更高，其轨道高度为496 km，采用太阳同步轨道，轨道周期为94.6 min，仅能进行全色成像，地面分辨率为0.5 m，在1 m分辨率时的重访周期仅为1.7天，在0.51 m分辨率时的重访周期为5.9天，影像覆盖的幅宽为17.6 km，像素尺寸为8 μm，有效像素数达到了39 100，焦距与QuickBird一样，都是8.832 m，量化级数为11 bit，无地面控制点的定位精度为3.0～7.6 m(CE90)，有地面控制点时为2 m，卫星重量为2 500 kg，采用三轴稳定，工作寿命为7.25年，可以进行双向扫描。

WorldView-2是对WorldView-1的改进和升级，于2009年10月8号发射升空，相对于WorldView-1来说，其轨道进行了大幅升高，为770 km，仍然采用太阳同步轨道，轨道周期为100 min，不仅能进行全色成像，还能进行8个波段的多光谱成像，其波段除了4个标准波段(红630～690 nm、蓝450～510 nm、绿510～580 nm、近红外770～895 nm)外，还有4个新波段(红边705～745 nm、海岸400～450 nm、黄色585～625 nm、第2近红外860～1 040 nm)，是全球首颗8波段多光谱超高分辨率商业遥感卫星，其地面分辨率全色时正视为0.46 m，在有20°倾斜时为0.52 m，多光谱正视为1.8 m，在有20°倾斜时为2.4 m，在1 m分辨率时的重访周期仅为1.1天，在有20°倾斜0.52 m分辨率时为3.7天，正视影像的扫描幅宽为

16.4 km,量化级数为 11 bit,有地面控制点时定位精度小于 2 m,卫星重量为 2 800 kg,工作寿命也是 7.25 年。

WorldView-3 是首颗多载荷、超光谱、高分辨率的商业卫星,于 2014 年 8 月 13 日成功发射,轨道高度为 617 km,轨道周期为 97 min。星上搭载 0.31 m 的全色、1.24 m 的多光谱、3.7 m 的短波红外(SWIR)及 30 m 的(cloud, aerosol, vapor, ice, snow,CAVIS)传感器。其中有 1 个全色波段(450～800 nm)、8 个多光谱波段(400～1 040 nm:红、红边、海岸、蓝色、绿色、黄色、第 1 近红外和第 2 近红外)、8 个短波红外波段(1 195～2 365 nm)和 12 个 CAVIS 波段(405～2 245 nm:沙漠云、气溶胶-1、气溶胶-2、气溶胶-3、绿色、水-1、水-2、水-3、NDVI-SWIR、卷云、雪),通过 CAVIS 传感器可以对气象条件进行监测并进行数据的校正,这也达到一个前所未有的技术水平。

值得一提的是在 WorldView 卫星中采用了瞬时回转控制 CMG 技术,该技术提供了 10 倍于其他姿态控制器的加速度,可以大幅度改进传感器的机动性和确定目标方向性,使得 WorldView 卫星具有最大的镜头转向敏捷性,从而可以在扫描成像时快速地从一个目标调转到另外一个目标,加快立体像对的采集。

美国数字地球公司和 GeoEye 公司于美国时间 2013 年 1 月 31 日宣布完成整合。将 GeoEye-2 更名为 WorldView-4,于 2016 年 9 月 26 成功发射,全色分辨率为 0.3 m,多光谱分辨率为 1.24 m。GeoEye 与 WorldView 卫星系统共同构成了美国国家地理空间情报局发起的"NextView 计划"。

7. 日本 ALOS 卫星

ALOS 卫星是日本宇宙航空研究开发机构(Japan Aerospace Exploration Agency,JAXA)发展的先进陆地观测卫星(advance land observing satellite),于 2006 年 1 月 24 日发射升空,其轨道高度为 692 km,采用太阳同步轨道,轨道倾角为 98.2°,回归周期为 46 天。卫星上主要安装了全色立体测图遥感器(panchromatic remote sensing instruments for stereo mapping,PRISM)、新型可见光和近红外辐射计(advanced visible and near infrared radiometer type2, AVNIR 2)和相控阵型 L 波段合成孔径雷达(phased array type L-band synthetic aperture radar,PALSAR)三种传感器,PRISM 主要为获取三线阵高分辨率立体影像,其地面分辨率为 2.5 m;AVNIR2 获取多光谱影像,其地面分辨率为 10 m。多光谱波段为蓝 420～500 nm、绿 520～600 nm、红 610～690 nm、近红外 760～890 nm。卫星重量为 4 000 kg,设计寿命为 3～5 年。JAXA 于 2011 年 5 月 12 日宣布该卫星已停止工作,后续的卫星尚未发射。

8. 印度 IRS 卫星

首颗 IRS 卫星于 1988 年发射。IRS 系列卫星上的光学遥感器采用扫描工作方式,在谱段设置及采用的技术等方面具有很强的继承性,且空间分辨率逐渐提高。

IRS-1C(1995年发射)和IRS-1D(1997年发射)均是印度第二代遥感卫星,全色分辨率可达5.8 m,多光谱分辨率可达23.5 m。其特点是光谱范围大,重复观测能力强并可进行立体观测。

Cartosat-1号卫星,又名IRS-P5,是印度于2005年5月5日发射的遥感制图卫星,其搭载分辨率为2.5 m的双线阵全色传感器,焦距为1 945 mm,它们沿轨道方向分别前视26°、后视5°构成立体像对,基高比为0.62,有效幅宽为26 km。数据主要用于地形图制图、高程建模、地籍制图及资源调查等。2007年1月10日,又发射了Cartosat-2号卫星,又名IRS-P7。目前正在研制Cartosat-3卫星,全色分辨率为0.3 m,多光谱分辨率为1.2 m,幅宽10 km。

9. 我国测绘卫星的发展现状

虽然我国测绘卫星的研制起步较晚,但在卫星性能及星系运作体系上正逐渐地缩小与国际先进水平的差距。"试验一号"卫星于2004年4月8日成功发射,星上主要载荷为三线阵CCD相机,分辨率为12 m,主要验证了采用三线阵CCD相机进行全球立体测绘的可行性。中国首颗传输型立体测绘卫星——天绘一号01星于2010年8月24日在酒泉卫星发射中心成功发射,实现了中国传输型立体测绘卫星零的突破,随后相继发射了02星(2012年5月6日)和03星(2015年10月26日),并实现了测绘卫星的组网运行。天绘一号卫星搭载了自主创新的线面阵混合CCD(line-matrix CCD,LMCCD)相机、多光谱相机和2 m分辨率全色相机,能够提供地面分辨率5 m的立体全色影像。LMCCD相机以三线阵摄影为主,辅以小面阵成像,解决了三线阵测绘相机动态摄影测量中的航线立体模型扭曲、高程精度差的问题,也解决了传输型光学测绘卫星难以实现无地面控制的高精度摄影测量的问题,使得传输型摄影测量卫星的测绘产品性能达到了参数相当的胶片型框幅式摄影测量卫星的测绘产品水平。

中国资源三号01星于2012年1月9日在太原卫星发射中心成功发射。资源三号卫星集测绘和资源调查功能于一体,采用三线阵成像方式,前、后视相机的影像地面分辨率优于4 m,正视相机分辨率优于2.5 m,多光谱相机的影像地面分辨率优于8 m。中国资源三号02星于2016年5月30日发射,该星在不改变光学镜头的前提下,通过更换与正视相机相同的7 μm TDICCD器件,将前后视相机的地面像素分辨率由01星的3.5 m提高到2.5 m。

1.1.2 光学遥感测绘卫星的特点及其发展趋势

经过数十年的研究,世界上发展了很多具有代表性的光学遥感测绘卫星系统,它们呈现出的特点主要有:

(1)测绘卫星遥感系统能够提供高分辨率的全色和多光谱影像,其影像的动态范围高、信噪比高，其影像的空间分辨率已经达到米级甚至亚米级，WorldView 和 Pleiades 均达到了 0.5 m 以内，如此高的空间分辨率，使利用高分辨率卫星遥感影像测制 1∶1 万、1∶5 000 甚至更大比例尺地形图成为可能。

(2)测绘卫星的成像系统一般采用线阵推扫成像，其动态多中心投影的特点，使得影像的几何特征比传统的面阵中心投影的影像复杂，影像的严格成像几何模型包含大量参数，为了方便使用，同时为隐藏相机的核心参数，广泛采用有理函数模型代替严格的成像模型。

(3)测绘卫星一方面飞行状态稳定、姿态变化缓慢，使得飞行方向接近平行投影；另一方面卫星轨道高、相机焦距长、影像分辨率高，使得成像系统摄影光束窄、视场角小(近似平行投影)，造成外方位元素间的强相关。为此提出了基于平行投影的成像模型。

(4)遥感测绘卫星系统灵活多变的成像方式，使得利用卫星上的单一传感器就可获取同轨和异轨立体影像，甚至某些敏感区域的多重覆盖影像。

(5)虽然遥感测绘卫星的姿态稳定度和姿轨数据测量精度均有了显著提高，但高精度姿轨数据直接用于无地面控制点的定位和测图还很难达到大中比例尺测绘要求，还必须通过研究新的模式(如激光测距仪辅助)和新的摄影测量处理理论和方法来解决。

从整体发展趋势来说，遥感测绘卫星向小型化、星座化方向发展；遥感卫星数据处理则向智能化、星上化方向发展。具体发展趋势有以下几点：

(1)高空间分辨率。最近发射的高分辨率卫星系统的成像分辨率都在 0.5 m 内，其中 Worldview-3/4 更是达到了 0.31 m，可以满足 1∶5 000 的地形图测制。相信未来的遥感测绘卫星的分辨率将会越来越高，如此高的空间分辨率堪比航空影像，将为遥感市场带来新的挑战。

(2)高光谱分辨率。WorldView-3 是首颗搭载超光谱仪的高分辨率商业卫星，其中有 1 个全色波段、8 个多光谱波段、8 个短波红外波段和 12 个 CAVIS 波段，通过 CAVIS 传感器可以对气象条件进行监测并进行数据的校正。

(3)精密定轨测姿。卫星搭载的星上定轨测姿系统(如星相机、惯性测量系统与全球导航卫星系统等)日益精密，具备实现高精度无地面控制摄影测量的前提条件。

(4)高敏捷性。早期的测绘卫星主要依靠遥感器侧摆的方式缩短重访周期，现在大多采用瞬时回转控制技术 CMG 使卫星整体侧摆，即所谓的敏捷星方式。因此，新一代卫星系统都在卫星设计上强调姿态机动能力。高敏捷性可使卫星的观测范围增大、重访时间缩短，并且能实现同轨立体成像。高敏捷性结合高速成像器件 TDI-CCD 还能大幅提高卫星的影像采集量。

(5)星座化。采用多颗卫星组网是目前提高时间分辨率最有效的方法之一，如

SPOT-6/7 与 Pleiades-1/2 卫星星座，它将采用单星工作模式的卫星按照一定的相位要求布放，形成多星工作模式，可对目标进行不间断观测，提高全球覆盖能力，缩短数据更新时间。

(6)小型化。高分辨率卫星的质量更轻、体积更小。随着卫星成像系统设计的不断创新、制造工艺的不断进步和提高，高分辨率卫星正朝着小型化方向发展，Pleiades 卫星和天绘一号卫星的重量仅为1 000 kg，因此未来的高分辨率卫星将朝轻小型化发展，便于卫星组网。

§1.2 航天线阵影像摄影测量处理的研究进展

运用测绘卫星遥感影像进行高精度目标定位与立体测图一直是国内外研究的热点之一。推扫式线阵 CCD 传感器的每一扫描行影像与被摄物体之间具有严密的中心投影关系，但平台的运动和姿态变化导致了不同扫描行上的外方位元素各不相同，因此常规的面阵影像摄影测量处理方法已不适用。通常可以将随时间变化的外方位元素用多项式等数学模型来描述，以此建立成像几何模型并将其引入摄影测量平差中。但在小视场角成像条件下，基于共线条件方程式的外方位元素之间存在很强的相关性，会直接影响其求解的稳定性和精度。

为了克服外方位元素之间的强相关性，国内外很多学者均对此进行了研究，提出了多种解决途径。一种是采用严密传感器模型，按传统的摄影测量方法进行地面点定位，但需要采用更稳健的数学方法来答解定向参数，如线角元素分开求解、增加虚拟观测方程、岭估计等方法，这些算法可以在一定条件下有效克服参数间的相关性问题。另一种是采用一些求解稳定性较好的非严密成像模型，如仿射变换等。此外还有一种是有理函数模型，它是为了降低摄影测量处理系统对传感器参数的依赖及对用户专业水平的需求，扩大用户的范围，由严密几何模型导出的替代模型。特别是某些商业高分辨率卫星的成像方式、成像参数不向用户公布，对于这类影像的定位处理通常采用有理函数模型。

综上所述，按照对传感器参数的依赖性，线阵 CCD 传感器模型可分为物理传感器模型与通用传感器模型，其中物理传感器模型又可分为严密传感器模型和非严密传感器模型（张永生 等，2004；龚辉，2011；袁修孝 等，2012）。

1.2.1 物理传感器模型

1. 严密传感器模型

严密传感器模型描述了顾及传感器成像参数的地面目标点及其在影像上对应像点之间的严格数学关系，一般是由基于中心投影的共线条件方程式拓展而来。模型构建的实质是确定两个坐标系之间的严格变换关系，其理论基础严密，需要传感器参数，形式较为复杂，但求解精度高。经过数十年的发展，形成了很多优秀的严格成像几何模型，这些模型有的是基于卫星运行的轨道根数，有的是基于卫星运行的状态矢量。

Kratky(1989)等开发的软件 SPOTCHECK+ 中，率先将从轨道根数获取的卫星位置与共线条件方程式相结合建立了线阵影像的成像几何模型，该模型是一种基于卫星轨道根数的成像模型，卫星位置由正常轨道根数导出，而姿态参数则利用简单多项式（线性或二次的）进行建模。其自检校平差模型中增加了主距与主点坐标的附加参数。对 SPOT 影像和 MOMS 影像的试验验证了该模型的有效性。

Westin(1990)分别利用三次多项式函数来表示卫星轨道和姿态参数，建立了融合卫星轨道、姿态参数和共线条件方程式的成像几何模型，并利用最小二乘方法进行求解。该模型没有考虑大气折射对成像的影响，仅考虑简单的地球摄动。利用 SPOT 影像进行试验表明该模型可以获得较高的定位精度。相对于 Kratky 模型来说，Westin 模型最大的不同是假设卫星的运行轨道是圆轨道。

Radhadevi 等(1998,2008)在 Westin 模型的基础上，利用共线条件方程式恢复卫星成像时刻的空间位置并利用多项式拟合卫星姿态角，建立更加复杂和精密的成像几何模型。该模型结合已知的椭球数据拟合得到卫星轨道的参数，并采用多种类型的卫星影像进行了试验验证，试验表明仅用单个地面控制点就可确定影像的外方位元素。近年来 Radhadevi 等在研究印度 IRS-P6 卫星影像的几何处理时，基于在轨自检校方法建立了一种严格的物理传感器模型，该模型描述和定义了焦平面、传感器平台、卫星本体、轨道和地面坐标之间的严格正变换和反变换，最后通过试验来测试了该模型的性能和所选定检校参数的稳定性。

Dowman 等(2003)建立了一种适用于同轨立体影像处理的成像几何模型。该模型融合了共线条件方程式和轨道根数，利用低阶多项式来描述动态的定向参数，如利用二次多项式建立位置矢量和 κ 角的变化，将 φ 和 ω 角视为常数。利用 Terra 卫星的 ASTER 影像进行试验，结果表明，该模型可以提供稳定、精确、严格的解算结果。

Toutin(2006)利用轨道约束条件，根据共线和共面条件组成误差方程组，提出了物理几何模型，并用该模型对多种数据进行联合平差试验。瑞士苏黎世联邦技术大学的 Poli(2005)提出了简单的地学参考模型，其利用分段多项式模型(piecewise polynomial model，PPM)来对外方位元素进行建模，并利用星历姿态数据提供的外方位元素初值参与平差计算，并采用 SPOT-5 HRS、EROS-A1、MOMS-P2 和 ASTER 立体影像等数据进行了试验，以验证模型的效果。

在 2008 年的 ISPRS 大会上，严密成像几何模型仍然是广大学者研究的热点之一。Jacobsen(2008)系统研究和比较了严密成像几何模型、仿射变换模型、直接线性变换模型、与地形有关和无关的有理函数模型 5 种卫星遥感影像的定向方法，并通过试验比较了 5 种模型的特点和性能。

Jeong 等(2008)系统地研究了用于卫星影像区域网平差的 8 种条带模型。这 8 种模型由 2 种轨道位置插值模型和 4 种姿态插值模型组合而成，并利用 QuickBird、Hyperion、SPOT、ASTER、ALOS PRISM、EROS-A 这 6 种影像进行了对比试验。试验结果表明两种轨道位置插值模型的差别不大，但与姿态插值模型组合起来差别较大。这说明在卫星影像的平差中，姿态模型对精度的影响非常大，为进行高精度定位，需要合理选择姿态插值模型。

Willneff 等(2008)采用严密成像几何模型、三维仿射变换和有理函数模型3 种不同模型来对 Cartosat 影像进行几何校正，并用澳大利亚的实际影像进行了试验验证。

Dongwook 等(2008)研究建立了在稀少地面控制点情况下的卫星影像条带平差模型，该模型利用相邻影像条带进行影像的绝对定向，将多条带影像进行联合平差。试验结果表明该模型定位精度较高，适合缺少控制点情况下的平差定位。

随着 ALOS 卫星的发射升空，很多学者开展了对其影像数据的研究，特别是对 ALOS 卫星传感器的检校，以提高其定位精度。Goncalves(2008)在研究对 ALOS PRISM 影像进行定位和提取 DEM 时，针对控制点信息的不易获取问题，提出利用航天飞机雷达地形测绘使命(shuttle radar topography mission，SRTM)数据生成的全球 DEM 数据作为地面控制点进行定位解算。试验结果表明该方法的定位精度非常高，平面精度达到了 4.74 m，高程精度达到了 2.8 m，且该方法不需要通过外业获取地面控制点。

Kocaman 等(2008)针对 ALOS PRISM 传感器利用分片 CCD 进行拼接成像的特点，采用自检校技术，并利用直接地理编码、PPM 两种多项式模型对影像的外方位元素进行建模，采用自检校的区域网平差对传感器进行检校和影像定位，并对瑞士苏黎世联邦技术大学开发的卫星影像处理软件 SATPP(satellite image precision processing)进行更新，利用更新后的软件对 PRISM 影像数据进行试验。试验结果表明利用严格模型的自检校平差可有效消除系统误差的影响，并提高 PRISM 影像的处理精度。

Schneider 等(2008)对 ALOS PRISM 数据进行了立体测图性能评估，首先研究了影像的直接定位，然后利用控制点来检校视准轴误差以提高定位精度，最后运用严密几何模型进行了定位。

Weser 等(2008a)通过对 ALOS PRISM 成像特点进行分析，建立各个分片 CCD 的误差模型，提出了一种严密的推扫传感器模型，通过自检校平差对每个分片 CCD 进行校正。随后，Weser 等(2008b)在此基础上系统阐述了一种更具普适性的通用定位算法。针对以往定位算法对传感器成像机理的依赖性比较严重，通过数据映射的方法将不同运营商提供的影像元数据转化为其提出的通用模型所需要的初始参数，使模型更具普适性。同时，在定位解算之前，进一步消除运营商提供的卫星星历与姿态参数数据中存在的误差，并用三次样条曲线拟合的方式，将星历与姿态数据转化为与时间相关的每一行影像的外方位元素。把获得的外方位元素作为观测数据与地面点坐标同时求解，完成影像定位。通过试验验证了该算法可以完成 QuickBird、SPOT-5 和 ALOS PRISM 影像的定位，并且地面点定位精度优于 1 像素。

Jung 等（2007）针对 SPOT-5 影像的星历姿态数据存在误差的情况，提出直接对其 CCD 像素指向的视线向量进行修正，并通过卫星影像的星历姿态数据和已知的地面控制点坐标计算出该修正量，进而对 SPOT-5 影像的视线向量进行统一修正，以提高直接定位精度。试验结果表明该方法对 SPOT-5 影像定位精度的提高非常有效。随后 Jung 等（2008）对该方法进行了拓展，尤其是对于缺少精确姿轨数据的推扫影像是否适用于该方法进行了研究。其首先定义和推导了一个变形误差用来测试是否需要轨道信息，利用该变形误差对 SPOT-3/4 影像进行修正，X 方向的精度为 6 m，Y 和 Z 方向的精度为 7 m，试验还表明该方法适用于大多数线阵推扫卫星影像。

Brovelli 等（2008）为衡量高分辨率卫星遥感影像定向的精度，提出了一种排除交叉确认法（leave one out cross validation，LOOCV），相对于现有的精度评估方法 HOV（hold out validation），该方法更能反映不同定向方法的精度差别，利用 SISAR 软件提供的基于严格模型的定位方法对 EROS-A、QuickBird 等影像进行定位处理，试验表明用 LOOCV 衡量定位精度比 HOV 更加精确，具有明显的优势。

自从 1982 年霍夫曼（Hofmann）提出三线阵相机的构想以来，三线阵影像的摄影测量定位技术就成为广大学者研究的热点问题之一。在三线阵相机早期研究的著述中，霍夫曼就曾提出利用等间隔的定向点的外方位元素来重建各采样周期的外方位元素的思想。随后，Ebner 等（1989）对该方法进行了深化，提出在飞行轨道上以一定的时间间隔抽取若干离散的曝光时刻，这些时刻获取的三个影像扫描行称为定向片（orientation image），平差过程中仅求解定向片时刻的外方位元素，其他采样周期的外方位元素由此内插得到，这就是三线阵影像平差所广为采用的定向片法。试验验证了算法的合理性和可行性，在地面控制点或 DEM 的支持下，可获得较高的定位精度。

2001 年，王任享（2006）针对三线阵影像提出了等效框幅式像片（equivalent frame photo，EFP）模型，利用该模型只需计算 EFP 时刻的影像外方位元素。此方法既继承了经典的框幅式影像的光束法平差，又引入了卫星摄影条件下线元素和角元素均能成立的“同类外方位元素的二阶差分等于零的约束条件”，使得其空中三角测量能够得到稳定的解。

2. 非严密传感器模型

高分辨率卫星成像传感器具有长焦距和窄视场角的特点。对于这种成像几何关系，如果采用基于共线条件方程式的严密传感器模型来描述，将导致定向参数之间存在很强的相关性，从而影响定向的精度和稳定性。学者们的另外一种思路是考虑把基于仿射变换的几何模型引入摄影测量重建，因为在视场角相对较小的情况下，摄影光束可以看作是等效的平行投影。

Okamoto(1988)以一维仿射投影影像为基础，提出了一种“中心投影—仿射投影”的改正方式，即利用成像时的几何关系，将行中心投影影像转化为相应的仿射投影影像之后，以仿射影像为基础进行地面点的立体定位。试验结果表明该方法可以大幅降低各参数之间的相关性，通过少量控制点即可稳定地恢复模型参数。虽然这种方法经试验证明可行，然而其以一维仿射变换为基础的模型，在应用中也存在不足。

为避免一维仿射变化带来的不足，Ono 等(2000)提出利用二维的仿射变换来处理高分辨率卫星遥感线阵推扫影像，该模型相对于一维的仿射变换，更加合理地描述了卫星运行的规律。试验结果表明了该模型的优越性。随后 Shaker(2008)提出了利用三维仿射变换和多项式构造一种经验模型来对高分辨率卫星影像进行传感器建模和三维几何重建，通过修改，模型可以适用于不同的卫星影像和地形数据，在某些条件下，该经验模型可以得到相当于严格传感器模型的处理精度。

Li 等(2008)研究了三维仿射变换模型用于卫星线阵影像处理。该模型通过在仿射变换的基础上加上改正项来提高处理的精度，利用 SPOT-5、QuickBird、IKONOS 三种类型的影像数据进行试验，结果表明修正后的模型可用于高分辨率卫星遥感影像的处理，处理精度与严格成像几何模型相当。

Topan 等(2009)在研究利用仿射变换模型及其拓展模型处理多种类型的卫星影像时，针对当前衡量精度的方法仅用地面控制点和独立检查点存在缺陷的问题，提出了一种利用图形条件方法(figure condition method)来衡量精度的模型，并推导了利用该模型的严格精度分析公式及做出了一种定位处理模型是否合适的判断。

张剑清等(2002)提出了基于仿射变换的严格几何模型，并利用该模型进行了卫星影像的区域网平差(张剑清 等，2005)，验证了该模型的有效性。

1.2.2 通用传感器模型

通用成像模型，也称有理函数模型(rational function model，RFM)，其系数称为有理多项式系数(rational polynomial coefficients，RPC)，该模型与传感器参数无关，它是随着 IKONOS 卫星影像的广泛应用而逐渐为摄影测量学者所接受和研究，是由严密传感器模型导出的替代模型，对其研究也有很多丰富的成果。

Madani(1999)对严格成像几何模型和有理函数模型进行了分析比较,利用实际的高分辨率卫星遥感影像进行了详细的试验论证,结果表明了利用 RFM 模型可进行实时、与传感器无关的几何定位。

Tao 等(2000a,2000b,2001a,2001b)系统地分析研究了有理函数模型的相关技术,对有理函数模型用于摄影测量中所涉及的控制点数目及其分布对精度的影响、正解与反解数学表达形式、误差传递等关键内容进行了深入研究,认为该模型是一种通用的成像几何模型,可用于高分辨率卫星遥感影像的处理中,试验结果也表明了算法的有效性。

Fraser 等(2003)利用有理函数模型进行 IKONOS 影像的几何处理时,发现直接利用影像提供的 RPC 参数进行几何定位时,误差较大,主要是系统误差的影响。为消除系统误差,提出了利用偏移补偿对 RPC 参数进行精化,试验结果表明偏移补偿的效果非常明显,可以显著提高精度,利用补偿后的有理函数并不会造成精度的损失。Samadzadegan 等(2008)也研究了利用 RPC 参数进行三维重建,为提高重建精度,采用在像方对 RPC 模型进行补偿。

Nagasubramanian 等(2008)研究了利用 RFM 正反变换公式进行三维重建的算法,该算法利用严密的成像几何模型计算得到高精度的 RPC 参数,并以此进行重建,并利用 TK350 航空影像和 IRS-1C 卫星影像进行了试验,以验证算法的有效性。

Baltsavias 等(2008)在研究利用 RPC 模型对 Cartosat-1 卫星影像进行几何定位和 DSM 生成时,利用仿射变换对 RPC 参数进行修正以提高 DSM 生成精度。试验结果表明了该方法的有效性,利用仿射变换后的 RPC 参数进行定位的平面和高程精度达到了 1.3 m。

Puatanachokchai 等(2008)在研究通用 RPC 模型代替严密成像模型时,针对现有基于 RPC 参数的协方差矩阵进行误差分析的不足,提出了一种严格的误差传播模型,不需要附加参数就可以对 RPC 模型的误差传播和适应性进行分析。采用航空框幅式影像、航空线阵影像和航天线阵影像进行试验,结果表明了该方法的优越性。

第 2 章　航天摄影测量基础

与传统航空摄影测量不同，航天摄影测量研究的对象不仅有地球，还包括太阳系中的其他星球。为此，本章首先介绍与航天遥感有关的天文学基础知识，然后再介绍时空基准，即时间系统与坐标系统。

§2.1　天文学基础知识

2.1.1　天球的基本概念

为了便于研究天体视位置和视运动，人们通常引入一个假想的天球，其定义为以任一点为中心、任意长为半径的一个球体。当球心为地心时，称为地心天球；当球心为测站时，称为站心天球；当球心取日心时，称为日心天球。在天文学中，一般将所有的天体都投影到天球面上(没有前后之分)，并用球面坐标表示天体的位置。现介绍天球上一些重要的点、线、面(图 2.1)。

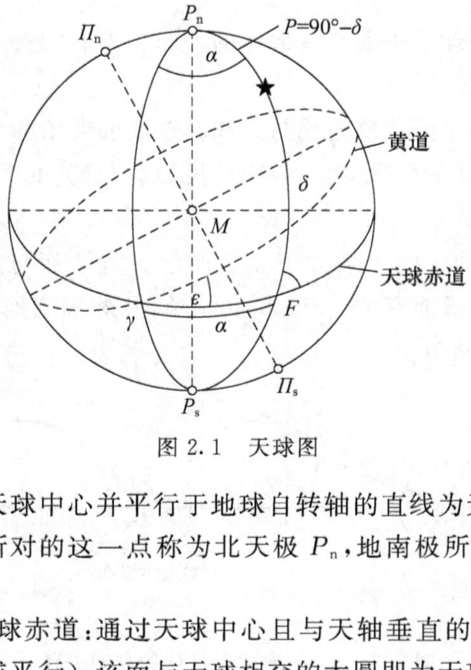

图 2.1　天球图

天轴与天极：过天球中心并平行于地球自转轴的直线为天轴，天轴与天球的交点称为天极，地北极所对的这一点称为北天极 P_n，地南极所对的这一点称为南天极 P_s。

天球赤道面与天球赤道：通过天球中心且与天轴垂直的平面称为天球赤道面(与地球赤道面重合或平行)，该面与天球相交的大圆即为天球赤道。

天顶和天底：过测站点的铅垂线向上方延伸与天球的交点称为该点的（天文）天顶，向下方延伸与天球的交点称为该点的（天文）天底。

天球子午面与天球子午圈：包含天轴并经过某点的天顶的平面称为天球子午面，该面与天球相交的大圆为天球子午圈。

时圈：通过天轴的平面与天球相交的半个大圆为时圈。

黄道：地球公转的轨道面与天球相交的大圆，即当地球绕太阳公转时，地球上的观测者所见到的太阳在天球上的运动轨迹称为黄道。黄道面与赤道面的夹角称为黄赤交角，约 23.5°。

黄极：通过天球中心，垂直于黄道面的直线与天球的交点称为黄极。靠近北天极的交点Π_n称北黄极，靠近南天极的交点Π_s称南黄极。

春分点：当太阳在黄道上从天球南半球向北半球运行时，黄道与天球赤道的交点称为春分点。

秋分点：当太阳在黄道上从天球北半球向南半球运行时，黄道与天球赤道的交点称为秋分点。

在天文学和卫星大地测量学中，春分点和天球赤道面是建立参考系的重要基准点和基准面。

中天：天体东升西落经过观测者所在的地球子午面时，称为中天（分上中天和下中天）。

赤经：春分点的天球子午面与过天体的天球子午面的夹角称为赤经，以“时间”来表示。

赤纬：地球的中心至天体的连线与天球赤道面的夹角称为赤纬，用“度”来表示（天球赤道是 0°，它以北的度数为正，以南的度数为负）。北天极为＋90°，南天极为－90°。

太阳、地球、月球的空间关系如图 2.2 所示。黄道面与太阳赤道面间有大约 7.3°的倾角，与地球赤道面有大约 23.5°的倾角；月球围绕地球旋转的平面与地球赤道面间有大约 5°的倾角。

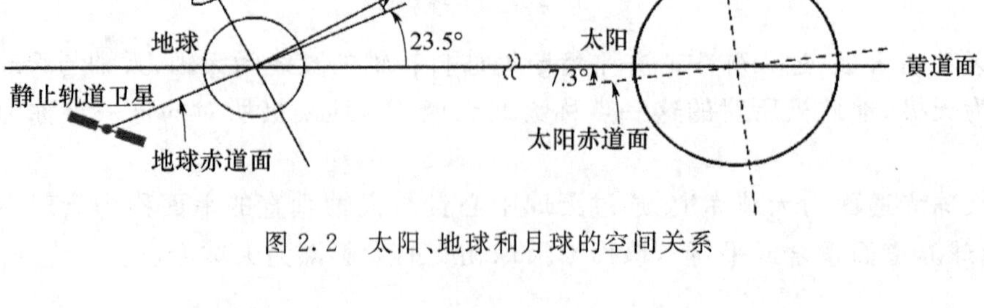

图 2.2　太阳、地球和月球的空间关系

2.1.2　岁差、章动与极移

1. 岁差

由于离心力的作用，地球本身并非质量均匀的球体（地球赤道略鼓，两极稍扁），而且地轴与公转面也非垂直，所以太阳对地球在公转过程中的引力是不均匀的，再加上月球引力的影响，使得地球产生了像陀螺一样的进动现象，表现为地轴以23.5°的夹角围绕公转轨道面垂直线（黄轴）做圆周摆动，地球的进动现象在天文学上称为岁差（图2.3）。地球的进动方向与地球公转方向相反，反映在视觉上就是天极围绕黄极做圆周运动。与陀螺不同的是，地球的进动周期非常缓慢，约25 800年才旋转一周，所以天极每年大约移动50.2″。

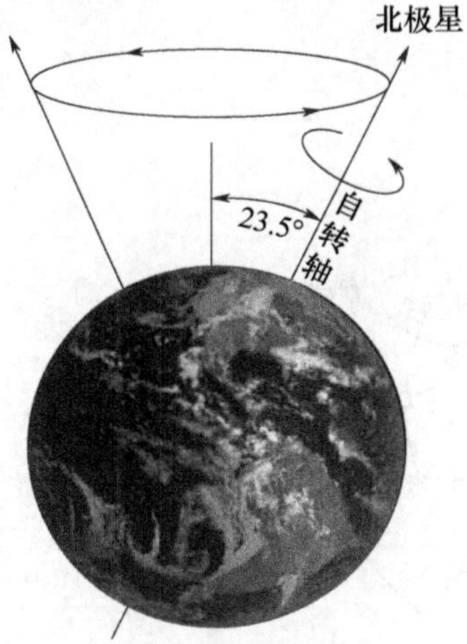

图2.3　岁差

在岁差影响下，地球自转轴在空间绕黄北极产生缓慢旋转（在北天极上方观察为顺时针），因而使北天极以同样方式绕黄北极旋转。这种有规律的北天极，通常称为瞬时平北天极（平北天极），对应为瞬时天球平赤道、瞬时平春分点。

上述的岁差引起的结果就是黄道与赤道的交点（瞬时平春分点）逐渐沿黄道向西偏移，因此也称为赤道岁差（原称日月岁差）。所以，所谓的赤道岁差就是指瞬时平北天极的以北黄极为中心、以黄赤交角为半径的一种顺时针圆周运动。

除了太阳和月球对地球的引力外，太阳系中的其他行星也会对地球和月球产生万有引力，尽管这种力很小，不足以改变地轴在空间的方向，但它能使地球绕日公转不严格遵守开普勒定律，而使黄道面平移，进而使春分点产生移动，将这种岁差称为黄道岁差（原称行星岁差）。黄道岁差使春分点在天球赤道上每年东移约0.1″，还会使黄赤交角产生变化。

2. 章动

月球和太阳相对于地球的位置在不断变化(太阳、月球与地球赤道面之间的夹角及它们离地球的距离都会发生变化)。此外,行星相对于地球的位置也在不断变化,从而导致黄道面产生周期性的变化。这一切都将使北天极、春分点、黄赤交角等在总岁差的基础上产生额外的周期性的微小摆动,这种周期性的微小摆动称为章动,其周期约为18.6年(图2.4)。章动是指瞬时北天极(真北天极)绕瞬时平北天极所做的顺时针椭圆运动。

在岁差和章动的综合作用下,真正的北天极将不再沿着小圆向西移动,而将沿着波浪形的曲线运动,如图2.5所示。

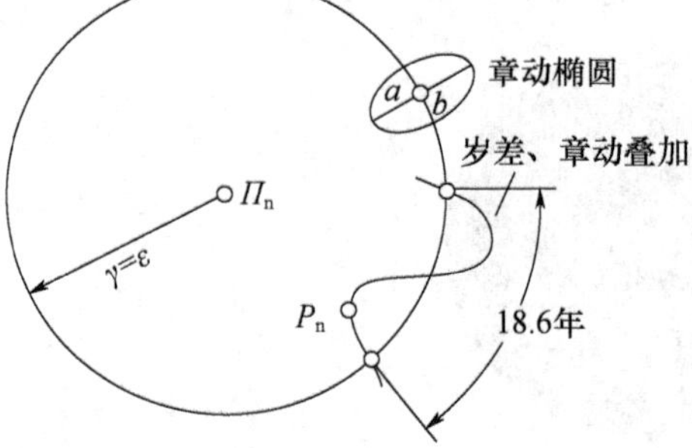

图2.4 章动

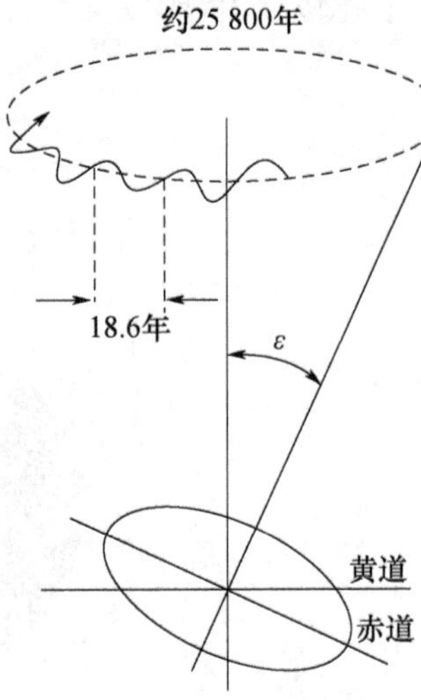

图2.5 岁差与章动

3. 极移

由于地球表面上的物质运动(如海潮、洋流等)以及地球内部的物质运动(如地幔对流等),地球自转轴在地球体内的位置会发生缓慢变化,因而地极在地面上的位置也相应地在不断移动,这种现象称为地极移动,简称极移。某一观测瞬间地球北极所在的位置称为瞬时极,某段时间内地极的平均位置称为平极。

根据国际约定,现在所谓的北极,是1900—1905年极移轨迹的中心点,即国际协议原点(conventional international origin,CIO),今天的中心点已相对于CIO漂移了10 m左右。粗略地讲,从过去的记录来看,"真正"的北极并不"安分守土",而是不断朝西经80°方向(加拿大东北部),以每年10 cm左右的速度漂移。

2.1.3 视差与光行差

1. 视差

观测者在两个不同位置看到同一天体的方向之差称为视差。视差可以用观测者的两个不同位置之间的距离（又称基线）在天体处的张角来表示。

天体的视差与天体到观测者的距离之间存在着简单的三角关系。测出天体的视差，就可以确定天体的距离。因此，天体的视差测量是确定天体距离的基本的方法，称为三角视差法。由于天体的距离都很遥远，它们的视差很小，故为精确测定它们的视差，必须尽可能地把基线拉长。在测定太阳系内一些天体的视差时，以地球的半径作为基线，所测定的视差称为周日视差。在测定恒星的视差时，以地球和太阳之间的平均距离作为基线，所测定的视差称为周年视差。太阳在空间运动所产生的视差称为长期视差，也称视差动，它取太阳在一年里所走过的距离为基线。

周日视差是地球自转或天体周日视运动所产生的视差（图 2.6）。它的定义是：通过 M 点的地球半径在天体 S 处的张角。周日视差随着天体的高度变化而改变，当天体位于地平时，它的周日视差达到极大值，称为周日地平视差。当观测者位于赤道时，天体的周日地平视差具有最大值，称为赤道地平视差。

周年视差是地球绕太阳周年运动所产生的视差（图 2.7）。它的定义是：地球和太阳间的距离在恒星处的张角。恒星的周年视差均小于 $1''$。

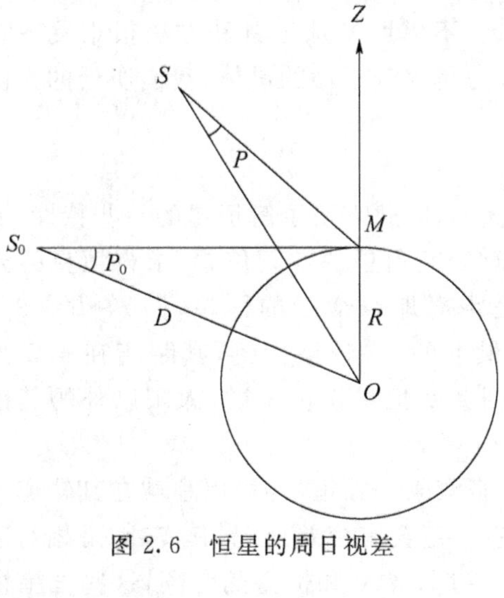

图 2.6　恒星的周日视差

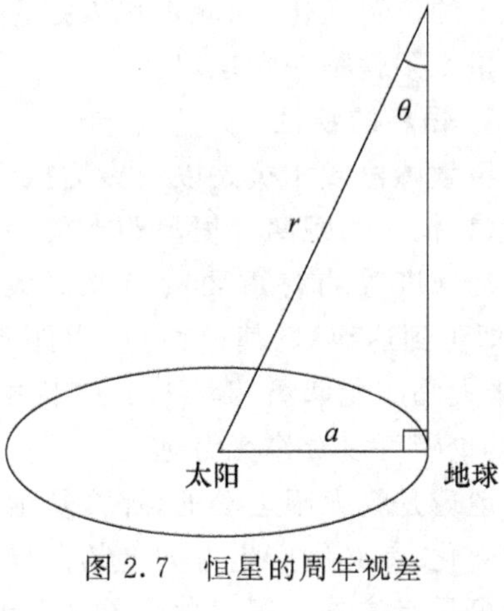

图 2.7　恒星的周年视差

2. 光行差

光行差是指在同一瞬间，运动中的观测者所观测到的天体视方向与静止的观测者所观测到天体的真方向之差。

地球上的观测者与天体之间的相对运动可以分解为各种成分，分别对应下面几种相应的光行差。

周年光行差：地球绕太阳公转造成的光行差。恒星因为周年光行差位移，每年在天球上画出一个椭圆，叫作光行差椭圆。光行差椭圆的形状，因恒星的黄纬不同而不同。越接近于黄极（黄纬的绝对值增大方向），越接近于圆形，相反则越接近于一条直线。恒星周年光行差椭圆的长半轴叫作恒星的周年光行差常数（简称光行差常数）。其值大小取决于地球公转速度和光速的相对大小，而与恒星的距离无关。如地球公转速度为 V，光速为 c，则光行差常数的正切值为 V/c。据此计算，恒星的光行差常数为 20.496″。因此，位于黄极的恒星，光行差轨迹是以20.496″为半径的圆，位于黄道的恒星，光行差轨迹是一条长为 20.496″×2 的直线，位于其他天空中的恒星，其光行差轨迹则是以 20.496″为长半轴的椭圆。

周日光行差：地球自转造成的光行差，比周年光行差小 2 个数量级，为零点几角秒。

长期光行差：太阳系在宇宙空间中的运动造成的光行差，包括太阳本动造成的光行差（约为 13″，但方向不变）和太阳系绕银河系自转造成的光行差（约为 100″，但周期很长）。

2.1.4 恒星及其星表

恒星是由非固态、液态、气态的第四态等离子体组成的，是能自己发光的球状或类球状天体。由于恒星离我们非常遥远，不借助特殊工具和方法很难发现它们在天上的位置变化，因此古代人把它们认为是固定不动的星体，我们所处的太阳系的主星太阳就是一颗恒星。

1. 恒星的特性

星敏感器或相机是以恒星为探测目标的，因此需要了解恒星的一些特性。

(1)恒星的距离。恒星距离的测定，对研究恒星的空间位置、求得恒星的光度和运动速度等均有重要的意义。太阳是距离地球最近的恒星，阳光只需 8 min 19 s即可到达地球；其他恒星，以距地球最近的 25 颗星为例，其距离在 4.2 光年（如半人马座比邻星）到 11.4 光年之间，因此对恒星相机来讲，太阳以外的其他恒星，其物距可以看作无穷远。

地球是绕太阳运动的，那么从地球上观测某一颗恒星时，因地球在其轨道上位置的变化，就必然产生方向上的差异，也就一定会有视差出现，其实，它是相对于更远的恒星有位移。用三角视差法已测定了约 10 000 颗恒星的距离，这些恒星视差角都不超过 1″。更遥远的恒星视差角非常小，很难确定它们的距离，只有用其他方法来测定，如分光视差法、星团视差法、统计视差法及由造父变星的周期光度关系确定视差等。在 20 世纪 90 年代中期,依靠“依巴谷”卫星进行的空间天体测量获得成功,在大约 4 年的时间里,以非常高的准确度测定了 10 万颗恒星的距离。

(2)恒星的运动。恒星都是在不停地运动着,运动的方向和速度大小均不相同。可以把恒星相对于太阳系的运动速度按矢量的分解方法分解成两个分速度:一个是沿着观察者的视线方向(视向速度),这个速度不可能直接观测到,要通过另外的方法测出;另一个是与观察者视线方向垂直的切向速度(或叫作恒星的自行)。恒星十分遥远,一般用肉眼不易觉察,但是如果精确地、长时间地观察一个恒星位置相对于背景恒星的变化,可以测出它的切向速度大小和方向。

星敏感器定姿只关心恒星的自行,单位时间内恒星在天球切面上走过的距离对观测者所张的角度叫作自行,单位是(″)/年。恒星自行的速度一般都小于每年 0.1″。恒星自行由扣除岁差和章动后的赤经年变(赤经自行)和赤纬年变(赤纬自行)组成。

(3)恒星的温度。恒星的温度是研究恒星的基础。若将恒星的温度和大小一起考虑时,就可求出恒星向空间辐射的能量。恒星的温度差别很大,热星的颜色与冷星的颜色有很大的不同,温度极低的恒星辐射多在电磁波谱的红外区,随着温度的升高向青白区方向发展。

(4)恒星的亮度。恒星的亮度是指我们所看到的视亮度,它不仅取决于恒星的发光本领(温度和大小),也取决于恒星的距离。亮度用星等来表示,星等越大,亮度越小。星等相差 5 等,它们的亮度相差 100 倍,即星等相差 1 等,亮度相差 $(100)^{\frac{1}{5}}=2.512$ 倍。所以,星等按等差级数增大,亮度便按等比级数减小。假设有 2 颗恒星,其星等是 m 和 $m_0(m>m_0)$,它们的亮度 E 和 E_0 的比率为

$$E_0/E=2.512^{(m-m_0)}$$

$$\lg E_0-\lg E=0.4(m-m_0)$$

$$m-m_0=2.5(\lg E_0-\lg E)$$

若取零星等($m_0=0$)的亮度 $E_0=1$,则得普森(Pogson,也译为波格森)公式

$$m=-2.5\lg E$$

人眼的裸视所能观测的极限星等约为 6 等,天文望远镜所能观测的极限星等一般为 10 等以上。

(5)恒星的大小。恒星的实际大小差距很大。太阳之所以看起来很大,是因为它离我们很近。以 3 个常见的大恒星为例,从地球观察它们的张角都远远小于 1″。对于恒星相机所要摄取的 5 等或更高星等的恒星,其张角更小,完全可以看作是一个理想点光源。

综合恒星的以上特点,对星敏定姿而言,恒星可以看成是无穷远的、近似静止不动的、具有一定光谱特性的点光源。

2. 恒星的位置

恒星位置受各种因素的影响而变化。这些因素包括岁差、章动、自行、光行差、视差和大气折光差。这些因素使天体的位置有平位置、真位置、视位置和站心位置之分。从 1984 年起编的星表和历表均采用 2000 年儒略年首即 J2000.0 作为历元。

恒星位置的参照系通常为某一历元的平赤道和平春分点所确定的平赤道坐标系或真赤道和真春分点所确定的真赤道坐标系。不同历元的平赤道坐标系差异由岁差引起,历元的平赤道坐标系和真赤道坐标系的差异由章动引起。参照坐标系的原点有站心、地心和日心(或太阳系质心)。从日心到地心涉及周年视差和周年光行差,从地心到站心涉及周日视差和周日光行差。几种常见恒星位置如下:

(1)星表历元平位置。在星表中,所有恒星的坐标均对应于星表历元的平赤道坐标系,称为星表历元平位置。坐标系的原点在日心或太阳系质心。

(2)年首平位置。恒星对应于某一儒略年首时的平赤道系的日心坐标。当利用历表进行恒星位置归算时,需要观测瞬间所在年的年首平位置。恒星在不同年的年首平位置的差别是各年首之间的岁差和恒星在此期间的自行引起的。

(3)观测历元平位置。恒星对应于观测历元时的平赤道坐标系的日心坐标。观测瞬间所在年的年首平位置和观测历元平位置之差是年首到观测瞬间之间的岁差和恒星自行。

(4)真位置。恒星对应于观测历元时的真赤道坐标系的日心坐标。它是观测历元平位置做了章动改正后得到的。

(5)视位置。恒星对应于观测历元时的真赤道坐标系的地心坐标。它是真位置做了周年视差和周年光行差改正后得到的。

(6)站心位置。恒星对应于观测历元时的真赤道坐标系的站心坐标。它是视位置做了周日视差和周日光行差改正后得到的。

恒星的各种位置之间的关系可表示为

年首平位置=星表历元平位置+岁差+恒星自行

观测历元平位置=年首平位置+岁差+恒星自行

真位置=观测历元平位置+章动

视位置=真位置+周年视差+周年光行差

站心位置=视位置+周日视差+周日光行差

3. 星表

星表是记载天体各种参数(如位置、自行、星等、光谱型等)的表册。星表是星图识别的主要依据,也是姿态确定的基准。恒星在天球坐标系下的位置是可以精确测定的,并且按照一定的标准已经建立了许多数据库。常用的星表如下:

(1)亮星星表。亮星星表(Bright Star Catalogue)给出全天9 110颗星等亮于6.5 等的亮星的位置(历元 2000 的赤经、赤纬,银道坐标)、星等、B－V 色指数、光谱型、自行、视向速度、视差,对双星给出两星的角距离等参数。

(2)SAO 星表。SAO(Smithsonian Astrophysical Observatory)星表是天文观测最常用的星表,给出了 258 997 颗星等亮于 11 等的恒星,有编号、自行、光谱型、目视星等,表内列有与 HD(亨利·德雷伯)星表和 BD(波恩)星表的交叉认证序号。

(3)HD 星表。HD 星表给出 359 083 颗恒星的 2000 年历元位置、星等、自行、光谱型等数据,是最传统的星表之一。

(4)美国海军天文台全天星表。美国海军天文台全天星表(the whole-sky USNO-B1.0 catalog)提供了全天 1 042 618 261 个天体的位置(历元 2000)、自行、BRI 星等等数据(极限星等为 21 等)。

(5)依巴谷-第谷(Hipparcos-Tycho)星表。依巴谷卫星由欧洲空间局于1989 年 8 月发射升空,1993 年 8 月完成历史使命,用于测量恒星视差和自行,以古希腊天文学家 Hipparcos 的名字命名。依巴谷计划分“依巴谷实验”和“第谷实验”两部分。前者目标是测量 120 000 颗恒星的 5 个天文测量参数,精度达 0.002″～0.004″;后者目标是测量另外 400 000 颗恒星的天文测量参数及 B-V 色指数,但位置精度稍逊(0.02″～0.03″)。1997 年发表的第 2 版,是到现在为止精确度最高的科学数据,包括的恒星总数为 120 313 个,极限星等为 13 等,精确度为 0.001″,而第谷星表列出 1 050 000 颗恒星。星表包括赤道坐标、自行、星等、光谱型、颜色、视差、径向速度等信息。

对星敏感器定姿而言,感兴趣的信息仅有恒星的位置和星等。

§2.2　时间系统

人类社会和自然界中的一切事物都是在一定的时间和空间中生存、发展和消亡的。时间和空间是物质的基本存在形式,是用来描述物体物理运动变化的两个基本维度。空间系统和时间系统是用人类一种公认的标准来定义空间与时间的(李征航 等,2010;杨嘉墀 等,2009)。

时间是基本的物理量之一,它反映了物质运动的顺序性和连续性。时间包含了两种概念:时段(时间间隔)和时刻。时段是指事物处于两个(瞬间)运动状态之间所经历的时间过程;而时刻则表示事物在运动过程中的某一瞬间发生某一现象的时间。在测绘领域通常把观测时刻称为“历元”。显然,所谓的时刻实际上是一种特殊的时段,即与某一个约定的起点时刻之间的时段,它说明了事件发生的先后,反映出时间的早晚;而时段是指某一事件发生的始末时刻之差,它说明了事件从开始到结束经历了多少时间,反映出时间的长短。所以,时段测量也称为相对时间测量,时刻测量则称为绝对时间测量。

时间系统规定了时间测量的标准,包括时刻的参考基准和时段的尺度基准。

建立时间系统必须以物质的运动为依据。选取的物质运动形式不同，就会有不同的时间系统。

早期当人们把地球自转看作均匀运动时，就以地球自转作为时间计量的基准，以春分点(真太阳)连续两次上中天的时间间隔叫作一个恒星日(真太阳日)。真太阳运动复杂，使得真太阳时不均匀。1895 年纽康(S. Newcomb)引入了假想的参考点——平太阳，定义了平太阳时。建立了平太阳时与恒星时之间的相互转换关系。1928 年国际天文学会正式将格林尼治平太阳时命名为世界时。从此以地球自转为基准的时间计量系统的世界时被全世界统一使用。但是，由于地球自转速度不均匀，导致用其测得的时间不均匀。1960 年起，人们开始以地球公转运动为基准来度量时间，用历书时系统代替世界时。随着科技的发展，历书时的精度已不能满足需要，1967 年后，历书时被原子时所取代。原子时的时间单位在目前来说是最精确的，但原子时不能确定时刻。为了得到既有准确时刻，又有精确秒长的时间系统，国际上规定了协调世界时。协调世界时的秒长与原子时秒长一致，在时刻上尽量与世界时接近(其差值在 0.9 s 以内)。

2.2.1 恒星时与太阳时

地球自转是一种连续性的周期性运动。早期由于受观测精度和计时工具的限制，人们认为这种自转是均匀的，所以被选作时间基准。恒星时和太阳时均以地球自转作为时间基准，其主要差异在于量测自转时所选取的参考点不同。

1. 恒星时

以春分点为参考点，由春分点的周日视运动周期所确定的时间计量系统，称为恒星时，简称恒时。春分点连续两次经过本地子午圈的时间间隔为一恒星日，在数值上等于春分点相对于本地子午圈的时角，具有地方性。以恒星日为基础均匀分割而获得恒星时系统中的“小时(h)”“分(min)”和“秒(s)”。

由于章动的影响，地球自转轴在空间的方向是不断变化的，故春分点有真春分点和平春分点之分。相应的恒星时也有真恒星时和平恒星时之分。

格林尼治恒星时(Greenwich sidereal time，GST)为格林尼治子午圈(经度为零)的恒星时。因此，视地方恒星时为格林尼治恒星时与观测者的经度之和。

2. 太阳时

1)真太阳时

以真太阳(太阳视面中心)为参考点，以它的周日视运动周期为基准所建立的一种时间系统，称为真太阳时，简称真时，用 $T_{\odot}$ 表示。真太阳连续两次通过观测站上中天所经历的时间段，称为一个真太阳日。真太阳日是真太阳时系统的基本单位。以真太阳上中天瞬间为一日的开始，这个瞬间称为真午正($T_{\odot}=0$)。

由于地球围绕太阳的公转轨道为一椭圆，其运动角速度是不相同的，再加上地球公转是位于黄道平面，而时角是在赤道平面度量这一因素，故真太阳时的长度是不相同的(图 2.8)，不符合建立时间系统的基本要求。

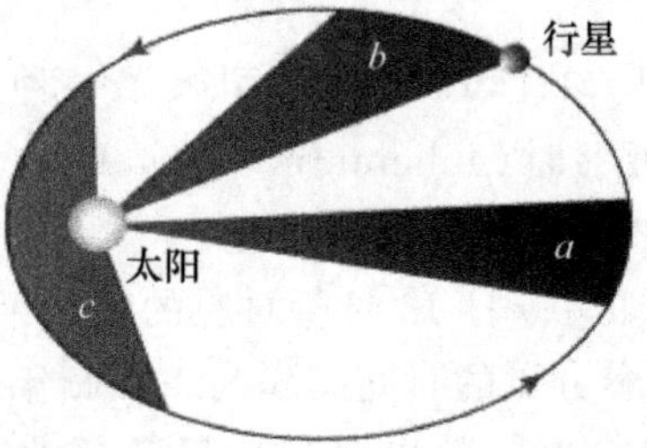

图 2.8　太阳周年视运动的不均匀性

2)平太阳时

设立一个“假太阳”，它是在赤道上对恒星做均匀运动的一个假想的点。它有以下特点：

(1)周年视运动的轨道在赤道上，而不是在黄道上。

(2)周年视运动的速度是均匀的，等于真太阳一年中视运动速度的平均值。

(3)赤经尽可能接近于真太阳的平黄经。

选取平太阳为参考点，以它的周日视运动周期为基准建立的一种时间计量系统，称为平太阳时，简称平时，用 T 表示。

3)世界时

以平子夜为零时起算的格林尼治平太阳时定义为世界时(universal time, UT)。世界时与平太阳时的尺度相同，但起算点不同。1956 年以前，秒被定义为一个平太阳日的 1/86 400。这是以地球自转这一周期运动作为基础的时间尺度。

由于地球自转的不稳定性，在 UT 中加入极移改正即得到 UT1。由于高精度石英钟的普遍采用及观测精度的提高，人们发现地球自转周期存在着季节变化、长期变化及其他不规则变化。UT1 加上地球自转速度季节性变化后为 UT2。它们之间的关系为

$$UT1 = UT + \Delta\lambda$$
$$UT2 = UT1 + \Delta T_S$$

式中：$\Delta\lambda$ 为极移改正；ΔT_S 为地球自转速度的季节性变化改正。

虽然 UT2 仍是一个不均匀的时间系统，不再作为时间尺度，但在卫星测量中仍被广泛使用，因它在数值上表征了地球自转相对恒星的角位置，故用于天球坐标系与地球坐标系之间的转换计算。

世界时与格林尼治平恒星时的关系可依据赤道平太阳的赤经表达式求得。目前天文年历中用来计算世界时 0 时的格林尼治平恒星时($GMST_0$)的基本公式为

$$GMST_0 = 6^h 41^{min} 50.548\,41^s + 8\,640\,184.812\,866^s T + 0.093\,104^s T^2 - 6.2^s \times 10^{-6} T^3$$

式中，T 为从 J2000.0 起算的儒略世纪数（见 2.2.5 小节）。

2.2.2 历书时

为了避免世界时的不均匀性，1960 年起引入了一种以地球绕日公转周期为基础的均匀时间系统，称为历书时（ephemeris time，ET）。历书时是一种以牛顿天体力学定律来确定的均匀时间，也称为牛顿时。

历书时的秒长：1900 年 1 月 0 日 12 时所对应的回归年长度的 1/31 556 925.974 7（地球绕日公转时两次通过春分点的时间间隔为 1 回归年）。

历书时的起点定义：以 1900 年初太阳的平黄经为 279°41′48.04″的瞬间，即 1900 年 1 月 0 日世界时 12 时作为历书时 1900 年 1 月 0 日 12 时。

历书时的测量：将观测得到的天体位置与用历书时计算得到的天体历表比较，就能内插出观测瞬间的历书时。

2.2.3 原子时

1. 原子时

随着对时间准确度和稳定度的要求不断提高，以地球自转为基础的世界时系统难以满足要求。20 世纪 50 年代，便开始建立以物质内部原子运动的特征为基础的原子时（atomic time，AT）系统。

所谓原子时是以原子跃迁所产生的振荡频率为基准建立起来的一种均匀的计时系统，原子时直接定义秒长，属物理时。原子时的秒长被定义为铯 133（^{133}Cs）原子基态的 2 个超精细能级间跃迁辐射振荡 9 192 631 170 周所持续的时间，它是当代最理想的时间系统。

国际原子时（TAI）的起点：按国际协定取为 1958 年 1 月 1 日 0 时 0 秒（UT2）（事后发现在这一瞬间（TAI）与 UT2 相差 0.003 9 s）。

就目前的观测水平而言这一时间尺度是均匀的（所依据的周期运动具有稳定的周期）。这一时间尺度被广泛地应用于动力学作为时间单位，其中包括卫星动力学。

2. 协调世界时

协调世界时（coordinated universal time，UTC）是介于原子时与世界时之间的一种均匀时。它以原子时为基准，即以原子时的秒长作为计量时间的基本单位，在时刻上进行调整，使其与世界时 UT1 时刻之差不超过±0.9 s，这样确定的一种时间系统，称为协调世界时，简称协调时，用 UTC 表示。UTC 是目前国际上发播标准时间和标准频率的基本形式。

由于原子时比世界时每年快约 1 s，二者之差逐年积累，便采用跳秒（闰秒）的方法使协调时与世界时的时刻相接近，其差不超过 1 s。它既保持时间尺度的均匀性，又能近似地反映地球自转的变化。

2.2.4　力学时

1984 年开始，天体位置的计算和天文星历表的编制统一采用力学时(dynamic time，DT)。根据参考点的不同，可分为地球动力学时和太阳系质心动力学时。

1. 地球动力学时

地球动力学时(terrestrial dynamic time，TDT)是相对地球质心的天体运动方程所采用的时间参数，被用于描述地球卫星的运动。

TDT 的基本单位是国际制秒，与原子时的尺度一致。地球动力学时与国际原子时有以下关系

$$TDT = TAI + 32.184\ \mathrm{s}$$

1991 年，第 21 届国际天文学联合会大会决定将 TDT 改称为地球时(terrestrial time，TT)，目前计算卫星位置、编制卫星星历时所用的时间都采用地球时。

2. 质心动力学时

质心动力学时(barycentric dynamic time，BDT)的全称为太阳系质心动力学时。这是一种用于解算坐标原点位于太阳系质心的运动方程(如行星运动方程)并编制其星表时所用的时间系统。

2.2.5　天文学中常见的长时间计时方法

1. 儒略日与简化儒略日

儒略日(Julian day，JD)是由法国学者 Joseph Justus Scaliger(1540—1609)于 1583 年提出的，是一种涉及年、月等概念的长期连续纪日法，记为 JD。儒略日的起点为公元前 4713 年(天文学上记为−4712 年)1 月 1 日格林尼治时间平正午(世界时 12:00)，即 JD0 指定为 UT 时间公元前 4713 年 1 月 1 日 12 时到 UT 时间公元前 4713 年 1 月 2 日 12 时的 24 小时。每一天赋予了一个唯一的数字，数字顺延，如 1996 年 1 月 1 日 12 时整的儒略日是 2 450 084。天文年历附表载有各年每月零日世界时 12 时的儒略日数。此外，也可用以下公式依据公历的年(Y)月(M)日(D)计算对应的儒略日(JD)。

公式 1 为

$$JD = 1\ 721\ 013.5 + 367 \times Y \cdot \mathrm{int}\left\{\frac{7}{4}\left[Y + \mathrm{int}\left(\frac{M+9}{12}\right)\right]\right\} + D + \frac{h}{24} + \mathrm{int}\left(\frac{275 \times 10}{9}\right)$$

式中：常数 1 721 013.5 为公历 1 年 1 月 1 日 0 时的儒略日；h 为世界时的小时数；int 为取整符号。

公式 2 为

$$JD = \mathrm{int}(365.25 \times y) + \mathrm{int}[30.600\ 1 \times (m+1)] + D + \frac{h}{24} + 1\ 720\ 981.5$$

当月份 $M \leqslant 2$ 时，有 $y=Y-1, m=M+12$；当月份 $M>2$ 时，有 $y=Y, m=M$。

由于儒略日数字位数太多，国际天文学联合会（International Astronomical Union，IAU）于1973年采用简化儒略日（MJD），其定义为MJD＝JD－2 400 000.5。MJD相应的起点是1858年11月17日世界时0时。例如，1979年10月1日0时儒略日数为2 444 147.5，简化儒略日数为44 147。

2. J2000.0纪元

国际天文学联合会决定，从1984年起在天文学上使用J2000.0纪元（早期采用的纪元标准是B1950.0纪元）。前缀“J”代表这是一个儒略纪元法，而不是一个贝塞尔纪元。

J2000.0指的是儒略日期TT时2 451 545.0，或是TT时2000年1月1日12时，即相对于TAI的2000年1月1日11:59:27.816或UTC时间2000年1月1日11:58:55.816。

§2.3 坐标系统

坐标系统是由坐标原点位置、坐标轴的指向、尺度和相关的计算模型所定义的，其具体的实现称为参考框架。当讨论的重点不是放在“理论上规定还是具体实现”这一点时，对二者并不严格加以区分。航天摄影测量中主要采用两大类型的坐标系统，即天球坐标系和地球坐标系（李征航 等，2010；杨嘉墀 等，2009）。

2.3.1 天球坐标系

天球坐标系是用于描述天体在空间的位置和方向的一种坐标系。天文学中所说的天体位置一般是指天体在天球上投影点的位置，只反映了天体在空间的方向，而没有距离的概念。因此，天球坐标系中的经度和纬度与大地坐标系中的经度和纬度并不完全相同。

对人造天体来说，由于其在空间的三维位置是可以精确确定的，因而对上述的天球坐标系加以扩充，采用球面极坐标或空间直角坐标的形式来描述天体在空间的位置及其运动状态。

天球坐标系也称为惯性坐标系，是空间固定的坐标系，其坐标原点及各坐标轴指向在空间保持不变，与地球自转无关，对描述卫星的运行位置和状态极其方便。

在天文学中，常用的天球坐标系有赤道坐标系、地平坐标系、黄道坐标系及银道坐标系等。

1. 天球坐标系的一般表达形式

在天球坐标系中，任一天体的位置可用天球空间直角坐标系和天球球面坐标系来描述。

1)天球空间直角坐标系

原点位于地球的质心，Z 轴指向天球的北极 P_n，X 轴指向春分点且在赤道面上，Y 轴与 X、Z 轴构成右手坐标系，如图 2.9 所示。

2)天球球面坐标系

原点位于地球的质心，赤经为含天轴和春分点的天球子午面与经过天体 P 的天球子午面之间的夹角，赤纬为原点至天体的连线与天球赤道面的夹角，向径 r 为原点至天体的距离 OP，如图 2.9 所示。

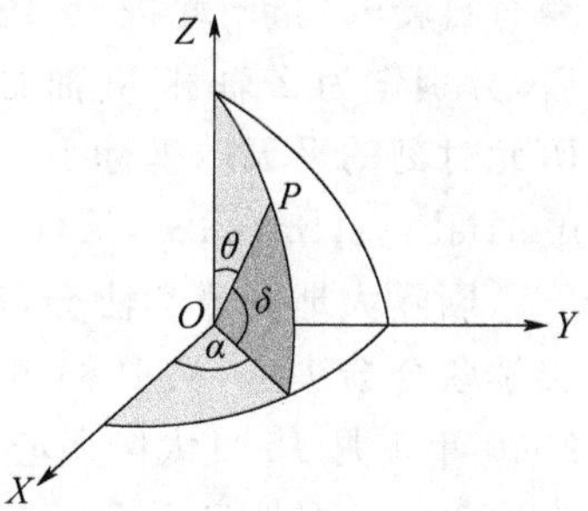

图 2.9　天球坐标与直角坐标

3)两坐标系间的转换

两坐标系间的转换关系如下

$$\left.\begin{aligned} X&=r\cos\alpha\cos\delta \\ Y&=r\sin\alpha\cos\delta \\ Z&=r\sin\delta \end{aligned}\right\} \tag{2.1}$$

$$\left.\begin{aligned} r&=\sqrt{X^2+Y^2+Z^2} \\ \alpha&=\arctan(Y/X) \\ \delta&=\arctan\left(Z/\sqrt{X^2+Y^2}\right) \end{aligned}\right\} \tag{2.2}$$

2. 天球赤道坐标系

在航天摄影测量中，使用最为广泛的是天球赤道坐标系，即选用天球赤道作为基圈，以北天极作为基点；选择过春分点的子午圈作为主圈，以春分点作为主点。但是由于岁差与章动的影响，天轴的指向在不断地变动，天球赤道面和春分点也会相应地不断变化，从而形成不同的天球赤道坐标系。

1)瞬时天球赤道坐标系

原点位于地球质心，Z 轴指向瞬时北天极，X 轴指向瞬时春分点(真春分点)，Y 轴按右手法则取向。

瞬时天球坐标系，即真天球坐标系，可以方便地球坐标系相互变换，但真北天极和真春分点方向不断变化，使瞬时天球坐标系的坐标轴指向不断变化。

地球自转轴受其他天体(日、月)影响在空间产生进动，使得春分点发生变化(章动和岁差)，导致用“瞬时天极”定义的坐标系不断旋转，而旋转的坐标系表现出非惯性的特性，不能直接应用牛顿定律。我们可以用某一历元时刻的天极和春分点(协议天极和协议春分点)定义一个三轴指向不变的天球坐标系，称为协议天球坐标系。

2)协议天球坐标系

在岁差和章动影响下，瞬时天球坐标系的坐标轴指向不断变化，为建立一个与惯性坐标系相近的坐标系，人们通常选择某一时刻作为标准历元，并将此刻地球的瞬时自转轴（指向北极）和地心至瞬时春分点的方向，经该瞬时的岁差和章动改正后，分别作为 Z 轴和 X 轴的指向。由此所构成的空间固定坐标系，称为所取标准历元时刻的平天球坐标系，或协议天球坐标系，也称协议惯性坐标系（conventional inertial system，CIS），天体的星历通常都是在该系统中表示。

国际大地测量学协会（International Association of Geodesy，IAG）和国际天文学联合会决定，从 1984 年 1 月 1 日后启用的协议坐标系，其坐标轴的指向是以 2000 年 1 月 15 日太阳质心力学时（TDB）为标准历元的赤道和春分点定义的，称为 J2000.0 惯性坐标系。

为了将协议天球坐标系的天体坐标转换到观测历元的瞬时天球坐标，通常可分两步：①协议天球坐标系——瞬时平天球坐标系（岁差旋转）；②瞬时平天球坐标系——瞬时天球坐标系（章动旋转）。

2.3.2　地球坐标系

天球坐标系与地球自转无关，导致地球上一固定点在天球坐标系中的坐标随地球自转而变化，应用不方便。为了描述地面观测点的位置，有必要建立与地球体相固联的坐标系——地球坐标系。地球坐标系是一种固定在地球上、随地球一起转动的非惯性坐标系统，也称地固坐标系。

根据地球坐标系原点位置的不同，可分为地心坐标系和参心坐标系。前者的原点与地球质心重合，后者的原点与参考椭球中心重合（参考椭球是指与某一地区或国家地球表面最佳吻合的地球椭球）。以地心为原点的地固坐标系称为地心地固坐标系（ECEF）。

从表现形式上分，无论是地心坐标系还是参心坐标系均可分为空间直角坐标系和大地坐标系两种形式。

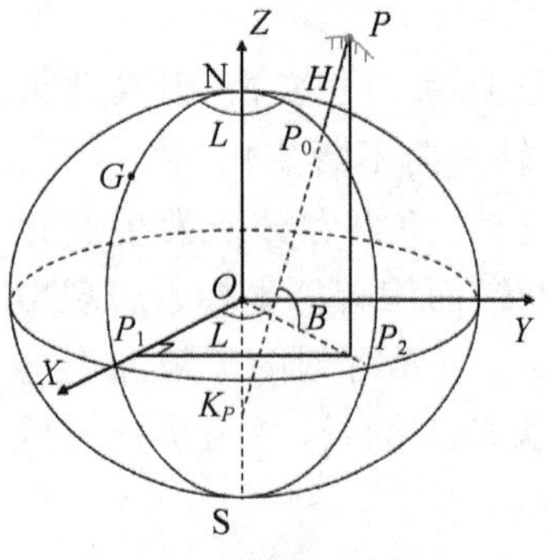

图 2.10　地球空间坐标系与大地坐标系

1. 地球坐标系的两种表达形式及其转换

1）空间直角坐标系

空间直角坐标系的坐标原点 O 与参考椭球（或地球）中心相重合，Z 轴指向参考椭球北极，X 轴指向首子午面与地球赤道的交点，Y 轴垂直于 XOZ 平面并与 X 轴、Z 轴构成右手坐标系，任意一点的位置可用（X，Y，Z）坐标来表示（图 2.10）。

依据空间直角坐标系坐标原点所处位置为参考椭球中心还是地球中心，空间直角坐标系又有参心空间直角坐标系和地心空间直角坐标系之分。

2)大地坐标系

大地坐标系也称为地理坐标系，其采用大地经纬度、大地高来描述空间位置(图 2.10)。大地经度 L 是指地面点 P 的参考椭球子午面与起始子午面所构成的二面角，由起始子午面起算，向东为正，称为东经(0°～180°)，向西为负，称为西经(0°～180°)；大地纬度 B 是经过该点做椭球面的法线与赤道面的夹角，由赤道面起算，向北为正，称为北纬(0°～90°)，向南为负，称为南纬(0°～90°)；大地高 H 是地面点沿椭球的法线到椭球面的距离。

依据坐标原点所处位置为参考椭球中心还是地球中心，大地坐标系可分为参心大地坐标系和地心大地坐标系。

3)大地坐标系与空间直角坐标系的转换

如图 2.10 所示，空间直角坐标系与大地坐标系是同一个地球坐标系的两种不同表示形式，它们之间的转换关系如下。

(1)已知 B、L 和 H，求 X、Y、Z，即

$$\begin{bmatrix} X \\ Y \\ Z \end{bmatrix} = \begin{bmatrix} (N+H)\cos B\cos L \\ (N+H)\cos B\sin L \\ (N(1-e^2)+H)\sin B \end{bmatrix} \tag{2.3}$$

式中：N 为椭球的卯酉圈曲率半径；e 为椭球的第一偏心率。公式为

$$N=\frac{a}{\sqrt{1-e^2\sin^2 B}}$$

$$e^2=\frac{a^2-b^2}{a^2}$$

(2)已知 X、Y、Z，求 B、L 和 H。对于由空间直角坐标换算大地坐标，除了大地经度可以直接计算以外，其他需要采用迭代方式进行(黄谟涛 等，1998)，即

$$\left.\begin{aligned} &L=\arctan\frac{Y}{X} \\ &\tan B=\frac{Z}{\sqrt{X^2+Y^2}}\left(1+\frac{Ne^2}{Z}\sin B\right) \\ &H=\sqrt{X^2+Y^2}\cos B+Z\sin B-a\sqrt{1-e^2\sin B} \end{aligned}\right\} \tag{2.4}$$

2. 协议地球坐标系

坐标系统是由坐标原点位置、坐标轴的指向和尺度所定义的。对于地固坐标系，坐标原点选在地心或参考椭球中心，但由于受极移的影响，坐标轴的指向则具有一定的选择性。国际上通用的坐标系一般采用协议地极(conventional terrestrial pole,CTP)方向作为 Z 轴指向，因而称为协议地球坐标系(conventional terrestrial reference system,CTRS)。与瞬时极相对应的地球坐标系，称为瞬时地球坐标系或真地球坐标系。

1900 年国际大地测量与地球物理联合会以 1900.00～1905.05 年地球自转轴瞬时位置的平均位置作为地球的固定极，即国际协议原点（CIO），定义平地球坐标系的 Z 轴指向国际协议原点。

3. 常用地心坐标系

1）世界大地坐标系统 WGS-84

WGS-84，即 World Geodetic System of 1984 的简称。该大地坐标系是由初始的大地坐标系 WGS-60 一直发展，并且在随后的 WGS-66、WGS-72 的基础上不断改进而形成的。它是由一个全球地心参考框架和一组相应的模型（包括地球重力场模型 EGM）和 WGS 大地水准面（WGS-84 Geoid）所组成的测量参照系。WGS-84是一个协议地球参照系，为地心地固右手正交坐标系，其几何定义为：坐标原点为地球质心；Z 轴指向的是由国际时间局（Bureau International de l'Heure，BIH）1984 年 0 时定义的 $BIH_{1984.0}$ 协议地极（CTP）方向，与国际地球自转服务局（International Earth Rotation Service，IERS）参考极指向相同；X 轴指向的是 IERS 参考子午线（IERS reference meridian，IRM）与过原点且垂直于 Z 轴平面的交点，并且 IRM 与 1984.0 历元的 BIH 零子午线一致；Y 轴与 Z 轴、X 轴构成右手坐标系。

WGS-84 坐标系采用的椭球称为 WGS-84 椭球，采用国际大地测量学与地球物理学联合会（IUGG）第 17 届大会大地测量常数的推荐值。其 5 个基本参数为：

长半轴 $a=6\ 378\ 137$ m；

扁率 $f=1/298.257\ 223\ 563$；

地球引力常数 $GM=(3\ 986\ 005\times10^8\pm0.6\times10^8)\mathrm{m^3/s^2}$；

地球重力场二阶带球谐系数 $J_2=108\ 263\times10^{-8}$；

地球自转角速度 $\omega=(7\ 292\ 115\times10^{-11}\pm0.150\ 0\times10^{-11})\mathrm{rad/s}$。

2）2000 国家大地坐标系

2000 国家大地坐标系（China Geodetic Coordinate System 2000，CGCS2000）是国家 GPS 大地网的点在历元 2000.0 的坐标和速度的具体体现。

CGCS2000 为右手地固正交坐标系，其原点和轴向的定义是：原点在地球的质量中心；Z 轴指向 IERS 参考极（IERS referrence pole，IRP）方向；X 轴为由原点指向 IERS 参考子午线（IRM）与通过原点且同 Z 轴正交的赤道面的交点；Y 轴与 Z 轴、X 轴构成右手正交坐标系。

2000 国家大地坐标系采用的地球椭球参数如下：

长半轴 $a=6\ 378\ 137$ m；

扁率 $f=1/298.257\ 222\ 101$；

地球引力常数 $GM=3.986\ 004\ 418\times10^{14}\ \mathrm{m^3/s^2}$；

地球重力场二阶带球谐系数 $J_2=1.082\ 629\ 832\ 258\times10^{-3}$；

地球自转角速度 $\omega=7.292\ 115\times10^{-5}$ rad/s。

4. 常用参心坐标系

参心坐标系与参考椭球密切相关。由于参考椭球中心无法与地球质心重合，故又称其为非地心坐标系。参心坐标系按其应用又分为参心大地坐标系和参心空间直角坐标系两种。其定义如下：原点位于参考椭球中心；Z 轴是与地球自转轴平行的参考椭球的短轴，向北为正；X 轴与赤道面和首子午面的交线重合，指向零子午线为正；Y 轴与 XZ 平面构成右手系。

由于不同时期采用的地球椭球不同或其定位与定向不同，故在我国历史上出现的参心坐标系主要有 1954 北京坐标系（原）、1980 西安坐标系和 1954 北京坐标系（新）三种。

5. 不同基准坐标系统之间的转换

当两个空间直角坐标系的坐标换算既有旋转又有平移时，则存在 3 个平移参数和 3 个旋转参数，再顾及两个坐标系尺度不尽一致，从而还有 1 个尺度变化参数，共计 7 个参数，相应的坐标变换公式为布尔莎-沃尔夫（Bursa-Wolf）模型，即

$$\begin{bmatrix}X_2\\Y_2\\Z_2\end{bmatrix}=(1+m)\boldsymbol{R}\begin{bmatrix}X_1\\Y_1\\Z_1\end{bmatrix}+\begin{bmatrix}\Delta X\\\Delta Y\\\Delta Z\end{bmatrix} \tag{2.5}$$

式中：X_1、Y_1、Z_1 为转换前的坐标；X_2、Y_2、Z_2 为转换后的坐标；$\boldsymbol{R}$ 为由三个旋转角 ω_X、ω_Y、ω_Z 构成的旋转矩阵；$(1+m)$ 为缩放因子；ΔX、ΔY、ΔZ 为平移参数。

当 ω_X、ω_Y、ω_Z 均为小角时，有

$$\boldsymbol{R}=\begin{bmatrix}1 & \omega_Z & -\omega_Y\\-\omega_Z & 1 & \omega_X\\\omega_Y & -\omega_X & 1\end{bmatrix}$$

则式(2.5)可表示为

$$\begin{bmatrix}X_2\\Y_2\\Z_2\end{bmatrix}=(1+m)\begin{bmatrix}1 & \omega_Z & -\omega_Y\\-\omega_Z & 1 & \omega_X\\\omega_Y & -\omega_X & 1\end{bmatrix}\begin{bmatrix}X_1\\Y_1\\Z_1\end{bmatrix}+\begin{bmatrix}\Delta X\\\Delta Y\\\Delta Z\end{bmatrix} \tag{2.6}$$

式(2.6)即为两个不同空间直角坐标之间的实用转换模型。为了求得 7 个转换参数，需要 3 个以上公共点，可按最小二乘法求得 7 个参数的值。

2.3.3　天球坐标系与地球坐标系间的转换

在航天摄影测量中，通常在协议天球坐标系中研究卫星运动轨道，在协议地球

坐标系中研究地面点的坐标。这样就需要进行坐标系间的转换。由于二者的坐标原点一致，故只需多次旋转坐标轴即可，转换流程如图 2.11 所示。转换方法分为基于春分点和基于无旋转原点两种，具体方法参见有关文献(李征航 等,2010;马高峰 等,2011)。

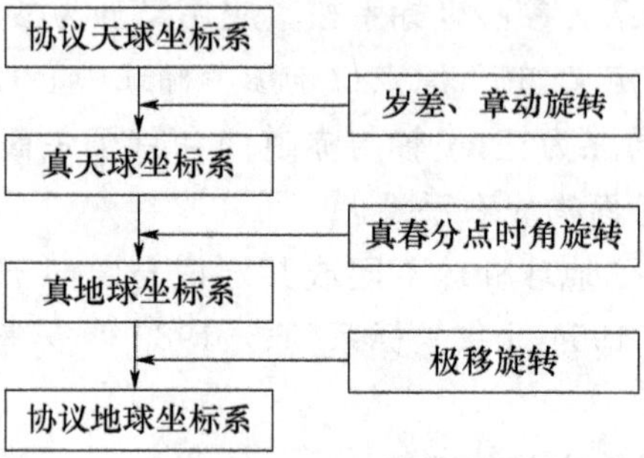

图 2.11　天球坐标与地球坐标间的转换

第 3 章　航天线阵影像的获取

航天线阵影像是利用搭载于航天器上的线阵相机获取，航天器主要包括人造地球卫星、宇宙飞船、航天飞机等。本章主要介绍航天器的轨道、摄影系统及摄影要求等相关内容。

§3.1　航天器的轨道

航天器以一定规律环绕地球做高速运动时，其质心运动的轨迹称为航天器轨道。若把地球看作一个均匀球体，把航天器看作一个质点，则航天器的运动可视为二体运动。地球对航天器的引力与航天器到地心的距离的平方成反比，此引力称为中心引力，也称二体引力。仅在中心引力的作用下，航天器绕地球运行的轨道是一个开普勒椭圆。但实际上航天器运动并非简单的二体问题，因地球并不是一个质量均匀分布的球体，故地球对航天器的引力与中心引力有偏差。另外，还有许多影响航天器运动的因素，如地球周围的大气对航天器运动有阻力、太阳和月球对航天器有引力、太阳光压对航天器有作用力等。这些因素将使航天器运动产生摄动(表 3.1)，从而使航天器的轨道成为一条接近开普勒椭圆的复杂曲线。

表 3.1　航天器作用力与轨道

作用在航天器上的力		航天器轨道	轨道理论
地球中心引力		正常轨道	航天器正常轨道(二体问题)
摄动力	地球形状摄动力	摄动轨道	航天器轨道摄动理论
	日、月引力		
	大气阻力		
	光压		
	其他作用力		
总和		真实轨道	航天器轨道理论

通常将航天器仅在地球引力作用下，并且是在假定地球为一个质量分布均匀的正球的前提下的运动轨迹称为正常轨道，即在二体之下的运动轨道。正常轨道与实际轨道虽然不一致，但在许多实际应用问题上其差异影响甚小，正常轨道能够描述航天器运动的基本规律，而且也为摄动轨道的研究提供了基础。

3.1.1 正常轨道

描述正常轨道通常用六个参数，叫作轨道根数。这六个根数的意义与作用，可以在推导轨道方程的过程中解决。轨道方程的推导是以万有引力定律为基础的（杨嘉墀 等，2009）。

1. 开普勒定律

开普勒定律，也称行星运动定律，是行星绕太阳运动的三大定律。当航天器在轨道上运动时，如果忽略太阳、月亮、其他星体和外层大气等因素的影响，并且把航天器和地球均等效为一个质点，则航天器在地球重力作用下的运动也服从开普勒三大定律。

1）开普勒第一定律

开普勒第一定律，也称椭圆定律、轨道定律、行星定律：行星绕太阳运行的轨道为一椭圆，太阳位于椭圆的一个焦点上。航天器运行的轨道是一个椭圆，而地球的质心位于椭圆的一个焦点上。该椭圆称为开普勒椭圆，在椭圆轨道平面上，航天器离地心最远的一点称为远地点，而离地心最近的一点称为近地点。此定律阐明了航天器运行轨道的基本形态及其与地心的关系。

如图 3.1 所示，由万有引力定律可得航天器绕地球质心运动的轨道方程为

$$r=\frac{a(1-e^2)}{1+e\cos f} \tag{3.1}$$

式中：r 为航天器的地心距离；a 为开普勒椭圆的长半轴；e 为开普勒椭圆的偏心率；f 是航天器从近地点起运行的角度，称为真近点角，它描述了任意时刻航天器在轨道上相对近地点的位置。

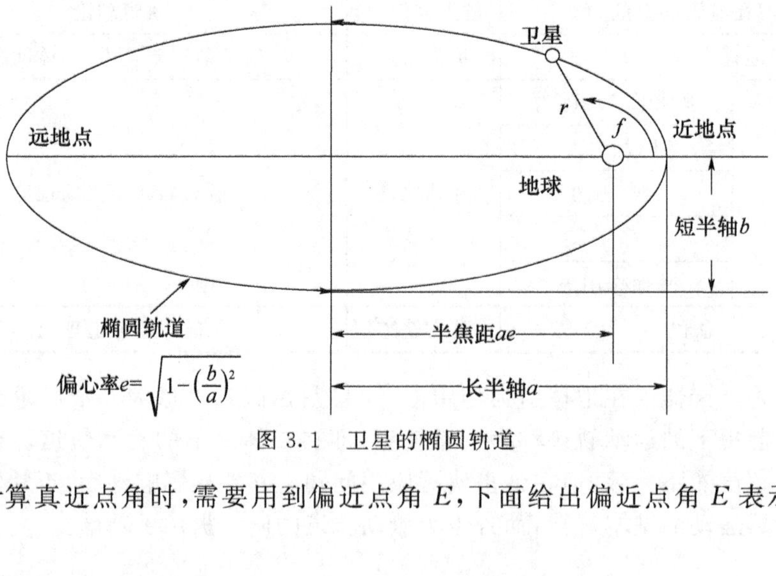

图 3.1 卫星的椭圆轨道

在计算真近点角时，需要用到偏近点角 E，下面给出偏近点角 E 表示的椭圆

轨道方程。如图 3.2所示，辅助圆的半径为椭圆轨道的长半轴 a，S' 点为 PS 延长线与辅助圆的交点。设 O' 为椭圆的中心，O'—$\xi\eta$ 为椭圆中心的直角坐标系，O 为地心，O—XY 为椭圆面内的直角坐标系。根据椭圆的性质，有

$$\begin{aligned} x &= \xi - ae = a\cos E - ae \\ &= a(\cos E - e) \end{aligned} \tag{3.2}$$

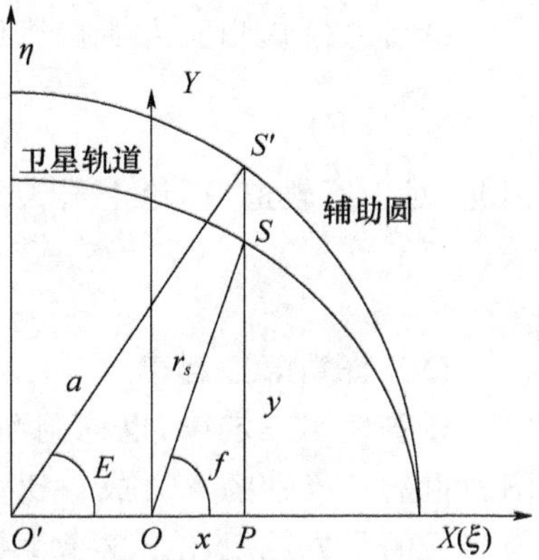

图 3.2　辅助圆

由于以椭圆中心 O' 为直角坐标原点的椭圆方程为

$$\frac{\xi^2}{a^2} + \frac{\eta^2}{b^2} = 1$$

将式(3.2)代入上式得

$$y = \eta = a\sqrt{1-e^2}\sin E$$

这样便可得到航天器点 S 的向径的另一表达式

$$r_s^2 = x^2 + y^2 = a^2(1 - e\cos E)^2$$

即

$$r_s = a(1 - e\cos E) \tag{3.3}$$

式(3.3)是轨道椭圆方程的另一种表达方式。式中，E 称为偏近点角。

2)开普勒第二定律

开普勒第二定律，也称面积定律：航天器的地心向径在单位时间内所扫过的面积相等。这一定律实际揭示了行星绕太阳公转的角动量守恒，即 $S_{EK} = S_{CD} = S_{AB}$，如图 3.3 所示。就是说，在单位时间内航天器向径所扫过的面积为一常数 $h/2$，即

$$h = \sqrt{\mu a\,(1-e)^2} \tag{3.4}$$

式中，$\mu = GM$，为地球引力常数，其中 G 为万有引力常数，M 为地球质量。

该定律表明航天器在椭圆轨道上的运行速度是不断变化的，在近地点处速度最大，在远地点处速度最小。

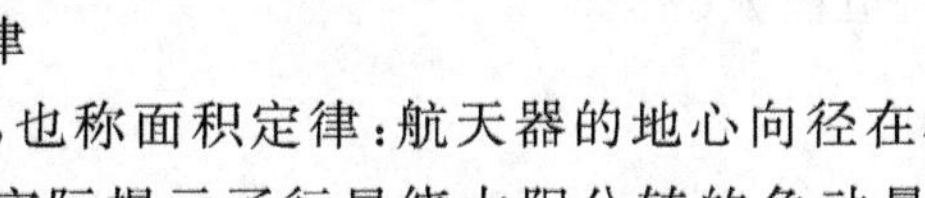

图 3.3　开普勒第二定律

由活力公式知航天器在轨道上任意位置的瞬时线速度(km/s)为

$$v^2=\mu\left(\frac{2}{r}-\frac{1}{a}\right) \tag{3.5}$$

因此，对于圆轨道，理论上航天器将具有恒定的瞬时速度(km/s)，即

$$v=\sqrt{\frac{\mu}{r}} \tag{3.6}$$

3)开普勒第三定律

开普勒第三定律，也称调和定律：各个行星绕太阳公转周期的平方和它们的椭圆轨道的长半轴的立方成正比。由这一定律不难导出，航天器与地球之间的引力与半径的平方成反比。这是牛顿万有引力定律的一个重要基础。

设 n 为平均角速度，即 $n=2\pi/T$，则有

$$n^2a^3=GM=\mu \tag{3.7}$$

由此，航天器绕地球飞行的周期 T(s)为

$$T=2\pi\sqrt{\frac{a^3}{\mu}} \tag{3.8}$$

2. 航天器轨道根数

所谓轨道根数即轨道参数，是用来描述航天器椭圆轨道的形状、大小及其在空间的指向，以及确定任一时刻 t_0 航天器在轨道上的位置的一组参数。通常采用的是所谓的六个开普勒轨道根数(图 3.4)。

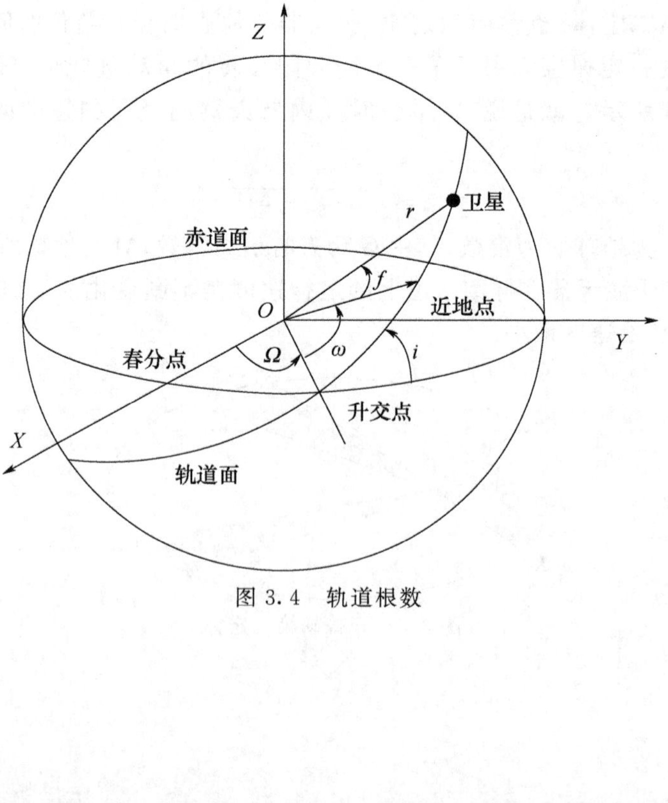

图 3.4　轨道根数

1)决定轨道形状和大小的参数

长半轴 a:轨道椭圆长轴之半,用于确定轨道的大小,同时也确定航天器运动轨道的周期。

偏心率 e:轨道椭圆 2 个焦点之间的距离与长轴的比值,用于确定轨道的形状,其值在 0~1 之间,$e=0$ 为圆轨道。

2)决定轨道面方位的参数

通常,航天器轨道与赤道平面有 2 个交点。航天器从赤道平面以下(南半球)穿过赤道平面进入北半球的交点,称为升交点。反之,则称为降交点。

倾角 i:轨道平面与地球赤道平面之间的夹角,常以地心至北极方向和轨道平面正法向之间的夹角来度量,$i=90°$为极地轨道。

升交点赤经 Ω:春分点与升交点对地心的张角,在赤道面内度量。

3)决定轨道椭圆在轨道面上方位的参数

近地点幅角 ω:升交点与近地点对地心的张角,在轨道面内度量。

4)决定航天器在轨道上的位置参数

过近地点时刻 τ:航天器经过近地点的时刻,用于确定航天器在轨道上的位置,或可以用真近点角 f(近地点与航天器相对地心的角度)表示。

在描述航天器无摄运动的六个开普勒轨道参数中,只有真近点角是时间的函数,其余均为常数。故航天器瞬时位置的计算,关键在于计算真近点角。为了计算真近点角,引入辅助参数平近点角 M。

航天器过近地点后按平均角速度 n 转过的角度,称为平近点角 M。设 t 为观测航天器时刻,则平近点角 M 与航天器运动的平均角速度 n 的关系为

$$M=n(t-\tau)$$

由开普勒方程可知,平近点角与偏近点角间存在如下关系

$$E=M+e\sin E \tag{3.9}$$

由式(3.1)、式(3.3)与式(3.9)可得真近点角为

$$\cos f=\frac{\cos E-e}{1-e\cos E} \tag{3.10}$$

3.1.2　摄动轨道

前面关于航天器轨道的分析和推导都基于以下三点假设:①航天器仅仅受地球引力场的作用;②航天器被视为点质量物体;③地球是一个理想的正球体。

但以上假设在实际中都得不到满足,受一些因素的影响,航天器运动的实际轨道不同程度地偏离开普勒定律所确定的理想轨道,这一现象称为摄动。为了抵消摄动带来的影响,航天器在其生存周期内需要进行周期性的轨道保持和姿态调整。

引起航天器轨道摄动的常见因素主要有太阳和月亮引力的影响、地球引力场

不均匀的影响、地球大气层阻力的影响等。在各种作用力对航天器运行轨道的影响中，以地球引力场的影响为主，其他作用力的影响相对要小得多。若假设地球引力场的影响为 1，其他引力场的影响均小于 10^{-5}（表 3.2），其中以 J_2（地球引力场系数的二阶带谐系数，也称动力扁率）的影响最大（杨嘉墀 等，2009）。

表 3.2 各种摄动力的影响

摄动力	近地航天器	中轨航天器	地球同步轨道
大气阻力	0.4×10^{-5}	1×10^{-9}	0
太阳辐射压力	0.2×10^{-8}	1×10^{-9}	1×10^{-9}
太阳引力	0.3×10^{-7}	0.5×10^{-7}	0.2×10^{-6}
月球引力	0.6×10^{-7}	0.1×10^{-6}	0.5×10^{-6}
太阳潮汐力	0.4×10^{-7}	0.4×10^{-7}	1×10^{-11}
月球潮汐力	0.5×10^{-7}	0.3×10^{-7}	0.8×10^{-11}

1. 地球形状摄动力的影响

地球引力场不均匀性引起的摄动主要表现在两个方面：一是使航天器的轨道面围绕地球自转轴缓慢转动，引起轨道面的进动（即升交点位置变化），进动方向与航天器运行方向相反；二是使近地点位置（近地点幅角）变化，即使近地点发生飘移。椭圆轨道升交点赤经和近地点幅角的平均变化率分别为

$$\dot{\Omega}=-1.5nJ_2\left(\frac{R_e}{a(1-e^2)}\right)^2\cos i \tag{3.11}$$

$$\dot{\omega}=(3/4)nJ_2\left(\frac{R_e}{a(1-e)^2}\right)^2(5\cos^2 i-1) \tag{3.12}$$

式中：n 为平均角速度；R_e 为地球赤道半径，其值为 6 378.136 km；J_2 为重力位二阶带谐系数，其值为 $1.082\,625\,7\times10^{-3}$。

大气阻力的影响主要是使航天器轨道的远地点降低，长轴缩短，即运行周期缩短，同时偏心率减小，轨道越变越圆。

日月的引力作用主要是使得航天器轨道的倾角发生变化。由于太阳赤道面、地球赤道面、月球地球运动平面、黄道面均是不同的，因此围绕地球飞行的航天器受到不同引力场施加的不同方向外力而发生轨道倾角的变化。

2. 轨道摄动计算

通过轨道摄动计算可以求出航天器在任何时刻的位置和速度。轨道摄动计算包括摄动方程的建立和求解。

描述轨道根数变化与摄动力之间关系的方程称为摄动方程。通常采用的摄动方程是拉格朗日行星运动方程。摄动方程求解的结果表明，当摄动力不为零时，轨道根数是随时间变化的变量，与时间成正比的变化称为长期摄动，周期性的变化按

变化周期的长短分为长周期摄动和短周期摄动。短周期摄动的周期和运行周期同量级。航天器实际轨道是一组随时间变化的椭圆包络线。每个时刻的椭圆称为密切轨道(密切椭圆),描述密切轨道运动的轨道根数称为密切要素,这就是经典天体力学中的参数变易法。

求解轨道摄动的方法主要有两类。

(1)近似解析法:对列出的摄动方程通过级数展开或变量变换等方法解出方程的近似解析解。它能清楚地表示轨道变化和摄动力之间的对应关系。只需要知道航天器初始运动状态,就能很快算出航天器任意时刻的位置和速度。为了使方程有解,往往需要对摄动力的物理模型做些简化,这样会使精度受到一定影响。对于几种摄动力同时求解,近似解析法仍有较大困难。

(2)数值计算法:对于列出的运动方程或摄动方程,选用合适的数值计算方法可以得到运动的数值解。常用的数值方法有科威尔(Cowell)方法和恩克(Encke)方法。只要知道航天器某一时刻的位置和速度,将它作为初值通过计算机的计算,就可以得到航天器在任意时刻的位置和速度。原则上,数值计算法只要列出方程就可以进行计算,并且可以计算同时包括多种摄动力的摄动方程,得出的结果精度很高。但是,数值计算方法只能给出数值间的关系,是综合结果。对于推算到很长时间的结果,累积误差则不容忽视。

一般情况下航天器受到的摄动力与中心体球形引力相比是很小的,但是摄动力的长期累积作用也不可忽略。轨道摄动的研究已成为轨道确定、观测预报、轨道改进和轨道设计等工作的基础。

3.1.3 星下点轨迹

航天器与地心连线和地球表面的交点称为星下点。星下点随时间在地球表面上的变化路径称为星下点轨迹。不考虑轨道摄动,星下点轨迹所能达到的最南和最北的地理纬度数值等于轨道倾角值。航天器经过升交点时,星下点在赤道上。将星下点轨迹画在地图上便是星下点轨迹图。在墨卡托投影地图上,近地航天器的星下点轨迹像一条正弦曲线(图3.5)。地球同步轨道航天器的星下点轨迹是一条“8”字形的封闭曲线。静止航天器的星下点轨迹是一个点。

有时把通过航天器的参考椭球面的法线代替航天器到地心的连线,这一法线和参考椭球面的交点定义为星下点。由于地球采用参考椭球体,故这两种星下点将在同一个经圈上,其纬度相差也很小(几个角分)。

沿椭圆轨道运行的航天器在某一圈运行的星下点轨迹由以下方程决定(定义该圈运行通过升交点的时刻作为度量零点):

$$\varphi_s = \arcsin(\sin i \cdot \sin\theta) \tag{3.13}$$

$$\lambda_s=\lambda_0+\arctan(\cos i\cdot\tan\theta)-\omega_e t\pm\begin{cases}-180^\circ & (-180^\circ\leqslant\theta<-90^\circ)\\ 0^\circ & (-90^\circ\leqslant\theta\leqslant 90^\circ)\\ 180^\circ & (90^\circ<\theta\leqslant 180^\circ)\end{cases} \quad (3.14)$$

式中：φ_s 是航天器星下点的地心纬度，单位是度(°)；λ_s 是航天器星下点的地心经度，单位是度(°)；λ_0 是升交点的经度，单位是度(°)；θ 是 t 时刻航天器与升交点之间的角距(从升交点开始度量，顺行方向取正值，逆行方向取负值)；t 是飞行时间，单位为秒(s)；ω_e 是地球自转角速度，单位为度每秒((°)/s)；"±"分别用于顺行和逆行轨道。

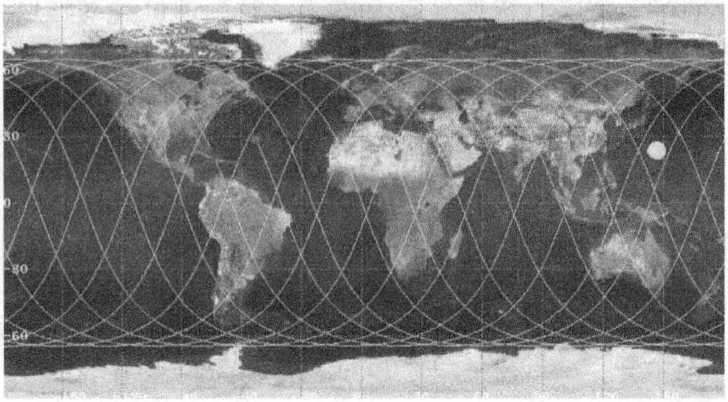

图 3.5 星下点轨迹

3.1.4 航天器轨道类型

1. 按轨道形状分类

圆轨道：偏心率等于 0 的轨道，偏心率接近于 0 的轨道称为近圆轨道。此类轨道具有相对恒定的运动速度，可以提供较为均匀的地面覆盖。

椭圆轨道：偏心率在 0 和 1 之间的航天器轨道。偏心率大于 0.2 时，称为大椭圆轨道。

抛物线轨道：偏心率为 1 的轨道。

双曲线轨道：偏心率大于 1 的轨道。

沿抛物线和双曲线轨道运行，航天器将飞离地球的引力场。行星探测器的星际航行，采用这两种轨道。

2. 按轨道倾角分类

依据轨道倾角，航天器轨道分类如下(图 3.6)：

(1)赤道轨道：轨道倾角 $i=0^\circ$的轨道，其轨道面与赤道面重合；静止通信卫星就位于此轨道平面内。

(2)极地轨道：轨道倾角 $i=90^\circ$的轨道，其轨道面穿过地球南北极。

(3)倾斜轨道：介于赤道轨道和极地轨道之间的轨道。根据航天器运动方向和地球自转方向的差别分为顺行倾斜轨道（$0°<i<90°$）和逆行倾斜轨道（$90°<i<180°$）。

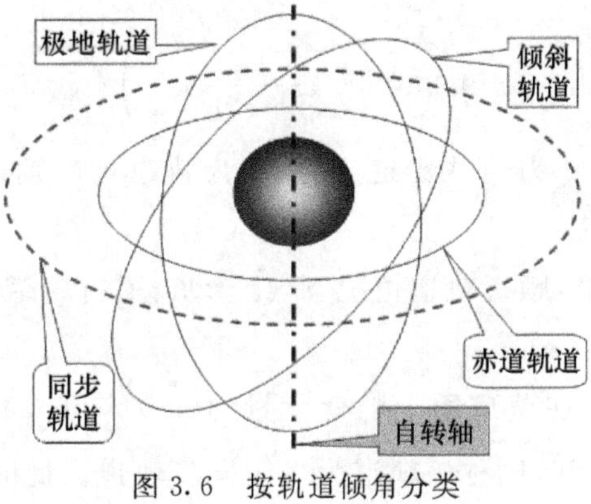

图 3.6　按轨道倾角分类

3. 按轨道高度分类

根据航天器运行轨道距离地面的高度 H，航天器轨道可分为：低轨道（LEO），500 km$<H<$2 000 km；中轨道（MEO），8 000 km$<H<$20 000 km；高轨道（HEO），$H>$20 000 km。

4. 按轨道周期分类

从升交点通过时刻到下一个升交点通过时刻之间的平均时间，称为航天器的轨道周期 T。

1）地球同步轨道

周期 T 等于地球的自转周期即一个恒星日（86 164.1 s）的轨道，称为地球同步轨道。依据开普勒第三定律，可求出轨道高度是 35 786 103 m。当轨道倾角 $i=0°$时的地球同步卫星叫作静止卫星，此时轨道平面在赤道平面上。

地球同步卫星常用于通信、气象、广播电视、导弹预警、数据中继等方面，以实现对同一地区的连续工作。在遥感应用中，除了气象卫星外，一个突出的应用就是通过地球同步轨道上的 4 颗跟踪和数据中继卫星系统高速率地传送中、低轨道地球观测卫星或航天飞机所获取的地球资源与环境遥感数据。

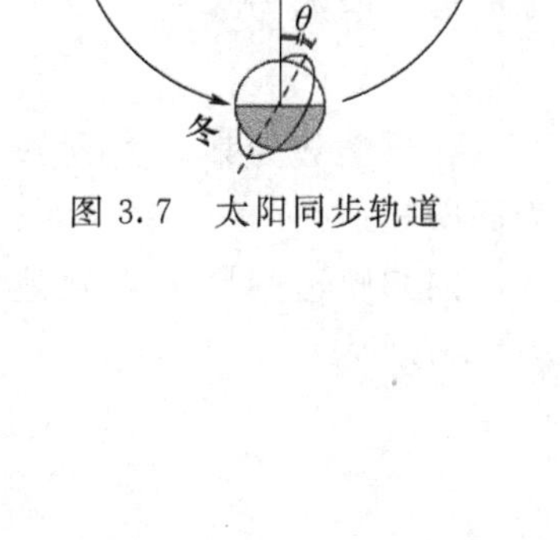

图 3.7　太阳同步轨道

2）太阳同步轨道

航天器轨道面在一恒星年时间内以地球自转相同的方向转一圈（每日转 0.985°）的轨道，或航天器轨道面与太阳地球连线之间的夹角不随地球绕太阳公转而变化的轨道称为太阳同步轨道（图 3.7）。

在地球形状摄动影响下，航天器轨道随时都在变化，变化之一是轨道面绕地球的自转轴旋转，并保持轨道的倾角不变。这种变化的结果是升交点的赤经在变化。将式(3.11)改写为

$$\dot{\Omega}=-9.96468\frac{1}{(1-e^2)^2}\left(\frac{R}{a}\right)^{3.5}\cos i \tag{3.15}$$

式中：e 为轨道偏心率；a 为地球赤道半径；R 为轨道长半轴；i 为轨道倾角。$\dot{\Omega}$ 的单位为度每天((°)/天)。

从式(3.15)可看出，顺行轨道情况下，$\dot{\Omega}$ 为负；逆行轨道时，$\dot{\Omega}$ 为正；极地轨道时，$\dot{\Omega}$ 为0。

地球公转时，每日在黄道面上的变化量为 360°/365.24＝0.985°。如果选择 a、e、i 使 $\dot{\Omega}$ 的值为0.985，则称该轨道为太阳同步轨道。此时，太阳与地心的连线与航天器轨道面之间的夹角保持不变，航天器每天以同一地方平太阳时且以同一方向通过同一纬度。这样，可以把航天器轨道面在该惯性空间的旋转与太阳的黄道周年视运动看成是同步的。

在一天当中，地球上任一地点太阳光照的方向和强度是不同的，对于依靠光学仪器观测地面目标的遥感卫星而言，要求每天都能在同样的光照条件下进行观测，以便于判读目标的细微变化，获得准确的信息。经过适当的设计，在太阳同步轨道上运行的卫星能在同样的光照条件下飞经同一地点；再通过选择适当的发射时间，让卫星每天都在比较好的光照条件下飞经某一特定区域的上空，就可以获得这个地区的高质量影像，对地观测卫星一般采用这种轨道。星下点太阳高度角 h_s 为

$$\sin h_s=\sin\delta\sin\delta_s+\cos\delta\cos\delta_s\cos(\alpha_s-\alpha) \tag{3.16}$$

式中：δ 为星下点的赤纬；α 为星下点的赤经；δ_s 为太阳的赤纬；α_s 为太阳的赤经。可以看出，对于同一地区而言，太阳高度角的变化仅与太阳赤纬有关，仅存在季节变化。得益于轨道的这一特性，太阳同步轨道卫星对同一地区成像时光照条件几乎相同。

5. 按星下点轨迹的重复特性分类

1)回归轨道

设地球自转角速度为 ω，$\omega=360°/0.997269$(恒星日)，则卫星一天之内相对地球的运行圈数为

$$\mathrm{NUM}=360°/(\omega-\dot{\Omega})T$$

如果圈数为某一整数 N，则卫星每天以整圈 N 通过同一地面点。这种轨道称为回归轨道。

回归轨道的星下点轨迹以等间隔通过赤道；赤道上相邻轨迹之间的间隔为 $d=2\pi R/N$。

一般情况下，卫星的高度不能低于 160 km，按圆形轨道代入 $\mu T^2=4\pi^2 a^3$，得到卫星轨道的最小周期为 88 min，卫星一天绕地球圈数的最大值为 17。N 的值通常选择为 13、14、15、16。此时，赤道上相邻轨迹之间的平均距离为 3 082 km、2 862 km、2 674 km、2 504 km。该间距远大于传感器的成像范围，为了获取全球覆盖，遥感卫星一般采用准回归轨道。

2）准回归轨道

卫星的星下点轨迹间隔 M 个恒星日，绕地球旋转 N 圈后重复的轨道称为准回归轨道。其中 M、N 为整数，$M=1$ 时为回归轨道，$M>1$ 时为准回归轨道。

由于传感器的覆盖宽度限制，在此一定时间内卫星必须运行足够数量的整圈数，这个一定时间就是卫星必须运行和地球自转都有出现整圈数时所需要的时间，叫作覆盖周期。等分圆原理就用来解决这个问题。

等分圆原理：把一个圆周等分成每份为 L 度的 N 份后，还多（或少）kd 度，k 是正整数。如果 L 能被 d 整除，即 $L/d=m$ 为正整数，且 k/m 为不可约分数，则 d 可等分圆，而 L 可等分 $m\cdot 360°$ 圆。据此可列出下列等式

$$360°=NL\pm kd$$

将 $L=md$ 代入得

$$(mN\pm k)d=360° \tag{3.17}$$

将 $d=L/m$ 代入得

$$(mN\pm k)L=m\cdot 360° \tag{3.18}$$

由于 m、N、k 均是正整数，由式(3.17)可知 d 可等分圆，由式(3.18)可知 L 可等分 m·360°圆。

如果轨道周期满足下列条件，则为准回归轨道，即

$$\frac{360°}{(\omega-\dot{\Omega})T}=N\pm\frac{k}{m}$$

或

$$m\cdot 360°=(Nm\pm k)(\omega-\dot{\Omega})T$$

即经过 m 天，运行($mN\pm k$)圈后与原来的星下点轨迹重合。这样卫星每天运行的圈数为 $p=360°/L=N\pm k/m$。对照对地观测卫星的特点可知：

(1) d 是要求传感器覆盖的宽度，即赤道上相邻轨迹间隔，$d=2\pi R/(Nm\pm k)$。

(2) $mN\pm k$ 是全球覆盖的总圈数。

(3) m(天)是全球覆盖的周期。

(4) N 是每天运行的整圈数。

3.1.5 太阳同步卫星的初轨设计

在遥感卫星的任务分析中，轨道设计占有重要位置。首先，对地观测卫星是和

地球联系在一起的大系统，而地球又是一个自旋天体，星下点轨迹和有效载荷对地面覆盖成为设计中的要考虑的因素。

1. 初轨设计的内容

初轨设计是在提出一定要求的条件下进行的，例如，要求太阳同步圆形轨道，轨道高度 800～900 km，覆盖周期为 26 天，即 $m=26$。设计步骤如下。

第一步：由给定的高度范围确定圆形轨道半径 a 的范围。

$$6\ 378.136+800\leqslant a\leqslant 6\ 378.136+900$$

即 7 178.136 km$\leqslant a\leqslant$7 278.136 km。

第二步：计算轨道周期及每天运行的圈数范围。

将引力常数代入开普勒第三定律有

$$T=1.658\ 663\ 5\times 10^{-4}\times a^{\frac{3}{2}}$$

将 a 的范围代入上式可得 T 的范围

$$100.873\ 71\leqslant T\leqslant 102.988\ 75\ (\text{min})$$

由此可得出每天运行的圈数范围

$$\frac{24\times 60}{100.873\ 71}\geqslant p\geqslant \frac{24\times 60}{102.988\ 75}$$

$$14.28\geqslant p\geqslant 13.98$$

第三步：建立不可约分数，选定初轨。

由于 m 已给定，p 的范围已经得出，故全球覆盖的总圈数 mp 的范围也可确定，$26\times 13.98\leqslant mp\leqslant 26\times 14.28$，即 $363\leqslant mp\leqslant 372$。在这个范围内可能有若干个能使 k/m 为不可约分数的结果，从中便可选出一种作为所设计的初轨。

为了在 363～372 的总圈数范围内找出能使 n、k 满足要求，并且 k/m 为不可约分数的方案来，一般采用列表计算，如表 3.3 所示。

表 3.3 363～372 圈内排列

总圈数	不可约分数	周期	总圈数	不可约分数	周期
363	363/26＝13＋25/26	26	368	368/26＝14＋2/13	13
364	364/26＝14	回归	369	369/26＝14＋5/26	26
365	365/26＝14＋1/26	26	370	370/26＝14＋3/13	13
366	366/26＝14＋1/13	13	371	371/26＝14＋7/26	26
367	367/26＝14＋3/26	26	372	372/26＝14＋4/13	13

从表 3.3 可以看出，总圈数为偶数的都不满足覆盖周期为 26 天的假定条件，而总圈数为奇数的 5 个结果都满足要求。结合其他条件，如形成立体的相隔时间等，可以从中选定一个，如 SPOT 卫星系列选定 $p=14+5/26$。

第四步：计算轨道倾角 i。

太阳同步卫星的轨道倾角的一般计算公式为

$$i=\arccos[-0.098\,56(a/R)^{\frac{7}{2}}(1-e^2)^2]$$

在圆形轨道之下（$e=0$），以 SPOT 卫星为例，由于

$$T=\frac{24\times60}{14+\frac{5}{26}}=101.463\,414\,6(\text{min})$$

$$a=331.251\times T^{\frac{2}{3}}=7\,206.054(\text{km})$$

所以，$i=98.721\,5°$。由此得赤道地区 $H=827.89$ km，两极 $H\approx850$ km。

第五步：计算同一天相邻轨道的升交点距离 L。

设 L 对应 $\Delta\Omega°$，则 $\Delta\Omega°=T(\text{h})\times15°=25.366°$，其对应距离 $L=2\,823.5$ km。

第六步：计算摄影最低宽度 d。

$$d=L/m=108.6\ (\text{km})$$

2. 卫星轨道的排列

轨道排列用来解决在一个覆盖周期内每个 L 段内各轨道通过的日期问题。

已知卫星每天的回归差为 k/m 圈，对应赤道上的距离为 $(k/m)\cdot L$。若间隔 x 天，卫星运行的累积回归差 $x\cdot(k/m)\cdot L$ 刚好等于 $RL\pm d$（R 为能使 x 为正整数的最小正整数），则出现从东或从西的轨道邻接，即

$$RL\pm d=xL(k/m)$$

从而解得 $x=(Rm\pm1)/k$。对于 SPOT 卫星，$m=26$，$k=5$，可求出

$$R=1\ \text{时，取“}-1\text{”}，x=5$$

$$R=4\ \text{时，取“}+1\text{”}，x=21$$

其中“-1”为由西接，“$+1$”为由东接。据此可在图上标出基轨道排列，如图 3.8 所示。

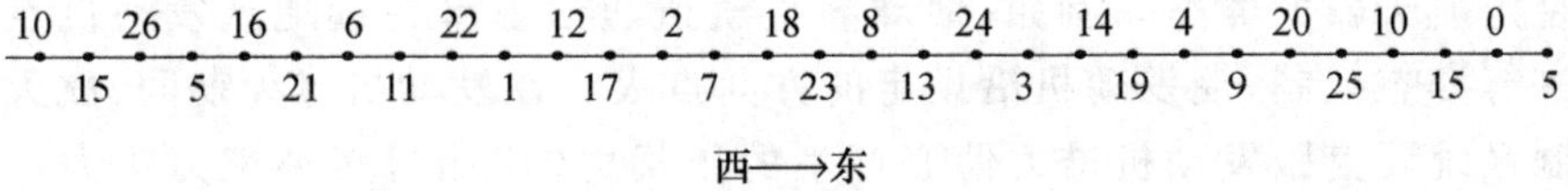

图 3.8　基轨道排列

3.1.6　轨道控制与姿态控制

1. 轨道控制

轨道控制是指对航天器施加控制力，改变其质心运动轨道的技术和方法，包括轨道机动和轨道修正。无摄动力或控制力的航天器的质心运动服从开普勒定律。但是当航天器受到外部摄动力作用后偏离预定的运行轨道或者需要改变到另一个轨道飞行时，必须通过控制来改变航天器质心运动的速度向量。实现航天器轨道

控制的一整套装置或系统称为航天器轨道控制系统。

1)基本原理

航天器的轨道控制包括三种功能:导航、制导和控制。导航就是通过对导航设备所测得数据的处理,获得航天器相对于某个参考坐标系的实时运动参数(位置向量和速度向量),也称实时轨道确定。广义上的导航也包括实时姿态确定。制导就是根据航天器实时的运动参数、标准轨道或最终目标和约束条件,确定达到目标轨道或最终目标的机动程序,发出制导指令。控制就是按照制导指令对航天器施加适当的控制力和控制力矩,改变航天器的飞行速度和飞行方向并稳定其姿态,使它沿着满足飞行任务要求的目标轨道飞行。

航天器的轨道一般由主动飞行段和自由飞行段(也称被动飞行段)组成。主动飞行段是航天器轨道控制发动机(又称变轨发动机)点火段,发动机熄火后是自由飞行段。自由飞行段的轨道由主动飞行段结束时航天器的位置和速度向量、引力场和其他外部环境摄动力向量决定。

导航分为非自主和自主两大类。依赖于地面设备(测距、测向、测速等无线电和光学设备及地面计算机等)的支持获得航天器轨道运动参数的方法称为非自主导航。不依赖于地面设备的支持,完全由安装在航天器内部的设备实时获得航天器轨道运动参数的方法称为自主导航。航天器自主导航有惯性导航、天文导航和利用导航卫星星座导航等方法。自主导航需要相对于基准坐标系的精确姿态信息。

用于改变航天器质心运动速度向量的控制力有反作用推力和自然环境力(如行星引力、气动力、太阳辐射压力和地磁力)等。航天器的轨道控制常使用喷气发动机和小推力电推进器。

由于产生反作用推力的轨道控制发动机(常称变轨发动机,如地球静止卫星上的远地点发动机和位置保持发动机,返回型卫星上的制动火箭等)一般是沿航天器本体轴方向固定安装的,因此,改变和稳定航天器轨道控制力的方向需要调整和稳定航天器的姿态。例如,地球静止轨道通信卫星在远地点发动机点火前必须进行姿态控制,使发动机沿预定的方向点火。在发动机点火期间,航天器姿态控制系统要克服发动机推力偏心产生的干扰力矩(比自然环境力矩大),保持正确的姿态,这可以采用自旋稳定或三轴稳定。半弹道式载人飞船返回地球时再入段的制导,则是通过控制滚动姿态来改变升力的方向,以达到调整再入弹道的目的。

2)轨道机动

轨道机动为将航天器由一个轨道变到另一个要求的轨道上所进行的控制,它是一种有意偏离现有轨道的操作。机动前后的两个轨道可以在同一平面内,也可以在不同平面内。例如,反卫星的轨道控制(轨道拦截),是通过轨道机动使它先进入与目标卫星共面的停泊轨道,然后在适当的时刻再次机动,通过过渡轨道(也称转移轨道)接近目标卫星。有的侦察卫星平时在较高的轨道上运行,当需要对地面进行摄影详查时,将轨道高度降低。如果是返回型卫星和载人飞船,则为了从运行轨道向地球降落,须开动制动火箭对它进行制动。为了防御反卫星武器的攻击,侦察卫星也需要具有一定的轨道机动能力。地球静止轨道通信卫星从过渡轨道到地球同步轨道的变轨,通常是先在过渡轨道的远地点让发动机工作一定的时间,使卫星进入近圆形的准同步轨道(也称漂移轨道),然后再对轨道做一系列的修正,完成轨道的圆化、同步和位置捕获。航天飞机具有施放、捕捉和回收卫星、与空间站交会对接及安全返回地面的能力,因此配有复杂的轨道控制系统。使已完成任务的卫星脱离原来的轨道,以免成为空间碎片所进行的离轨控制,也是一种轨道机动。

3)轨道修正

轨道修正是为消除航天器的入轨误差或作用在航天器上摄动力引起的轨道误差所进行的控制。它是一种对航天器偏离预定的运行轨道的校正,这时轨道控制的速度增量较小,如两个航天器在轨道上交会对接前最后接近阶段的轨道修正、航天器的轨道维持和位置保持等。

利用卫星上的动力调整卫星的速度、修正轨道参数,使卫星运行轨道与标准轨道的偏离量限制在给定范围内(常以星下点的偏离值来表征),叫轨道保持。地球静止卫星的标准星下点在赤道上某个指定的位置(定点位置)上,因此静止卫星的轨道保持又称位置保持。地球静止卫星位置保持的作用是使卫星相对于地球的位置保持不变。理想的地球静止卫星要求轨道周期与地球自转周期相等、偏心率和倾角都为零。实际上,当地球静止卫星在位置捕获后受到地球三轴性(非球形)、太阳和月球的引力及太阳辐射压力等摄动因素的作用,卫星的位置会偏离预定的定点位置。为了把卫星的位置变化限制在很小的范围内,必须进行轨道修正。目前多数通信卫星的位置保持采用非自主的地面控制方式,即在地面完成轨道确定,当卫星漂移到规定界限时,经上行遥控发射装置向卫星发出位置保持发动机点火指令。姿态控制系统将发动机的推力保持在要求的方向上。地球静止卫星的位置保持精度也叫定点精度,常以实际的星下点经纬度和要求的星下点经纬度之差来表示。一般定点精度可做到在东西方向和南北方向均为0.1°。

遥感卫星和气象卫星等近地轨道观测卫星常常采用太阳同步轨道和回归轨道。为了消除入轨误差和摄动力的影响,实现较长时间的太阳“同步”以及轨道周期在较长时间内保持不变,卫星必须具有轨道修正系统。对于组网的或组成星座的多颗卫星系统,如全球定位系统,为了严格保持卫星之间的相对位置,必须采用轨道维持系统。

2. 姿态控制

卫星姿态控制系统是卫星关键和重要的组成部分,其主要任务是确保卫星对地定向三轴稳定，使卫星天线或遥感系统的光学基准对准地球目标。根据对卫星的不同工作要求，卫星姿态的控制方法也是不同的。按是否采用专门的控制力矩装置和姿态测量装置，可把卫星的姿态控制分为被动姿态控制和主动姿态控制两大类。

1）被动姿态控制

被动姿态控制是利用卫星本身的动力特性和环境力矩来实现姿态稳定的方法。被动姿态控制方式有自旋稳定、重力梯度稳定等。

（1）自旋稳定方式。有的卫星要求其一个轴始终指向空间固定方向，通过卫星本体围绕这个轴转动来保持稳定，这种姿态稳定方式就叫自旋稳定。它的基本原理是利用卫星绕自旋轴旋转所获得的陀螺定轴性，使卫星的自旋轴方向在惯性空间定向。这种控制方式简单，早期的卫星大多采用这种控制方式。使卫星产生旋转可以用在卫星的表面沿切线方向对称地装上小火箭发动机，需要时就点燃小发动机，产生力矩，使卫星起旋或由末级运载火箭起旋。

（2）重力梯度稳定。重力梯度稳定是利用卫星绕地球飞行时，卫星上离地球距离不同的部位受到的引力不等而产生的力矩（重力梯度力矩）来稳定卫星姿态的。例如，在卫星上装一个伸杆，卫星进入轨道后，让它向上伸出，伸出去后其顶端就比卫星的其他部分离地球远，因而所受的引力较小，而它的另一端离地球近，所受的引力较大，这样所形成的引力之差对卫星的质心形成一个恢复力矩。如果卫星的姿态（伸杆）偏离了当地铅垂线，这个力矩就可使它恢复到原来姿态。该种控制方式简单、实用，但控制精度较低。

2）主动姿态控制（三轴姿态控制）

主动姿态控制，就是根据姿态误差（测量值与标称值之差）形成控制指令，产生控制力矩来实现姿态控制的方式。

卫星的姿态是由稳定穿过卫星重心的三个轴来保证的。这三个轴分别在卫星轨道的切线、法线和轨道平面的垂线三个方向上，分别对应叫作滚动轴、俯仰轴和偏航轴。许多卫星在飞行时要对其相互垂直的三个轴都进行控制，不允许任何一个轴产生超出规定值的转动和摆动，这种稳定方式称为卫星的三轴姿态稳定。星体本身不自转，而是依靠卫星上一些气体喷嘴、反作用轮及一些姿态感应元件，使卫星在三个轴方向上维持稳定的取向。三轴稳定法突破了外形的限制，且星体不旋转，设计伸缩性强，可以安装大型附件，指向精度、稳定度比较高。但由于一面始终向阳，容易造成受热不均的现象。目前，卫星基本上都采用三轴姿态稳定方式来控制，它适用于在各种轨道上运行的、具有各种指向要求的卫星，也可用于卫星的返回、交会、对接及变轨等过程。

实现卫星三轴姿态控制的系统一般由姿态敏感器、姿态控制器和姿态执行机构三部分组成。姿态敏感器的作用是传感和测量卫星的姿态变化；姿态控制器的作用是把姿态敏感器送来的卫星姿态角变化值的信号，经过一系列的比较、处理，产生控制信号输送到姿态执行机构；姿态执行机构的作用是根据姿态控制器送来的控制信号产生力矩，使卫星姿态恢复到正确的位置。

§3.2　航天摄影系统

卫星对地摄影像片（简称地像片）姿态角是实现卫星摄影测量无地面控制定位的关键数据之一，而地像片姿态角可由对恒星摄影像片（简称星像片）在天球坐标系中的姿态角转换得来。因此，航天摄影测量中，在对地进行摄影的同时，也对恒星进行拍摄，获得恒星影像。根据精确已知的恒星天球坐标，确定出曝光瞬间星像片在天球坐标系中的姿态角，通过星地相机空间关系转换模型，可以精确确定地像片姿态角。这些姿态数据在卫星摄影测量定位中将起到重要的控制作用，能有效地抑制系统误差的累积，再加上相应的轨道数据和地像片资料，可进行大区域光束法平差，完成测绘卫星精确测定目标点和控制网点坐标的任务。

因此，对地摄影系统（简称地相机）和对恒星摄影系统（简称星相机）是光学遥感测绘卫星的主要载荷。

3.2.1　影像传感器简介

目前用于影像传感的器件主要有电荷耦合器件 CCD 和互补金属氧化物半导体（complementary metal oxide semiconductor，CMOS）两大类。就目前的应用情况来看，CMOS 器件的成像质量还不如 CCD 器件的成像质量好。但 CMOS 的很多优点使得其一出现便受到广泛关注，其应用领域也逐渐扩大。CMOS 器件在工艺等方面的改进、成像质量的改善、系统集成技术的应用等将进一步促进 CMOS 影像传感器在遥感领域内的应用（王忠立 等，2003）

1. CCD 影像传感器

电荷耦合器件 CCD 是基于金属-氧化物-半导体（metal-oxide-semiconductor，MOS）电容器在非稳态下工作的一种器件。美国贝尔实验室的 Boyle 和 Smith 于 1969 年提出了 CCD 的概念，随后建立了以一维势阱模型的非稳态 CCD 的基本理论。40 多年来，CCD 技术随着新型半导体材料的不断涌现和器件的微细化技术的完备而不断发展。

CCD 从结构上分为线阵 CCD 和面阵 CCD。线阵 CCD 有单沟道和双沟道两种信号读出方式，其中双沟道信号读出方式的信号转移效率高；面阵 CCD 的结构复杂，常见的有帧转移型 FT-CCD、全帧转移型 FFT-CCD、隔列内线转移型 IIT-CCD、帧内线转移型 FIT-CCD、累进扫描内线转移型 PSIT-CCD 等。CCD 按光谱可分为可见光 CCD、红外 CCD、X 光 CCD 和紫外 CCD 等。

推扫式星载测绘相机利用卫星和地面的相对运动进行扫描成像。在固定的圆形轨道上，卫星和地面的相对速度基本保持不变，因此分辨率越高，积分时间越短。为了解决由积分时间短带来的曝光量不足的问题，一般采用时间延迟积分 CCD (time delay integration CCD，TDI-CCD)作为星载相机传感器(薛旭成，2011)。

TDI-CCD 器件的优点是在运动中利用多级光敏元件对同一目标进行多次积分，通过把各级弱信号进行叠加从而得到增强的信号，提高系统的信噪比。然而，TDI-CCD 成像对卫星姿态控制精度要求很高，任何控制精度误差都会带来较大的 TDI-CCD 累计积分误差，使得成像调制传递函数(MTF)下降，且积分级数越大，MTF 下降越明显。

TDI-CCD 相机的工作原理如图 3.9 所示，TDI-CCD 与景物间有相对运动，TDI-CCD 的每行像素都在扫描成像。以第一行为例，在 T_1 时刻扫描景物为线 1，积分时间结束后，TDI-CCD 沿扫描方向向前运动一个像素的距离，此时，TDI-CCD 的第二行开始对应扫描景物的线 1，同时，第一行中曝光生成的电子电荷通过时钟的控制转移到第二行中，与第二行的曝光生成的电荷相累加，以此类推，直到 N 级扫描结束(图 3.10)，对景物线 1 的 N 次扫描累计的电荷在最后一次扫描结束后被转移到水平移位寄存器中输出。因此，可以形象地将 TDI-CCD 理解为面阵扫描成像，线阵积分输出。

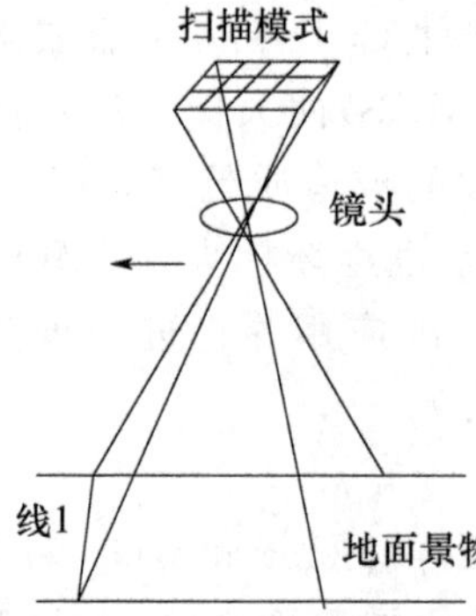

图 3.9 TDI-CCD 工作方式

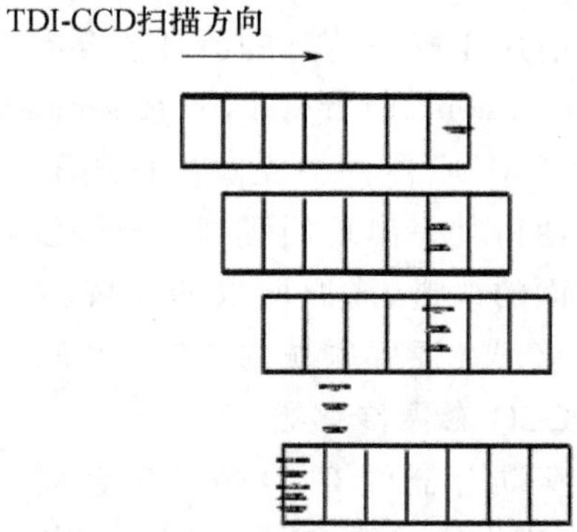

图 3.10 TDI-CCD 电荷积累过程

2. CMOS 影像传感器

CMOS 本是计算机系统内一种重要的芯片，保存了系统引导最基本的资料。CMOS 的制造技术与一般计算机芯片没什么差别，主要是利用硅和锗这两种元素所做成的半导体，使在 CMOS 上共存着带负电的 N 极和带正电的 P 极的半导体，这两个一正一负互补效应所产生的电流即可被处理芯片记录和转换。后来发现 CMOS 经过加工也可以作为影像传感器。CMOS 传感器不需要复杂的处理过程，直接将影像半导体产生的电子转变成电压信号，有点像计算机中的 X-Y 寻址，因此速度非常快。

CMOS 与 CCD 的光电转换原理相同，其不同之处是信号的读出方式。CMOS 按照信号的读出方法又分为无源像素传感器(passive pixel sensor，PPS)和有源像素传感器(active pixel sensor，APS)。PPS 的光敏单元驱动能力弱、噪声较大。有源像素架构是在每个影像感测像素上都设置信号放大器与噪音控制元件，这样就可以避免被动式像素架构的一些缺陷，无源像素架构的主要弱处就在于信号输送过程中遭受到噪音干扰，而有源像素传感器的就近为每个像素设置专属的信号放大器、噪音控制等设计，使噪音的影响大幅降低，进而提升了影像感测品质，现使用的多是性能优越的 APS。与 CCD 相比，CMOS 的优势是集成度高、功耗小、生产成本低、易与其他芯片整合，其功耗仅相当 CCD 功耗的 1/8。CMOS 传感器的光谱响应宽于 CCD，目前有逐渐取代传统 CCD 的趋势。

3.2.2　对地摄影系统

用于获取线阵影像的对地摄影系统的成像模式主要有单镜头单线阵、单镜头多线阵和多镜头多线阵等。

1. 单线阵 CCD 相机

单线阵 CCD 相机的工作原理是地面上扫描线对应的辐射信息经光学系统收集，聚焦在 CCD 线阵列元件上(若要取得多光谱影像要先经过分光器)，CCD 的输出端以一路时序视频信号输出，在瞬间能同时得到垂直于航线的一行影像线，如图 3.11所示。随着平台的向前移动，以“推扫”方式获取沿轨道的连续影像条带。

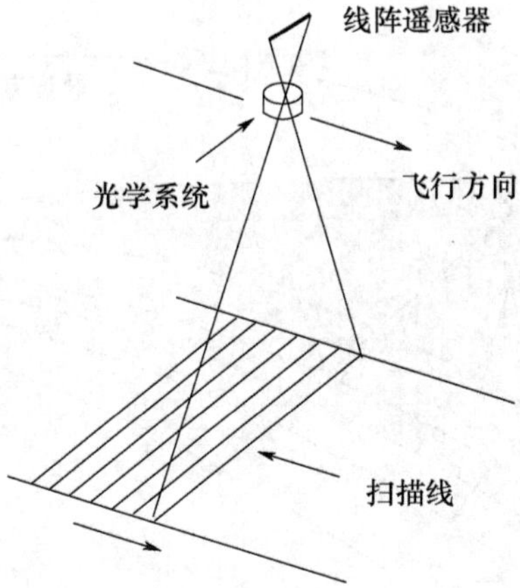

图 3.11　推扫式扫描仪的构像原理

因此，线阵推扫式成像传感器是逐行以时序的方式获取二维影像的。影像上每一行像素在同一时刻成像且为中心投影，整幅影像为多中心投影(图 3.12)。

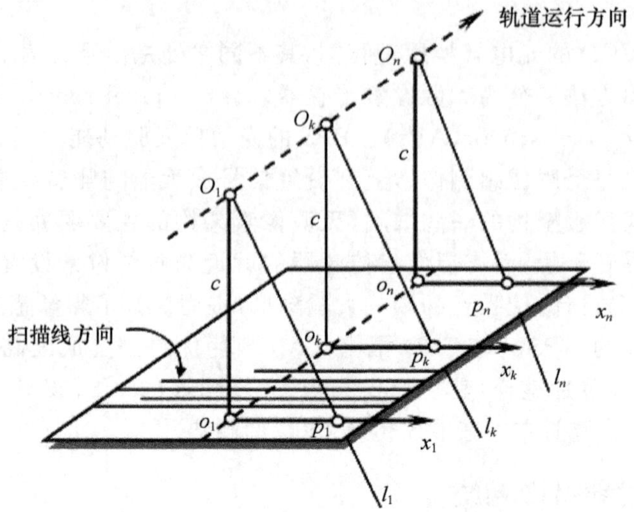

图 3.12　单线阵推扫成像几何关系

推扫式单线阵 CCD 相机可以实现对地面的立体观测，即获取地面的立体影像。立体观测的形式有两种：同轨立体观测和异轨立体观测。

同轨立体观测是指在同一条轨道的方向上获取立体影像，如图 3.13 所示。单线阵 CCD 相机是通过相机在沿轨道方向上按一定的角度做前后摆动，或在相机上加装平面反射镜，通过反射镜的前后摆动来实现。这种方法通常会给卫星平台的姿态控制和姿态稳定带来较大的难题，同时也增加了相机的研制难度。异轨立体观测是在不同轨道上获取立体影像，如图 3.14 所示。

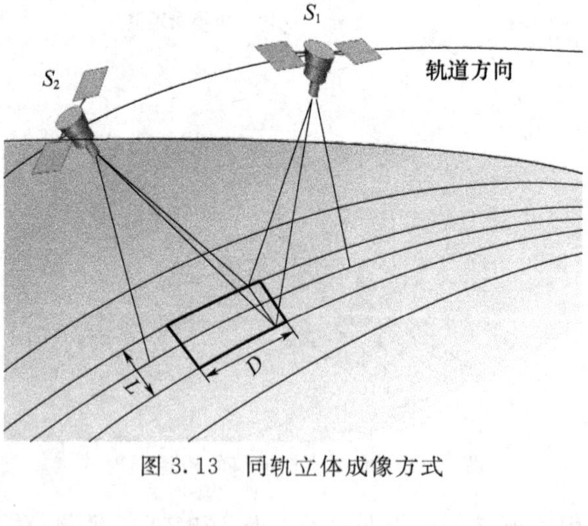

图 3.13　同轨立体成像方式

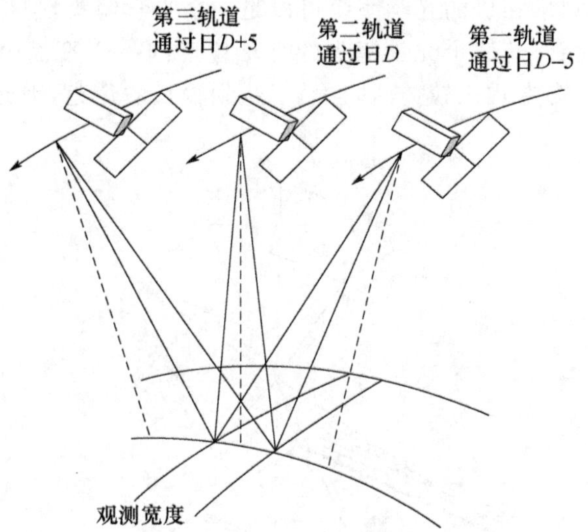

图 3.14　异轨立体成像方式

2. 多线阵 CCD 相机

为了在一次摄影过程中获取立体影像，通常采用多线阵 CCD 相机作为光学遥感器，多线阵 CCD 相机主要有两线阵和三线阵 CCD 相机。

三线阵 CCD 相机与单线阵 CCD 相机的成像机理是相同的，主要不同点在于其立体构像的方式(图 3.15)。三线阵 CCD 测量相机的光电扫描成像部分是由光学系统焦面上的三个线阵 CCD 传感器组成的(图 3.16)。这三条 CCD 阵列 A、B、C 相互平行排列并与航天飞行器的飞行方向相垂直。当航天飞行器飞行时，每行 CCD 以一个同步的周期 N 连续扫描地面并产生三条相互重叠的航带影像 A_S、B_S、C_S，这三行 CCD 的成像角度不同，垂直对地构像的称正视传感器或下视传感器，向前倾斜构像的称为前视传感器，向后倾斜构像的称为后视传感器。由于所获取的航带影像视角各不相同，故利用三者的任意组合，均可构成同轨立体。

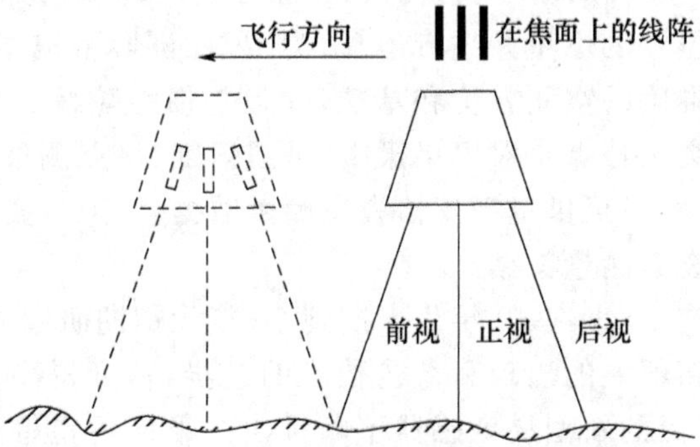

图 3.15　三线阵 CCD 相机

三线阵 CCD 测量相机的光学系统可以是一个光学镜头，也可以是三个独立而焦距不同的光学镜头，这三个光学镜头的光轴位于同一个平面内，且交会于一点。三个独立镜头的结构方式比较灵活，且易于达到较长的焦距，因此在航天测绘中具有一定的优势。

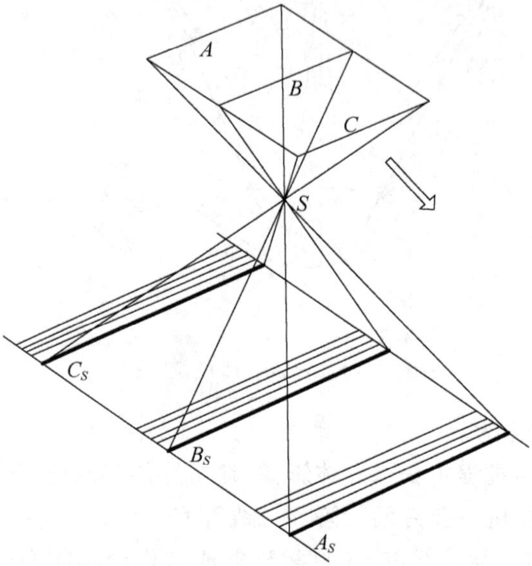

图 3.16 三线阵 CCD 相机构像

两线阵 CCD 相机工作原理与三线阵 CCD 相机类似，在结构上只有前视和后视两个相机。

3.2.3 对星摄影系统

1. 星敏感器

星敏感器是以恒星为参照系，以星空为工作对象的空间姿态测量装置，具有精度高(精度为 10″～0.5″)、质量小、功耗低、无漂移和工作方式多种多样等优点。通过探测天球上不同位置的恒星并进行解算，为卫星、洲际战略导弹、宇航飞船等航空航天飞行器提供准确的空间方位和基准，并且与惯性陀螺一样都具有自主导航能力。星敏感器的突出特点是对恒星摄影、星图识别、星点测量以及姿态计算的全过程均在星上完成，实时提供星敏感器姿态测量数据，为卫星姿态控制和摄影测量定位解算提供卫星姿态测量数据。

星敏感器最早在 20 世纪 40 年代末期到 50 年代初期研制成功，在几十年的发展中，随着新材料、新器件的出现和工艺技术的进步，精度提高、功耗减小、成本降低，应用领域日益广泛的新型星敏感器不断推出。早期的星敏感器主要用于飞机和导弹的制导，60 年代中期，开始应用于卫星及其他空间飞行器。一般采用析像管作为探测器件，析像管使用聚焦和偏移线路的模拟器件，经过严格的校正后，姿态测量精度才达到 30″。70 年代初期 CCD 的出现，极大地促进了 CCD 星敏感器的研制和发展，早期的 CCD 星敏感器的姿态精度一般都达到几十角秒，称为第一代星敏感器。到 90 年代中期，已发展到具有高可靠性、小型一体化、自主性强、大视场、高数据更新率、高精度等特性的第二代 CCD 星敏感器，其姿态测量精度一般优于10″，一些小视场的星敏感器精度达到 1″。近几年出现了 CMOS APS，使得星敏感器的发展出现新的飞跃，精度达到了亚角秒级。星敏感器定姿原理如图 3.17 所示，恒星 S_1、S_2、S_3 经过恒星相机的镜头在 CCD 上成像，生成恒星影像（星图），经过与恒星数据库（星表）比对识别出星图后，根据恒星的像点坐标和恒星的天球坐标可以计算出恒星相机在天球坐标系中的姿态，再由恒星相机与卫星本体的安装角就可以确定卫星的三轴瞬时姿态。

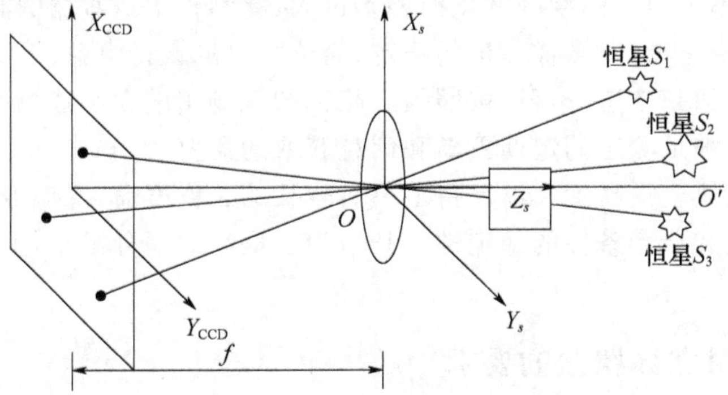

图 3.17　恒星成像与定姿原理

由于星图识别和姿态计算过程中，均需要星敏感器参数参与计算，相机参数的精度对定姿的可靠性与精度有着不可忽视的影响，因此，星敏感器标定也是星敏感器定姿的重要步骤之一。

2. 星相机

星相机的工作原理与星敏感器相同，主要区别在于星敏感器的摄星和姿态计算在星上完成，实时获取星敏感器的三轴姿态，既可以用于飞行器的实时导航，也可以用于摄影测量；而星相机是根据航天任务的需要作专门的研制，强调的是定姿的精度，而非实时性，因此大多是事后处理，并且可以进行多视场的联合定姿。

§3.3　航天摄影的基本要求

航天摄影的目的是进行地形测绘，因此必须按照摄影测量的要求对诸如航天器轨道类型、遥感器的几何性能、地面分辨率、立体覆盖、偏流角改正以及星相机的摄星能力等因素加以考虑。

3.3.1 对卫星轨道的要求

航天摄影测量对于卫星轨道类型的要求应为太阳同步、近圆、准回归轨道，轨道高度选择低轨轨道。

(1)采用太阳同步轨道。它是轨道倾角大于 90°的近极地轨道，卫星可以获得包括南、北极在内的全球影像；能够以同一地方时飞行在摄影地区上空，实现对同一地区的重复探测，从而了解和分析地面目标的变化情况；轨道面与太阳的相对位置不变，可以使卫星获得较为一致的光照条件，有利于提高影像质量；对卫星工程设计和遥感仪器工作有利。

(2)采用圆形或近圆轨道。可以使得卫星影像比例尺基本一致，也使得卫星影像地面分辨率不因卫星高度的变化而相差过大，有利于影像数据的测绘处理，并且星下点速高比变化小，对影像质量的稳定、简化相机的设计有益。

(3)采用准回归轨道。可以按照摄影相机的视场角的大小选择回归周期，从而实现全球覆盖，满足测绘的定期更新和信息获取的需要。

(4)采用低轨轨道高度。以保持卫星有较长的工作寿命，降低卫星的轨道维持次数，保持轨道和摄影条件的稳定性，同时，为了提高地面分辨率，卫星轨道又不能太高。

3.3.2 对立体覆盖的要求

摄影测量空间前方交会原理如图 3.18 所示。图中，S、S'为前后视相机摄取立体像对时的摄站位置，f 为前后视相机的主距，θ、θ'为前后视相机主光轴与正视相机主光轴的夹角，B 为摄影基线，β 为半交会角，H 为轨道高，α 为摄站 SS'(基线 B)对应的地心角。从图 3.18 可知，半交会角为

$$\tan\beta=(B/H)/2 \tag{3.19}$$

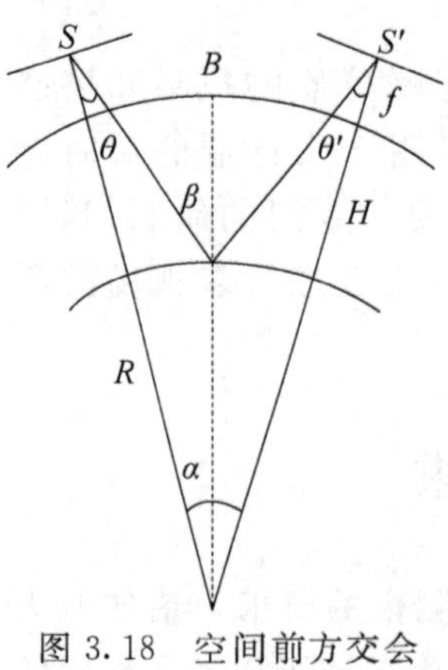

图 3.18 空间前方交会

前后视相机光轴夹角 θ 为

$$\sin\theta=2\left(\frac{R}{R+H}\right)\sin\beta \tag{3.20}$$

设初始轨道高为 500 km，地球半径为 6 378 km，基高比(基线与航高之比 B/H)大于 0.6，则前后视相机光轴夹角 θ 应大于 32°。基高比选择，主要从提高目标点的定位精度和测图精度等方面综合考虑。当地面高差不大时，标准像对上左右视差较差与高程差的近似关系为

$$M_h=\frac{H}{B}mM_{dp} \tag{3.21}$$

式中：M_h 为目标点高程中误差；H 为摄影高度；B 为摄影基线；m 为像比例尺分母；M_{dp} 为左右视差较差的中误差。从式(3.21)可以看出，基高比越大目标点的高程精度越高，当基高比为 1 时最佳。

3.3.3　对影像分辨率的要求

利用航天遥感影像进行测图时，影像分辨率的选择需要考虑多方面因素，应根据具体情况加以综合确定。

1)影像分辨率与成图比例尺的关系

成图比例尺的大小通常与人的视觉分辨率息息相关。人的视觉分辨率是指人眼明视距离(常界定在 25 cm)能分辨的空间两点之间的最短距离。一般认为，人对纸质图件目视分辨率通常在 0.07～0.1 mm。也就是说，当影像空间分辨率按照成图比例尺折算后达到或小于图上 0.1 mm 时，才能保证利用该遥感数据的测图精度；而更新图件的精度可以放宽到 0.2 mm。

因此，遥感影像的分辨率决定了其成图比例尺的大小。根据上述分析，可得到影像空间分辨率与成图比例尺的关系公式为

$$R \leqslant M\theta \tag{3.22}$$

式中：M 为成图比例尺分母；θ 为人眼视觉分辨率，其一般取值为 0.1～0.2 mm。

由于遥感影像空间分辨率 R 与地面分辨率 D 有以下关系

$$R = KD \tag{3.23}$$

式中：$K=2\sqrt{2}$，为凯尔(Kell)系数。则影像地面分辨率与成图比例尺的关系为

$$D \leqslant \frac{M\theta}{K} \tag{3.24}$$

2)影像分辨率与成图精度的关系

由式(3.21)知，高程中误差

$$M_h = m\,\frac{H}{B}M_{dp} = m\,\frac{H}{B}\sqrt{2}\,M_x$$

取 $M_x=\Delta/3$($\Delta=D/m$ 为像素大小)，代入上式得

$$D = \frac{3\sqrt{2}}{2}\,\frac{B}{H}M_h \tag{3.25}$$

3.3.4　对成像传感器的几何性能要求

摄影光束的重建是进行摄影测量的前提。所谓光束是指影像的像点与投影中心所构成的投影光线的集合，而光束的重建即指由量测得到的像点坐标与像空间坐标系的原点构成的椎体形状与摄影时光束的形状一致。显而易见，要实现光束的重建必须满足两个条件：一是恢复内方位；二是像点坐标中没有系统误差。但是

传感器内方位元素(像主点坐标和传感器主距)、镜头畸变差、扫描式光电传感器的积分时间和行转移周期的确定及成像器件的变形等,都会使像点产生不应有的位移,以致破坏物像间的中心投影关系,对航天摄影定位和测图带来较大的影响。因此,必须对摄影测量成像传感器的摄影参数进行严格控制和精确检校,以满足航天摄影测量定位和测图的精度要求。

3.3.5　对偏流角改正的要求

卫星绕地球运转时,地球自转角速度的影响,使得摄影相机相对被摄景物的移动方向(航迹线)与相机星下点线速度方向(航向线)不一致,产生偏流角(胡莘,2006)。由图 3.19 中可看出,卫星地速 V_s 方向与被摄目标的速度 V_g(航迹线方向)存在一个夹角,这个角就是偏流角 ψ。图中,$V_{e/\!/}$ 为地球自转角速度分量 ω_e 在沿轨方向产生的地面线速度分量;$V_{e\perp}$ 为地球自转角速度分量 ω_e 在穿轨方向产生的地面线速度分量;V_s 为卫星的星下点地速;V_g 为相机相对被摄景物的速度;ψ 为偏流角,其计算公式为

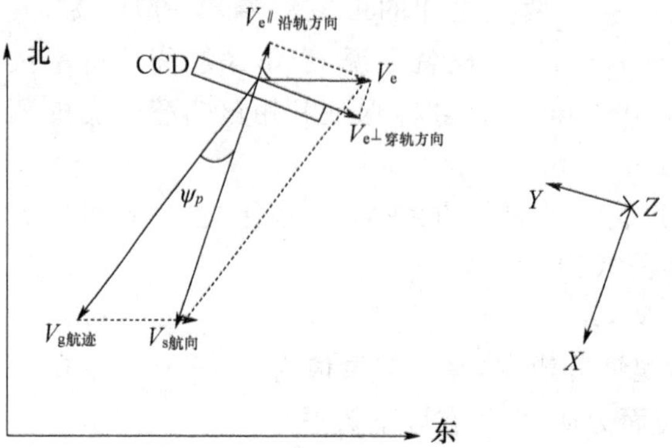

图 3.19　速度合成和偏流角

$$\psi=\arctan(V_{e\perp}/(V_s-V_{e/\!/}))=\arctan(\omega_e\cos\delta\cos\varepsilon/(\omega_s-\omega_e\cos\delta\sin\varepsilon))\tag{3.26}$$

式中,ε 为轨道与子午线的夹角。

采用两线阵、三线阵 CCD 相机的立体测绘卫星,前、后视或前、正、后视三台相机成像覆盖的重合部分,才能构成立体影像,得到目标区域的三维信息,因此立体相机覆盖的重叠区域才是卫星有效的覆盖区域。

相机光轴指向不同,卫星运行一个基线的距离后,才能得到两台或三台相机对同一景物的影像。设卫星的基线 $B=500$ km,卫星运行速度 $V=7.06$ km/s,可得出卫星运行一个基线长度所需的时间 $T=B/V\approx70$ s。地球自转的影响导致地面景物横向位移,并随地球纬度的增大而减小。在卫星运行一个基线距离的时间内,在赤道附近地球横向位移约为 32 km,在北纬 80°附近地球的横向位移约为 6 km。因此在没有姿态修正控制的情况下,三台相机的地面覆盖不重叠宽度范围为6～32 km。前视和后视相机的最小重合区域宽度仅占正视相机覆盖区域宽度的约 46.6%。

为了确保立体影像的覆盖宽度,必须采用偏流角修正方法提高两线阵或三线阵影像的重叠率。偏流角的修正方式应以正视相机为中心,即以其星下点为参考点,来对卫星进行偏航姿态控制。采用这种偏流角的修正策略,可以较好地平衡前视和后视相机影像相对正视相机影像的重叠率。

在完成偏流角改正后，以三线阵 CCD 相机摄影为例，由于正视与前视（或正视与后视）相机主光轴之间存在一定角度，故在同一摄影时刻两线阵 CCD 的地面成像位置相差较大，之间的地面距离称为摄影基线。当以正视线阵 CCD 为基准计算改正偏流角时，在一条摄影基线上，前视或后视线阵的偏流角修正无法完全消除，会产生偏流角余差，如图 3.20 所示。

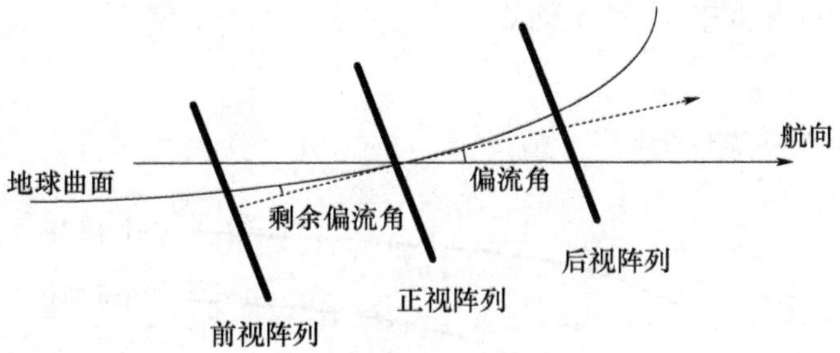

图 3.20　偏流角改正

摄影基线所对应的纬度差值计算公式为

$$\Delta\varphi=\arcsin(\sin i\sin(\omega\cdot\Delta\tau)) \tag{3.27}$$

偏流角余差计算公式如下：

(1)对于前视线阵

$$\delta A=\arctan\left(\frac{R\omega_e\cos\varphi\cos A_v}{Rvr^{-1}}\right)-\arctan\left(\frac{R\omega_e\cos(\varphi+\Delta\varphi)\cos A_v}{Rvr^{-1}}\right) \tag{3.28}$$

(2)对于后视线阵

$$\delta A=\arctan\left(\frac{R\omega_e\cos\varphi\cos A_v}{Rvr^{-1}}\right)-\arctan\left(\frac{R\omega_e\cos(\varphi-\Delta\varphi)\cos A_v}{Rvr^{-1}}\right) \tag{3.29}$$

式中：$\Delta\varphi$ 为一条摄影基线对应的纬度差值；δA 为偏流角余差；i 为轨道倾角；ω 为卫星运动的平均角速度；$\Delta\tau$ 为卫星飞行一条摄影基线的时间。

为了保证三线阵影像的有效立体重叠，偏流角修正的控制精度应小于 0.1°。在此条件下，综合考虑偏流角的剩余误差的影响，可能出现的最大立体不重叠宽度为 tan(0.12＋0.1)×500(km)＝1.9(km)。如果偏流角的控制误差大于 0.1°，会增大立体的不重叠宽度，从而影响三线阵影像的有效立体重叠。

3.3.6　对星相机摄星能力的要求

根据误差统计理论知道，只有在可靠的基础上讨论精度才有意义。为了保障应有的摄星能力，从整体可靠性指标、整体精度指标等方面进行分析。

整体可靠性指标（reliability index，RI）的计算公式为（江振治，2009）

$$\mathrm{RI}(T)=\frac{\mathrm{tr}(\sqrt{\boldsymbol{Q}_{vv}})}{n} \tag{3.30}$$

式中：$\boldsymbol{Q}_{vv}=\boldsymbol{E}-\boldsymbol{A}\boldsymbol{Q}_{xx}\boldsymbol{A}^{\mathrm{T}}$；$\boldsymbol{Q}_{xx}=(\boldsymbol{APA})^{-1}$；$\mathrm{tr}(\sqrt{\boldsymbol{Q}_{vv}})$为矩阵$\boldsymbol{Q}_{vv}$的迹；$n$为误差方程式的个数。

整体可靠性指标RI(T)与参加计算的恒星数量有关(图3.21)。若选择75%的可靠性，解3个未知数时，不得少于6个星像点；解9个未知数时，不得少于18个星像点。若选择90%的可靠性，解3个未知数时，不得少于15个星像点；解9个未知数时，不得少于45个星像点。

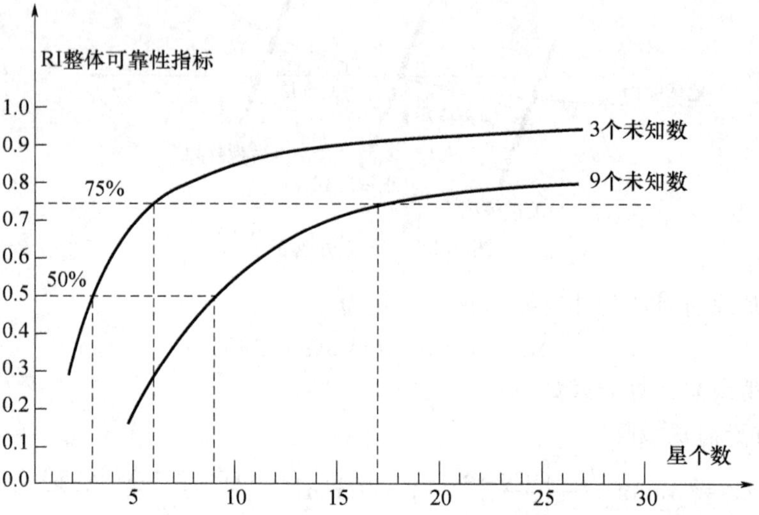

图3.21　星的数量与整体可靠性的关系

天球上的恒星分布并不均匀，出现在视场内的星数量随星敏感器光轴的指向不同而变化。对矩形视场，视场角为A_{FOV}时视场内星的数量、星等与视场角的关系可表示为(刘朝山 等，2010)

$$N_{\mathrm{FOV}}=6.57e^{1.08m}\frac{2\pi-4\arccos(\sin^2(A_{\mathrm{FOV}}/2))}{4\pi} \tag{3.31}$$

式中：N为视场内平均恒星数目；m为星等。在探测星等达到6等时，全天球可利用的星数大约为7 000个，由式(3.31)可知，对视场角大于8°的星敏感器，视场内星的数量为6，能够满足75%可靠性的要求。

在整体可靠性指标得到满足的基础上，星像点的分布图形是提高精度指标的关键。整体精度指标AI(T)可表示为

$$\mathrm{AI}(T)=\frac{\mathrm{tr}(\sqrt{\boldsymbol{Q}_{xx}})}{3k} \tag{3.32}$$

式中，k为星点个数。

第 4 章　线阵 CCD 传感器成像模型

描述像点和相应物点坐标关系的数学模型称为传感器成像模型，简称传感器模型。摄影测量学是运用三维场景的二维影像重建可靠而精确的原始场景三维模型的一门综合学科。因此，建立遥感影像的成像模型是进行摄影测量处理的理论基础。

按照对传感器参数的依赖性，线阵 CCD 传感器模型可分为物理传感器模型与通用传感器模型。按表达物像间几何关系的严密性，传感器模型又可分为严密传感器模型和近似传感器模型。物理传感器模型与卫星平台及载荷的物理参数及成像几何密切相关，卫星不同，传感器不同，其成像模型也不同；通用传感器模型则恰恰相反，其中心思想就是避免对成像物理参数的依赖，而用某一显式函数拟合物像间坐标的数学关系，但其拟合的精度却严重依赖于严格物理模型的精度或地面控制点的精度。

§4.1　常用坐标系

在建立像点与物点坐标关系的过程中，涉及的坐标系包括影像坐标系、传感器坐标系（相机坐标系）、本体坐标系、轨道坐标系等，下面做一简单介绍。

4.1.1　影像坐标系

在进行数据处理时，往往将扫描行按获取的时间序列排列成一幅影像。此时，一般以一幅影像的左上角为原点，行向（卫星飞行方向）坐标用 r(row)表示，列向（扫描线方向）坐标用 c(column)表示，该坐标系称为影像坐标系（image coordinate system）。这样，r 坐标值实际上表示了遥感器的运动时间序列。第 r 行的影像所对应的摄影时刻 t 为

$$t=t_c+\mathrm{lsp}(r-r_c)$$

式中：t_c 为一景影像中心扫描行的摄影时刻；r_c 为中心扫描行的行坐标；lsp 为相邻扫描行影像的采样时间间隔。

4.1.2　瞬时影像坐标系

瞬时影像坐标系（instantaneous image coordinate system）以影像上每条扫描线的主点为原点，沿扫描线方向为 y 轴，垂直于扫描线方向为 x 轴（指向卫星飞行

方向)。由于线阵 CCD 每一瞬间成像仅是一行,其瞬时像坐标 x 恒为零,y 的值由像素大小及其位置所确定,即

$$x=0$$
$$y=(c-c_0)\Delta_c$$

式中:c 和 c_0 分别为当前扫描行上任意像点和像主点在影像坐标系中的列坐标;Δ_c 为像素列方向的尺寸。

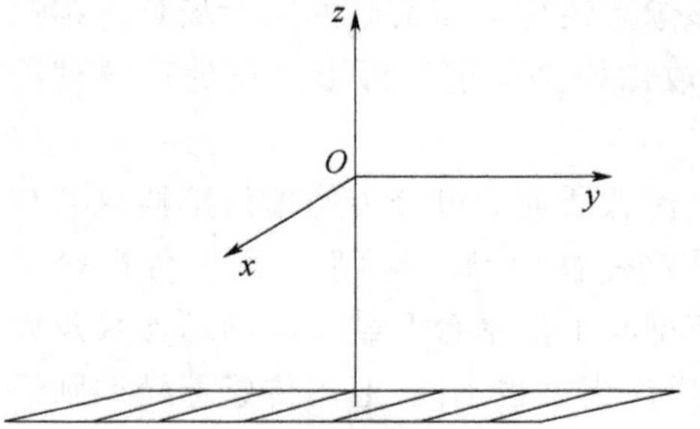

图 4.1 传感器坐标系

4.1.3 传感器坐标系

传感器坐标系(sensor coordinate system),即像空间坐标系,其原点在线阵投影中心,y 轴平行于扫描线,x 轴垂直于 y 轴指向卫星运行方向,z 轴按右手法则确定(图 4.1)。

4.1.4 本体坐标系

本体坐标系(body coordinate system),也称平台坐标系,其原点位于卫星质心,X_b 轴、Y_b 轴、Z_b 轴分别取卫星的三个主惯量轴(图 4.2)。X_b 轴(滚动轴)沿着卫星纵轴指向卫星飞行方向,Y_b 轴(俯仰轴)沿着横轴,Z_b轴(偏航轴)按照右手法则确定。卫星姿态测量在本体坐标系中进行,描述其空间姿态的 3 个参数是俯仰角 φ(pitch)、侧滚角 ω(roll)和偏航角 κ(yaw)。俯仰角为绕本体坐标系 X_b 轴的旋转角,翻滚角为绕本体坐标系 Y_b 轴的旋转角,航偏角为绕本体坐标系 Z_b 轴的旋转角。

另外,在分析摄动因素影响中有时用到 RTN 坐标系。R(radial)为径向,与地心到航天器质心的向径方向一致;T(tangential)为切向,在轨道平面内与 R 方向垂直,指向航天器运动方向;N(normal)为轨道面正法向。RTN 坐标系的坐标原点位于航天器质心,基本平面为航天器轨道平面,X 轴与航天器位置矢量重合,方向由地心指向航天器质心,代表 R 方向;Y 轴为轨道沿迹方向,即轨道面内切线方向,指向与航天器运行方向相同,代表 T 方向;Z 轴沿轨道面正法向方向,与 X 轴和 Y 轴构成右手坐标系,代表 N 方向。

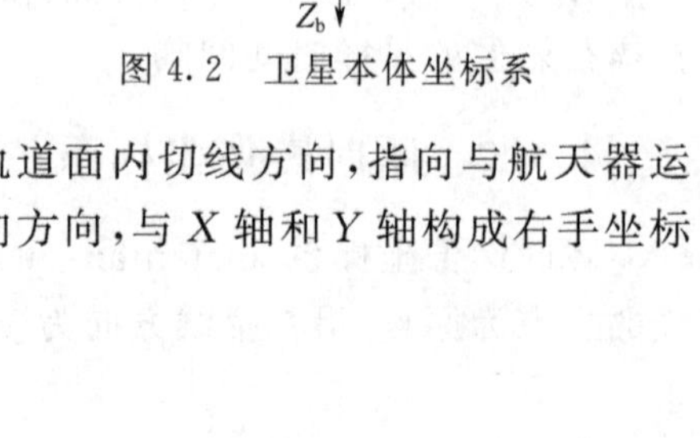

图 4.2 卫星本体坐标系

4.1.5 轨道坐标系

卫星轨道坐标系(orbit coordinate system)又称卫星姿态参考坐标系,其原点在卫星质心,Z 轴方向由地心指向卫星质心方向,X 轴位于轨道平面内垂直于 Z 轴且指向卫星前进方向,Y 轴按照右手法则确定,如图 4.3 所示。

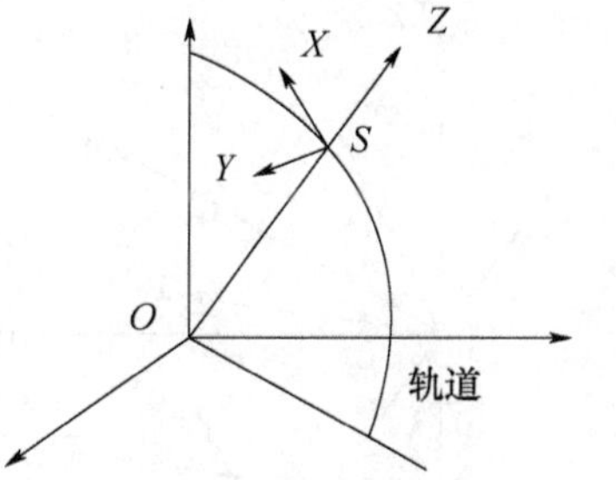

图 4.3 卫星轨道坐标系

§4.2 物理传感器模型

线阵 CCD 影像是沿平台飞行方向推扫而获取的连续影像条带,其每一扫描行影像与被摄物体之间具有严格的中心投影关系,而飞行方向物像则近似为平行投影关系。对高分辨率航天线阵影像而言,由于视场角很小,每一 CCD 扫描行的中心投影也可以近似为平行投影,或近似地将中心投影转化为平行投影。这样,物理传感器模型可分为基于中心投影的严密传感器模型和基于平行投影的近似传感器模型。

4.2.1 基于中心投影的严密成像模型

共线条件方程式是在理想情况下,假定物点、投影中心和相应像点位于一条直线上而建立起来的像点与物点之间的数学关系式。严密传感器模型中包含影像的内方位元素和外方位元素。内方位元素定义了传感器的内部几何关系,即相机主距和像主点坐标,其用于将像平面坐标转化为像空间坐标。而外方位元素则定义了成像时刻影像的位置和姿态,其包括投影中心在物方空间坐标系中的位置和影像的姿态参数。外方位元素既可运用解析空中三角测量原理解算得到,也可由专门的测量装置(如 GNSS、INS、星敏感器等)直接得到。

1. 姿态的描述参数

1)欧拉角

根据欧拉定理,刚体绕固定点的角位移可以看作是绕该点的若干次有限旋转的合成。因此可以将一个坐标系视为刚体,将其相对于另一坐标系的原点经过 3 次转动,使这 2 个坐标系相应轴重合,这 3 次旋转中,每次的旋转轴都是被转动坐标系的坐标轴,每次转动的角即为欧拉角。根据旋转顺序可以将旋转分为对称转序(zyz,yxy,yzy,xyx,xzx)和非对称转序(xyz,xzy,yxz,yzx,zxy,zyx)共有 12 种可能,摄影测量中最常用的是 x-y-z 和 y-x-z 两种旋转顺序,分别对应 ω-φ-κ 系统和 φ-ω-κ 系统。

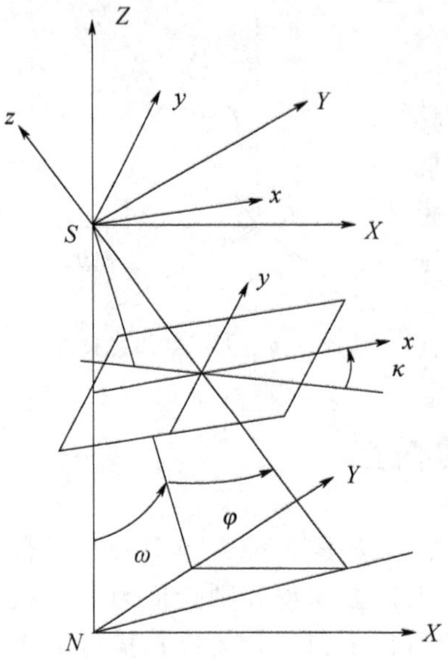

图 4.4　ω-φ-κ 系统

(1)ω-φ-κ(OPK)系统。这是国际摄影测量与遥感学会推荐使用的以 X 轴为第一旋转轴的角元素系统，该角元素系统应用最为广泛，也是许多商业软件采用的或缺省的角元素系统(图 4.4)。各角元素定义如下：

ω 角(侧滚角)——主光轴在 YZ 坐标面内的投影与 Z 轴的夹角。逆时针方向为正，从 Z 轴起算，图中 ω 为正。

φ 角(俯仰角)——主光轴与其在 YZ 坐标面内的投影的夹角。逆时针方向为正，从主光轴的投影起算，图中 φ 为负。

κ 角(偏航角)——X 轴在像平面上的投影与像平面坐标系 x 轴的夹角。逆时针方向为正，从投影起算，图中 κ 为正。

当采用 ω-φ-κ 角元素系统时，将 S-XYZ 坐标系的三轴指向旋转到与 S-xyz 重合所需的步骤为：①将坐标系 S-XYZ 绕 X 轴旋转 ω 角；②将第一次旋转后的坐标系 S-$X'Y'Z'$ 绕 Y' 轴旋转 φ 角；③将第二次旋转后的坐标系 S-$X''Y''Z''$ 绕 Z'' 轴旋转 κ 角。其中的 ω、φ、κ 角均采用正向旋转。由此构成的旋转矩阵为

$$\begin{bmatrix} X \\ Y \\ Z \end{bmatrix} = \boldsymbol{R}_\omega \boldsymbol{R}_\varphi \boldsymbol{R}_\kappa \begin{bmatrix} x \\ y \\ z \end{bmatrix} = \boldsymbol{R} \begin{bmatrix} x \\ y \\ z \end{bmatrix} = \begin{bmatrix} a_1 & a_2 & a_3 \\ b_1 & b_2 & b_3 \\ c_1 & c_2 & c_3 \end{bmatrix} \begin{bmatrix} x \\ y \\ z \end{bmatrix}$$

$$\boldsymbol{R} = \begin{bmatrix} 1 & 0 & 0 \\ 0 & \cos\omega & -\sin\omega \\ 0 & \sin\omega & \cos\omega \end{bmatrix} \begin{bmatrix} \cos\varphi & 0 & \sin\varphi \\ 0 & 1 & 0 \\ -\sin\varphi & 0 & \cos\varphi \end{bmatrix} \begin{bmatrix} \cos\kappa & -\sin\kappa & 0 \\ \sin\kappa & \cos\kappa & 0 \\ 0 & 0 & 1 \end{bmatrix}$$

$$\begin{aligned}
a_1 &= \cos\varphi\cos\kappa \\
a_2 &= -\cos\varphi\sin\kappa \\
a_3 &= \sin\varphi \\
b_1 &= \cos\omega\sin\kappa + \sin\omega\sin\varphi\cos\kappa \\
b_2 &= \cos\omega\cos\kappa - \sin\omega\sin\varphi\sin\kappa \\
b_3 &= -\sin\omega\cos\varphi \\
c_1 &= \sin\omega\sin\kappa - \cos\omega\sin\varphi\cos\kappa \\
c_2 &= \sin\omega\cos\kappa + \cos\omega\sin\varphi\sin\kappa \\
c_3 &= \cos\omega\cos\varphi
\end{aligned}$$

(2)φ-ω-κ(POK)系统。这是我国经常采用的角元素系统,以 Y 轴为第一旋转轴,X 轴为第二旋转轴,Z 轴为第三旋转轴(图 4.5)。各角元素定义如下:

φ 角(俯仰角)——主光轴在 XZ 坐标面内的投影与 Z 轴的夹角。从 Z 轴起算,从 Y 轴的负方向看逆时针为正,图中 φ 为正。

ω 角(侧滚角)——主光轴与 XZ 坐标面之间的夹角,即 z 轴与其在 XZ 面上的投影之间的夹角。从 z 轴的投影起算,从 X 轴的正方向看逆时针为正,图中 ω 为正。

κ 角(偏航角)——Y 轴在 xy 坐标面上的投影与 y 轴的夹角。从投影起算,从 z 轴正方向看逆时针为正,图中 κ 为正。

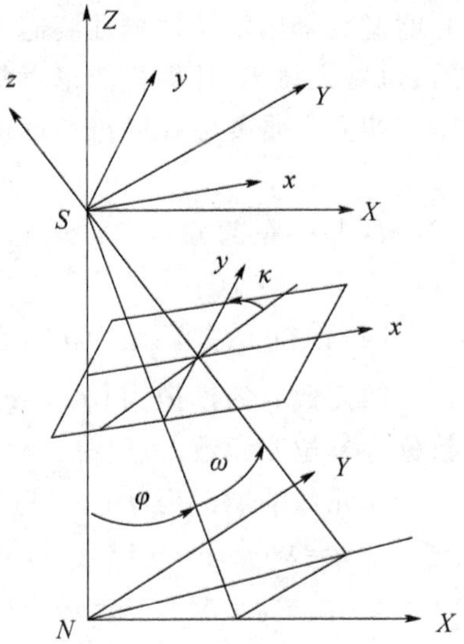

图 4.5　φ-ω-κ 系统

其中,ω、κ 角定义为正向旋转,而 φ 定义为从 Y 轴正方向看顺时针为正,即为负向旋转。由此构成的旋转矩阵为

$$\begin{bmatrix} a_1 & a_2 & a_3 \\ b_1 & b_2 & b_3 \\ c_1 & c_2 & c_3 \end{bmatrix} = \begin{bmatrix} \cos\varphi & 0 & -\sin\varphi \\ 0 & 1 & 0 \\ \sin\varphi & 0 & \cos\varphi \end{bmatrix} \begin{bmatrix} 1 & 0 & 0 \\ 0 & \cos\omega & -\sin\omega \\ 0 & \sin\omega & \cos\omega \end{bmatrix} \begin{bmatrix} \cos k & -\sin k & 0 \\ \sin k & \cos k & 0 \\ 0 & 0 & 1 \end{bmatrix}$$

$$\left.\begin{aligned} a_1 &= \cos\varphi\cos\kappa - \sin\varphi\sin\omega\sin\kappa \\ a_2 &= -\cos\varphi\sin\kappa - \sin\varphi\sin\omega\cos\kappa \\ a_3 &= -\sin\varphi\cos\omega \\ b_1 &= \cos\omega\sin\kappa \\ b_2 &= \cos\omega\cos\kappa \\ b_3 &= -\sin\omega \\ c_1 &= \sin\varphi\cos\kappa + \cos\varphi\sin\omega\sin\kappa \\ c_2 &= -\sin\varphi\sin\kappa + \cos\varphi\sin\omega\cos\kappa \\ c_3 &= \cos\varphi\cos\omega \end{aligned}\right\} \tag{4.1}$$

2)单位四元数

四元数(quaternion)是爱尔兰数学家哈密尔顿(Hamilton)在 1843 年发明的形如 $\boldsymbol{q}=\lambda+p_1\mathrm{i}+p_2\mathrm{j}+p_3\mathrm{k}$ 的超复数,至今已有 170 多年的历史。四元数包括四个分量,哈密尔顿对四元数的加法、乘法、求逆和取模等运算的规则进行了严格定义,并指出四元数能够通过旋转、伸长或缩短将一个给定的矢量变成另一个矢量。四元数由于可以非常方便地表示空间方位及空间向量间的旋转、平移和缩放等关系,

并能避免采用欧拉角描述姿态可能引起的奇异性，在航天器姿态控制、捷联惯性导航、机器人技术、计算机图形学等许多工程领域均有广泛应用。

四元数是复数在四维空间的扩展，通常表示为以下形式

$$\boldsymbol{q}=\lambda+p_1\mathrm{i}+p_2\mathrm{j}+p_3\mathrm{k}$$

式中，λ 是标量部分，$p_1\mathrm{i}+p_2\mathrm{j}+p_3\mathrm{k}$ 为矢量部分。四元数的另外一种表达形式为

$$\boldsymbol{q}=(\lambda,\boldsymbol{P})$$

四元数 $\boldsymbol{q}$ 的共轭记为 $\boldsymbol{q}^*$，且 $\boldsymbol{q}^*=\lambda-p_1\mathrm{i}-p_2\mathrm{j}-p_3\mathrm{k}$。

四元数 $\boldsymbol{q}$ 的模记为 $|\boldsymbol{q}|$，$|\boldsymbol{q}|=\sqrt{\boldsymbol{q}\boldsymbol{q}^*}=\sqrt{\lambda^2+p_1^2+p_2^2+p_3^2}$。模等于 1 的四元数称为单位四元数。

四元数的逆记为 $\boldsymbol{q}^{-1}$，且有 $\boldsymbol{q}^{-1}=\boldsymbol{q}^*/|\boldsymbol{q}|$。

令 $\boldsymbol{q}=\lambda+p_1\mathrm{i}+p_2\mathrm{j}+p_3\mathrm{k}$，$\boldsymbol{M}=v+\mu_1\mathrm{i}+\mu_2\mathrm{j}+\mu_3\mathrm{k}$，则四元数的加减法则为

$$\boldsymbol{q}\pm\boldsymbol{M}=(\lambda\pm v)+(p_1\pm\mu_1)\mathrm{i}+(p_2\pm\mu_2)\mathrm{j}+(p_3\pm\mu_3)\mathrm{k}，或$$

$$\boldsymbol{q}\pm\boldsymbol{M}=(\lambda\pm v,\quad \boldsymbol{P}\pm\boldsymbol{\mu})$$

两四元数的内积为 $\boldsymbol{q}\cdot\boldsymbol{M}=\lambda v+p_1\mu_1+p_2\mu_2+p_3\mu_3$；其叉积（外积）法则为

$$\begin{aligned}\boldsymbol{q}\times\boldsymbol{M}&=(\lambda+p_1\mathrm{i}+p_2\mathrm{j}+p_3\mathrm{k})\times(v+\mu_1\mathrm{i}+\mu_2\mathrm{j}+\mu_3\mathrm{k})\\&=\begin{bmatrix}\lambda & -p_1 & -p_2 & -p_3\\ p_1 & \lambda & -p_3 & p_2\\ p_2 & p_3 & \lambda & -p_1\\ p_3 & -p_2 & p_1 & \lambda\end{bmatrix}\begin{bmatrix}v\\ \mu_1\\ \mu_2\\ \mu_3\end{bmatrix}\end{aligned}$$

或 $\boldsymbol{q}\times\boldsymbol{M}=[\lambda v-\boldsymbol{P}\cdot\boldsymbol{\mu}\quad \lambda\boldsymbol{\mu}+v\boldsymbol{P}+\boldsymbol{P}\times\boldsymbol{\mu}]$。

一个矢量 $\mathbf{V}(x,y,z)$ 相对于坐标系 $O—XYZ$ 固定，从坐标系 $O—XYZ$ 转动了 q，得到一个新坐标系 $O—X'Y'Z'$，$\mathbf{V}$ 分解在新坐标系 $O—X'Y'Z'$ 中的坐标为 (x',y',z')，则有

$$\mathbf{V}'=\boldsymbol{q}^{-1}\times\mathbf{V}\times\boldsymbol{q}$$

$$\begin{bmatrix}x'\\ y'\\ z'\end{bmatrix}=\begin{bmatrix}\lambda^2+p_1^2-p_2^2-p_3^2 & 2(p_1p_2+\lambda p_3) & 2(p_1p_3-\lambda p_2)\\ 2(p_1p_2-\lambda p_3) & \lambda^2+p_2^2-p_1^2-p_3^2 & 2(p_2p_3+\lambda p_1)\\ 2(p_1p_3+\lambda p_2) & 2(p_2p_3-\lambda p_1) & \lambda^2+p_3^2-p_1^2-p_2^2\end{bmatrix}\begin{bmatrix}x\\ y\\ z\end{bmatrix}$$

四元数的另外一个优点就是连续的姿态旋转可用四元数乘法进行描述，即

$$A(\boldsymbol{q}')A(\boldsymbol{q})=A(\boldsymbol{q}'\times\boldsymbol{q})$$

四元数很适合用于空间方位的平滑插值，这也是其在计算机图形学等多个工程领域被广泛应用的主要原因之一。如果将 $\boldsymbol{q}_1$、$\boldsymbol{q}_2$ 看作四维空间中单位圆上的两个点，四元数的球面线性插值（Slerp）就是沿着它们之间的最短弧进行插值，并且结果相对于插值参数 t 的速度是固定的，这是 Slerp 进行空间方位插值最主要的优点（龚辉，2011）。

Slerp 的插值函数为

$$q(t)=\frac{\sin(1-t)\theta}{\sin\theta}\boldsymbol{q}_1+\frac{\sin t\theta}{\sin\theta}\boldsymbol{q}_2$$

式中，θ 为 q_1、q_2 的夹角

$$\theta=\cos^{-1}(\boldsymbol{q}_1\cdot\boldsymbol{q}_2)$$

2. 正视构像方程式

设像空间坐标系的 x 轴为平台的飞行方向，y 轴为 CCD 的方向，z 轴与 x、y 轴构成右手系坐标。此时，像点在像空间坐标系中的坐标为 $(0,y,-f_n)$。设第 i 扫描行的外方位元素为 $(X_s,Y_s,Z_s,\varphi,\omega,\kappa)$，则瞬时构像方程式为（钱曾波 等，1992；张永生 等，1995）

$$\left.\begin{aligned}x=0=-f_n\frac{a_1(X-X_s)+b_1(Y-Y_s)+c_1(Z-Z_s)}{a_3(X-X_s)+b_3(Y-Y_s)+c_3(Z-Z_s)}\\ y=-f_n\frac{a_2(X-X_s)+b_2(Y-Y_s)+c_2(Z-Z_s)}{a_3(X-X_s)+b_3(Y-Y_s)+c_3(Z-Z_s)}\end{aligned}\right\}\tag{4.2}$$

式中：(X,Y,Z) 为地面点的空间坐标；a_j、b_j、$c_j(j=1,2,3)$ 为各方向余弦，是姿态参数的函数。

令

$$\begin{bmatrix}(X)\\(Y)\\(Z)\end{bmatrix}=\boldsymbol{R}^{\mathrm{T}}\begin{bmatrix}X-X_s\\Y-Y_s\\Z-Z_s\end{bmatrix}=\begin{bmatrix}a_1&b_1&c_1\\a_2&b_2&c_2\\a_3&b_3&c_3\end{bmatrix}\begin{bmatrix}X-X_s\\Y-Y_s\\Z-Z_s\end{bmatrix}$$

则上式可简化为

$$\left.\begin{aligned}x=0=-f_n\frac{(X)}{(Z)}\\ y=-f_n\frac{(Y)}{(Z)}\end{aligned}\right\}\tag{4.3}$$

3. 前后视构像方程式

前后视的像空间坐标系可以认为是正视的像空间坐标系绕着 y 轴旋转了某个固定的角度 Φ 得到的结果，角度的正负用来判断前后视影像（钱曾波 等，1992）。对前视有

$$\begin{bmatrix}X-X_s\\Y-Y_s\\Z-Z_s\end{bmatrix}=\lambda\boldsymbol{R}\boldsymbol{M}_{\Phi_f}\begin{bmatrix}0\\y\\-f_f\end{bmatrix}\tag{4.4}$$

式中

$$\boldsymbol{M}_{\Phi_f}=\begin{bmatrix}\cos\Phi_f&0&-\sin\Phi_f\\0&1&0\\\sin\Phi_f&0&\cos\Phi_f\end{bmatrix}$$

令

$$\begin{bmatrix} x' \\ y' \\ z' \end{bmatrix} = \boldsymbol{M}_{\Phi_f} \begin{bmatrix} 0 \\ y \\ -f_f \end{bmatrix} = \begin{bmatrix} f_f \sin\Phi_f \\ y \\ -f_f \cos\Phi_f \end{bmatrix}$$

则共线条件方程式为

$$\left.\begin{aligned} f_f \sin\Phi_f &= -f_f \cos\Phi_f \frac{a_1(X-X_s)+b_1(Y-Y_s)+c_1(Z-Z_s)}{a_3(X-X_s)+b_3(Y-Y_s)+c_3(Z-Z_s)} \\ y &= -f_f \cos\Phi_f \frac{a_2(X-X_s)+b_2(Y-Y_s)+c_2(Z-Z_s)}{a_3(X-X_s)+b_3(Y-Y_s)+c_3(Z-Z_s)} \end{aligned}\right\}.$$

简写为

$$f_f \sin\Phi_f = -f_f \cos\Phi_f \frac{(X)}{(Z)}$$

$$y = -f_f \cos\Phi_f \frac{(Y)}{(Z)}$$

如果直接用倾斜摄影时的姿态角列方程，则有

$$\left.\begin{aligned} x = 0 &= -f_f \frac{(X)\cos\Phi_f + (Z)\sin\Phi_f}{(Z)\cos\Phi_f - (X)\sin\Phi_f} \\ y &= -f_f \frac{(Y)}{(Z)\cos\Phi_f - (X)\sin\Phi_f} \end{aligned}\right\} \tag{4.5}$$

如果直接利用倾斜摄影时的方向余弦，有

$$\left.\begin{aligned} x = 0 &= -f_f \frac{a'_1(X-X_s)+b'_1(Y-Y_s)+c'_1(Z-Z_s)}{a'_3(X-X_s)+b'_3(Y-Y_s)+c'_3(Z-Z_s)} \\ y &= -f_f \frac{a'_2(X-X_s)+b'_2(Y-Y_s)+c'_2(Z-Z_s)}{a'_3(X-X_s)+b'_3(Y-Y_s)+c'_3(Z-Z_s)} \end{aligned}\right\} \tag{4.6}$$

4. 侧视构像方程式

对于侧倾立体构像，可认为其瞬时的像空间坐标系是垂直摄影的像空间坐标系绕 x 轴旋转某个固定角 Ω 的结果(钱曾波 等,1992)。因此有

$$\begin{bmatrix} X-X_s \\ Y-Y_s \\ Z-Z_s \end{bmatrix} = \lambda \boldsymbol{R} \boldsymbol{M}_\Omega \begin{bmatrix} 0 \\ y \\ -f \end{bmatrix}$$

式中

$$\boldsymbol{M}_\Omega = \begin{bmatrix} 1 & 0 & 0 \\ 0 & \cos\Omega & -\sin\Omega \\ 0 & \sin\Omega & \cos\Omega \end{bmatrix}$$

即

$$\left.\begin{aligned} x&=0=-f\frac{(X)}{(Z)\cos\Omega-(Y)\sin\Omega}\\ y&=-f\frac{(Y)\cos\Omega+(Z)\sin\Omega}{(Z)\cos\Omega-(Y)\sin\Omega}\end{aligned}\right\}\tag{4.7}$$

5. **星载线阵传感器成像模型**

对具有定轨测姿系统的测绘卫星而言，GNSS 测定的是天线相位中心在地心坐标系中的位置，星敏感器测定的是在 J2000.0 坐标系下的指向。为了得到地相机的位置和姿态，需要将 GNSS 和星敏感器测定的数据转为地相机的位置和姿态。

设(D_x, D_y, D_z)为 GNSS 天线相位中心在卫星本体坐标系下的坐标；(d_x, d_y, d_z)为地相机投影中心在卫星本体坐标系下的坐标；$\boldsymbol{R}_{\text{camera}}^{\text{body}}$为地相机坐标系至卫星本体坐标的旋转矩阵；$\boldsymbol{R}_{\text{body}}^{\text{star}}$为卫星本体坐标系至星相机坐标系的旋转矩阵；$\boldsymbol{R}_{\text{star}}^{\text{J2000.0}}$为星相机坐标系至 J2000.0 坐标系的旋转矩阵；$\boldsymbol{R}_{\text{J2000.0}}^{\text{GCS}}$为 J2000.0 坐标系至 GNSS 选用地心坐标系的旋转矩阵；m 为尺度因子；(x, y)为地像片像点在影像坐标系下的坐标；(x_0, y_0)为地像片像主点坐标；f 为地相机主距；(X, Y, Z)为地面点在地心坐标系下的坐标；$(X_{\text{GNSS}}, Y_{\text{GNSS}}, Z_{\text{GNSS}})$为成像时刻 GNSS 天线相位中心在地心坐标系下的坐标。则在不考虑大气折射影响的条件下，传感器严密成像几何模型为

$$\begin{bmatrix} X-X_{\text{GNSS}}\\ Y-Y_{\text{GNSS}}\\ Z-Z_{\text{GNSS}}\end{bmatrix}=m\boldsymbol{R}_{\text{J2000.0}}^{\text{GCS}}\boldsymbol{R}_{\text{star}}^{\text{J2000.0}}\boldsymbol{R}_{\text{body}}^{\text{star}}\left(\begin{bmatrix} D_x\\ D_y\\ D_z\end{bmatrix}+\begin{bmatrix} d_x\\ d_y\\ d_z\end{bmatrix}+\boldsymbol{R}_{\text{camera}}^{\text{body}}\begin{bmatrix} x-x_0\\ y-y_0\\ -f\end{bmatrix}\right)\tag{4.8}$$

4.2.2　基于平行投影的传感器模型

1. **平行投影成像几何关系**

线阵 CCD 推扫式影像的每一条扫描线满足一维的中心投影，每一条线都有不同的定向参数。对第 i 条线的外部定向参数包括投影中心坐标 X_{S_i}、Y_{S_i}、Z_{S_i} 和姿态角 φ_i、ω_i、κ_i 共 6 个参数，这些参数通常描述成时间(或 x 坐标)的多项式。共线条件方程式可以描述为

$$\begin{bmatrix} 0\\ y_i\\ -f\end{bmatrix}=\lambda(\boldsymbol{R}_{\varphi_i}\boldsymbol{R}_{\omega_i}\boldsymbol{R}_{\kappa_i})\begin{bmatrix} X-X_{S_i}\\ Y-Y_{S_i}\\ Z-Z_{S_i}\end{bmatrix}\tag{4.9}$$

在视场角比较小的情况下，场景可以近似看作是通过平行投影构像于影像上，那么 f 就意味着无穷大，于是式(4.9)中的第三项失去意义，共线条件方程式可以改化为

$$\left.\begin{aligned}0&=a_1(X-X_{S_i})+b_1(Y-Y_{S_i})+c_1(Z-Z_{S_i})\\y&=a_2(X-X_{S_i})+b_2(Y-Y_{S_i})+c_2(Z-Z_{S_i})\end{aligned}\right\}\tag{4.10}$$

式中，a_i、b_i、c_i（$i=1,2$）是旋转矩阵（$\boldsymbol{R}_{\varphi_i}\boldsymbol{R}_{\omega_i}\boldsymbol{R}_{\kappa_i}$）的方向余弦。

式(4.10)可进一步写成下列更一般的形式

$$\left.\begin{aligned}x&=A_1X+A_2Y+A_3Z+A_4\\y&=A_5X+A_6Y+A_7Z+A_8\end{aligned}\right\}\tag{4.11}$$

式中，A_i 是相互独立的系数。式(4.11)表明平行光投影成像是一个从三维到二维的仿射变换。

2. 基于仿射变换的严密几何模型

对于线阵 CCD 影像，其在扫描行方向是严密的中心投影，但在飞行方向并非严密的平行投影。由于仿射变换对应平行投影，而透视变换对应中心投影，因此在用仿射变换描述线阵影像时必须进行扫描行方向的投影性质转换，即从中心投影转换到平行投影。

下面以线阵 CCD 推扫式影像的其中一行影像为例，详细推导转换过程，并在此基础上建立基于二维仿射变换的传感器数学模型（巩丹超，2000）。

由于投影转换是在同等比例尺的中心投影影像和平行投影影像之间进行（如图 4.6 所示，类似进行同主距的水平影像与倾斜影像的转换），考虑平行投影的比例尺因素，故在进行投影的转换之前，需要将真实场景进行缩小，缩小倍数为 $m=H/f$（f 为相机主距，H 为相对于基准面的航高），然后通过缩小的地面模型来建立这种转换关系，这样便得到缩小地面模型的平行投影影像。

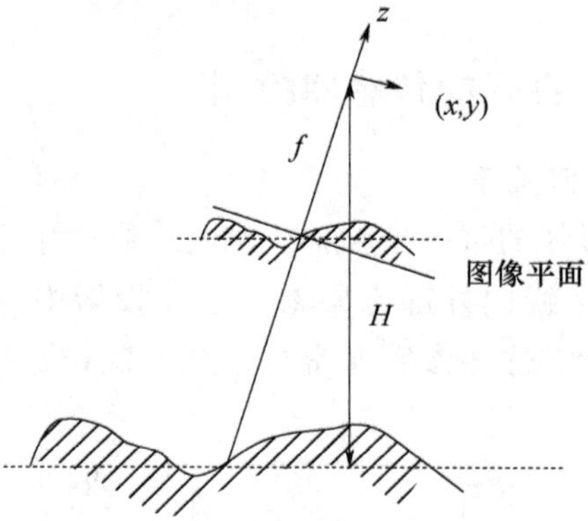

图 4.6 模型的缩小

中心投影坐标与平行投影坐标间的关系如图 4.7 所示，这里地面点 P 的中心投影为 p、平行投影为 p_a。由图中几何关系可以得出

$$\left.\begin{aligned}\frac{p_a p}{pO}&=\frac{Pp_a}{SO}=\frac{Pp_g+p_g p_a}{SO}\\ \frac{y_a-y}{y}&=\frac{\Delta Z/(m\cos\alpha)+y_a\tan\alpha}{f}\end{aligned}\right\}\tag{4.12}$$

整理可得

$$y_a=\frac{f+\Delta Z/(m\cos\alpha)}{f-y\tan\alpha}y\tag{4.13}$$

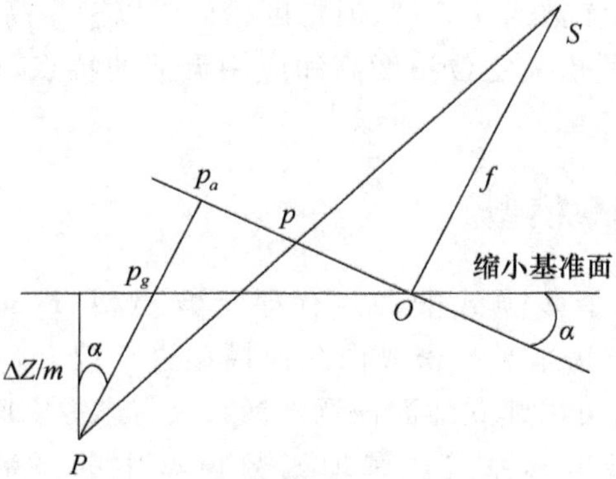

图 4.7　高程引起的转换误差

由于假设在飞行方向是严密的平行投影，并且转换生成的仿射影像和原始的中心投影影像是同一比例尺，因此

$$x_a=x\tag{4.14}$$

将式(4.13)和式(4.14)代入二维仿射变换的公式(4.11)，即可得到下述基于二维仿射变换的严密模型

$$\left.\begin{aligned}&x=A_1X+A_2Y+A_3Z+A_4\\ &\frac{f+\Delta Z/(m\cos\alpha)}{f-y\tan\alpha}y=A_5X+A_6Y+A_7Z+A_8\end{aligned}\right\}\tag{4.15}$$

当进行垂直摄影时($\alpha=0$)，式(4.15)变为

$$x=A_1X+A_2Y+A_3Z+A_4$$

$$y=A_5X+A_6Y+A_7Z+A_8-\frac{\Delta Z}{H}y$$

由上式可以看出，对一条中心投影线阵影像来说，其 CCD 方向像坐标 y 相当于平行投影像坐标减去其投影误差。式(4.15)中，$\Delta Z=Z-\overline{Z}$，$\overline{Z}$ 为基准面高程，式(4.15)可写为更一般的形式

$$\left.\begin{aligned}&x-x_0=A_1X+A_2Y+A_3Z+A_4\\ &\frac{f+(Z-\overline{Z})/(m\cos\alpha)}{f-(y-y_0)\tan\alpha}(y-y_0)=A_5X+A_6Y+A_7Z+A_8\end{aligned}\right\}\tag{4.16}$$

该式即为高分辨率遥感影像的像坐标(x,y)与相应地面点坐标(X,Y,Z)之间的数学关系(张剑清,2005)。

§4.3 通用传感器模型

通用传感器模型主要有一般多项式模型、直接线性变换模型和有理函数模型。前两种模型形式简单、参数易于答解,但精度较低难以满足高精度摄影测量定位的要求。有理函数模型凭借其定位精度高和应用灵活的特点,得到了越来越广泛的应用。

4.3.1 有理函数模型

有理函数是指两个多项式的商。有理函数模型(rational function model, RFM)是用纯数学的方法来对严密成像几何模型进行拟合,它不需要使用成像过程中的各种几何参数,可以建立地面任意坐标系统与影像空间的关系,如大地坐标系、地理坐标系、投影坐标系等。有理函数模型中的系数称为 RPC(rational polynomial coefficients),或 RFCs(rational function coefficients)。

在摄影测量中为避免高阶多项式的不稳定性,多采用不超过三次的多项式。与共线条件方程式的正解和反解形式相对应,RFM 也有相应的正解和反解形式,分别用于求解像点坐标和地面点坐标。

1. RFM 的正反解公式

1)正解 RFM

RFM 的正解形式类似于物点表示像点的共线条件方程式

$$\left.\begin{aligned} r_n &= \frac{p_1(X_n,Y_n,Z_n)}{p_2(X_n,Y_n,Z_n)} = \frac{\sum_{i=0}^{m_1}\sum_{j=0}^{m_2}\sum_{k=0}^{m_3} a_{ijk}X_n^iY_n^jZ_n^k}{\sum_{i=0}^{n_1}\sum_{j=0}^{n_2}\sum_{k=0}^{n_3} b_{ijk}X_n^iY_n^jZ_n^k} \\ c_n &= \frac{p_3(X_n,Y_n,Z_n)}{p_4(X_n,Y_n,Z_n)} = \frac{\sum_{i=0}^{m_1}\sum_{j=0}^{m_2}\sum_{k=0}^{m_3} c_{ijk}X_n^iY_n^jZ_n^k}{\sum_{i=0}^{n_1}\sum_{j=0}^{n_2}\sum_{k=0}^{n_3} d_{ijk}X_n^iY_n^jZ_n^k} \end{aligned}\right\} \tag{4.17}$$

式中:(r_n,c_n)是标准化的像点坐标;(X_n,Y_n,Z_n)是相应地面点的标准化物方坐标,其变换关系为

$$\left.\begin{aligned} X_n&=\frac{X_u-X_0}{X_s}\\ Y_n&=\frac{Y_u-Y_0}{Y_s}\\ Z_n&=\frac{Z_u-Z_0}{Z_s}\\ r_n&=\frac{r_u-r_0}{r_s}\\ c_n&=\frac{c_u-c_0}{c_s}\end{aligned}\right\}\tag{4.18}$$

式中：(Z_u,Y_u,X_u,r_u,c_u)为未标准化坐标；(Z_n,Y_n,X_n,r_n,c_n)为标准化后的坐标；(Z_0,Y_0,X_0,r_0,c_0)为坐标的平移参数；(Z_s,Y_s,X_s,r_s,c_s)为坐标的比例参数，对于特定的一幅影像而言，它们是常量；a_{ijk}、b_{ijk}、c_{ijk}、d_{ijk}为多项式系数，也称为有理函数系数，当$(i+j+k)>3$时 a_{ijk}、b_{ijk}、c_{ijk}、d_{ijk}均为零；多项式 $p_i(X_n,Y_n,Z_n)(i=1,2,3,4)$均为下述形式

$$\begin{aligned} p=&a_0+a_1Z+a_2Y+a_3X+a_4ZY+a_5ZX+a_6YX+a_7Z^2+\\ &a_8Y^2+a_9X^2+a_{10}ZYX+a_{11}Z^2Y+a_{12}Z^2X+a_{13}Y^2Z+\\ &a_{14}Y^2X+a_{15}ZX^2+a_{16}YX^2+a_{17}Z^3+a_{18}Y^3+a_{19}X^3\end{aligned}\tag{4.19}$$

方程式(4.17)也可以写成下面的形式

$$\left.\begin{aligned} r&=\frac{[1\quad Z\quad Y\quad X\quad\cdots\quad Y^3\quad X^3][a_0\quad a_1\quad\cdots\quad a_{19}]^{\mathrm T}}{[1\quad Z\quad Y\quad X\quad\cdots\quad Y^3\quad X^3][b_0\quad b_1\quad\cdots\quad b_{19}]^{\mathrm T}}\\ c&=\frac{[1\quad Z\quad Y\quad X\quad\cdots\quad Y^3\quad X^3][c_0\quad c_1\quad\cdots\quad c_{19}]^{\mathrm T}}{[1\quad Z\quad Y\quad X\quad\cdots\quad Y^3\quad X^3][d_0\quad d_1\quad\cdots\quad d_{19}]^{\mathrm T}}\end{aligned}\right\}\tag{4.20}$$

式中：$b_0=1$；$d_0=1$。

2)反解 RFM

反解 RFM 类似于像点表示物点的共线条件方程式，用于求解地面点的三维坐标，即

$$\left.\begin{aligned} X_n&=\frac{p_5(r_n,c_n,Z_n)}{p_6(r_n,c_n,Z_n)}=\frac{\sum_{i=0}^{m_1}\sum_{j=0}^{m_2}\sum_{k=0}^{m_3}a_{ijk}r_n^ic_n^jZ_n^k}{\sum_{i=0}^{n_1}\sum_{j=0}^{n_2}\sum_{k=0}^{n_3}b_{ijk}r_n^ic_n^jZ_n^k}\\ Y_n&=\frac{p_7(r_n,c_n,Z_n)}{p_8(r_n,c_n,Z_n)}=\frac{\sum_{i=0}^{m_1}\sum_{j=0}^{m_2}\sum_{k=0}^{m_3}c_{ijk}r_n^ic_n^jZ_n^k}{\sum_{i=0}^{n_1}\sum_{j=0}^{n_2}\sum_{k=0}^{n_3}d_{ijk}r_n^ic_n^jZ_n^k}\end{aligned}\right\}\tag{4.21}$$

式中，多项式 p_i 形式如下

$$p=a_0+a_1Z+a_2c+a_3r+a_4cZ+a_5rZ+a_6cr+a_7Z^2+a_8c^2+a_9r^2+a_{10}crZ+a_{11}cZ^2+a_{12}rZ^2+a_{13}c^2Z+a_{14}c^2r+a_{15}r^2Z+a_{16}cr^2+a_{17}Z^3+a_{18}c^3+a_{19}r^3$$

实际计算中，有时令方程式(4.17)和式(4.21)中的分母相等，即

$$p_2(X_n,Y_n,Z_n)=p_4(X_n,Y_n,Z_n)$$

或

$$p_6(r_n,c_n,Z_n)=p_8(r_n,c_n,Z_n)$$

2. RPC 的解算

当多项式取不同的次数和不同的组合时，式(4.17)所定义的有理函数模型中 RPC 的个数及所需控制点的最低数量如表 4.1 所示。理论上只要有足够数量的控制点，就可利用最小二乘原理解算出 RPC。

表 4.1 解算 RPC 所需要的控制点数

形式	分母	阶数	待求解 RPC 个数	需要的最少控制点数
1	$p_2(X,Y,Z)\neq p_4(X,Y,Z)$	1	14	7
2		2	38	19
3		3	78	39
4	$p_2(X,Y,Z)=p_4(X,Y,Z)\neq 1$	1	11	6
5		2	29	15
6		3	59	30
7	$p_2(X,Y,Z)=p_4(X,Y,Z)=1$	1	8	4
8		2	20	10
9		3	40	20

根据控制点的不同获取方式，有理函数模型的建立可以分为“依赖于地形”和“独立于地形”两种方案。由于 RFM 与传感器类型无关，其参数不具有成像几何意义，理论上可用实际控制点直接进行求解，即利用从地图上采集或野外控制测量等手段获取的地面控制点直接解算 RPC，这便是“依赖于地形”的方案。这种方式的 RFM 精度严重依赖于实际地面起伏情况、地面控制点的数量及其分布的均匀性。除非已知大量密集分布的地面控制点，否则这种方式不可能构建出足够精确、足够稳健的 RFM，亦即如果需要较高的拟合精度，就不能采用这种方式构建的 RFM 来替代严密的成像几何模型。

实际应用中，主要采用“独立于地形”方案。“独立于地形”方案的求解是指在严密成像模型已知的情况下，基于不同高程面生成密集且均匀分布的虚

拟控制格网，即“像点—物点”坐标对，如图 4.8 所示，然后利用虚拟控制点按照最小二乘原理计算 RPC。这种方式的实质是用 RFM 拟合严密几何模型，其精度依赖于计算控制点坐标的严密几何模型。其具体解算流程如图 4.9 所示。

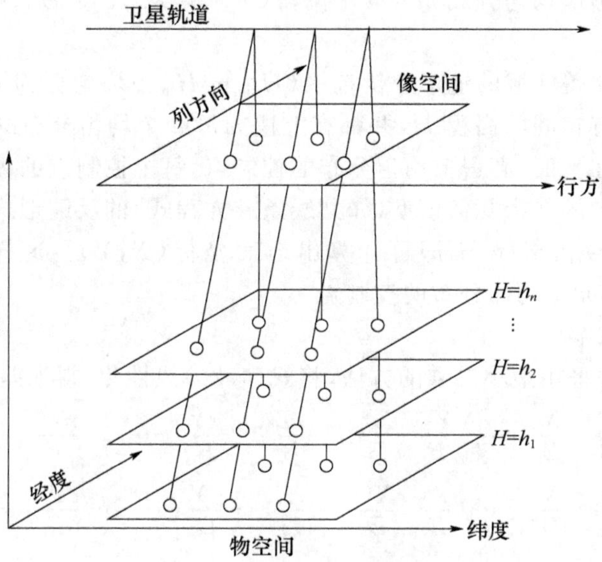

图 4.8　虚拟控制格网

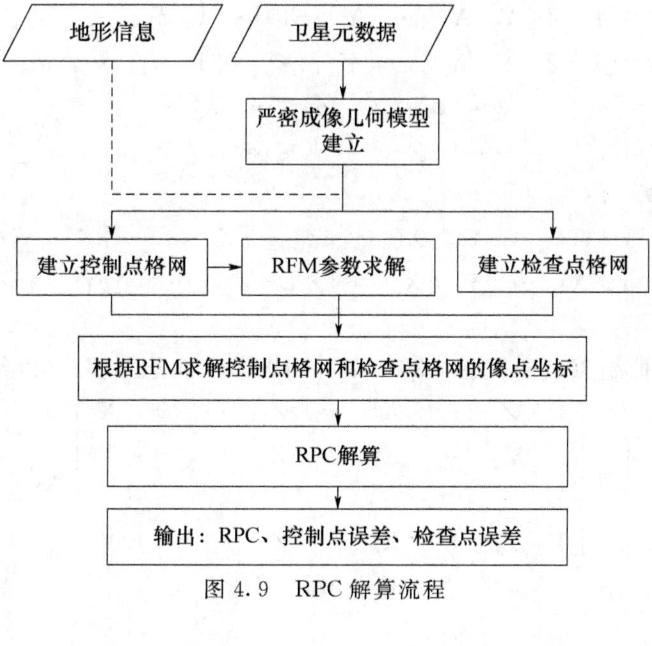

图 4.9　RPC 解算流程

1)控制点格网的建立

建立控制点格网的步骤如下：

(1)计算影像的四个角点对应的地面范围,并根据相应的 DEM 求取该范围内的最大最小高程。

(2)将整幅影像均匀分成 $m\times m$ 个网格(m 一般取 10 左右),控制点的像坐标即为格网点坐标。

(3)将影像覆盖区域的地形起伏范围($H_{\min}\sim H_{\max}$)均匀分为 n 层(n 一般取 5 左右)。每层具有相同的高程 H,并都有上述 $m\times m$ 个均匀分布的像点,这样就产生 $m\times m\times n$ 个在平面、高程上均匀分布的控制点,每个控制点的像点坐标均已知。

(4)利用已知的严密几何模型(如共线条件方程式)的反解形式,根据每个控制点的像坐标(r,c)和高程 H 即可计算出地面坐标(X,Y)。这样就产生了答解 RFM 的 $m\times m\times n$ 个均匀分布的控制点。

2)RPC 的求解

RPC 的求解采用最小二乘的方法,将式(4.20)线性化,得误差方程

$$\left.\begin{aligned}v_r&=\begin{bmatrix}\frac{1}{B} & \frac{Z}{B} & \frac{Y}{B} & \frac{X}{B} & \cdots & \frac{Y^3}{B} & \frac{X^3}{B} & -\frac{rZ}{B} & -\frac{rY}{B} & \cdots & -\frac{rY^3}{B} & -\frac{rX^3}{B}\end{bmatrix}\cdot\boldsymbol{J}-\frac{r}{B}\\ v_c&=\begin{bmatrix}\frac{1}{D} & \frac{Z}{D} & \frac{Y}{D} & \frac{X}{D} & \cdots & \frac{Y^3}{D} & \frac{X^3}{D} & -\frac{cZ}{D} & -\frac{cY}{D} & \cdots & -\frac{cY^3}{D} & -\frac{cX^3}{D}\end{bmatrix}\cdot\boldsymbol{K}-\frac{c}{D}\end{aligned}\right\}\tag{4.22}$$

式中

$$\begin{aligned}B&=[1\quad Z\quad Y\quad X\quad \cdots\quad Y^3\quad X^3]\cdot[1\quad b_1\quad \cdots\quad b_{19}]^{\mathrm{T}}\\ D&=[1\quad Z\quad Y\quad X\quad \cdots\quad Y^3\quad X^3]\cdot[1\quad d_1\quad \cdots\quad d_{19}]^{\mathrm{T}}\\ \boldsymbol{J}&=[a_0\quad a_1\quad \cdots\quad a_{19}\quad b_1\quad b_2\quad \cdots\quad b_{19}]^{\mathrm{T}}\\ \boldsymbol{K}&=[c_0\quad c_1\quad \cdots\quad c_{19}\quad d_1\quad d_2\quad \cdots\quad d_{19}]^{\mathrm{T}}\end{aligned}$$

式(4.22)也可写为

$$\left.\begin{aligned}Bv_r&=[1\quad Z\quad Y\quad X\quad \cdots\quad Y^3\quad X^3\quad -rZ\quad -rY\quad \cdots\quad -rY^3\quad -rX^3]\cdot\boldsymbol{J}-r\\ Dv_c&=[1\quad Z\quad Y\quad X\quad \cdots\quad Y^3\quad X^3\quad -cZ\quad -cY\quad \cdots\quad -cY^3\quad -cX^3]\cdot\boldsymbol{K}-c\end{aligned}\right\}\tag{4.23}$$

给定 n 个控制点坐标对($n>39$),则可列出下列误差方程式(以行 r 为例)

$$\begin{bmatrix}B_1v_{r1}\\ B_2v_{r2}\\ \vdots\\ B_nv_{rn}\end{bmatrix}=\begin{bmatrix}1 & Z_1 & \cdots & X_1^3 & -r_1Z_1 & \cdots & -r_1X_1^3\\ 1 & Z_2 & \cdots & X_2^3 & -r_2Z_2 & \cdots & -r_2X_2^3\\ \vdots & \vdots & & \vdots & \vdots & & \vdots\\ 1 & Z_n & \cdots & X_n^3 & -r_nZ_n & \cdots & -r_nX_n^3\end{bmatrix}\cdot\boldsymbol{J}-\begin{bmatrix}r_1\\ r_2\\ \vdots\\ r_n\end{bmatrix}\tag{4.24}$$

$$\boldsymbol{V}_r=\boldsymbol{MJ}-\boldsymbol{R}\tag{4.25}$$

法方程式为

$$\boldsymbol{M}^{\mathrm{T}}\boldsymbol{W}_r\boldsymbol{M}\boldsymbol{J}-\boldsymbol{M}^{\mathrm{T}}\boldsymbol{W}_r\boldsymbol{R}=0 \tag{4.26}$$

式中，$\boldsymbol{W}_r$ 为权矩阵。为使改正量具有相等的权，可将 $\boldsymbol{W}_r$ 取为

$$\boldsymbol{W}_r=\begin{bmatrix}\frac{1}{B_1^2} & & & \\ & \frac{1}{B_2^2} & & \\ & & \ddots & \\ & & & \frac{1}{B_n^2}\end{bmatrix}$$

由于误差方程是线性化的，必须进行迭代来取得最优解。初始值 $\boldsymbol{J}^{(0)}$ 可通过将权矩阵 $\boldsymbol{W}_r^{(0)}$ 给定为单位矩阵答解，$\boldsymbol{J}^{(i)}$ 和 $\boldsymbol{W}_r^{(i)}$ 则可在一定的迭代条件下通过解算法方程求出。

列方向 c 的法化、求解过程相同，也可以同时联立误差方程式(4.23)解算出全部系数。行列同时答解的误差方程为

$$\begin{bmatrix}\boldsymbol{V}_r\\ \boldsymbol{V}_c\end{bmatrix}=\begin{bmatrix}\boldsymbol{M} & \boldsymbol{0}\\ \boldsymbol{0} & \boldsymbol{N}\end{bmatrix}\begin{bmatrix}\boldsymbol{J}\\ \boldsymbol{K}\end{bmatrix}-\begin{bmatrix}\boldsymbol{R}\\ \boldsymbol{C}\end{bmatrix}$$

$$\boldsymbol{V}=\boldsymbol{T}\boldsymbol{I}-\boldsymbol{G}$$

法方程为

$$\boldsymbol{T}^{\mathrm{T}}\boldsymbol{W}\boldsymbol{T}\boldsymbol{I}-\boldsymbol{T}^{\mathrm{T}}\boldsymbol{W}\boldsymbol{G}=\boldsymbol{0} \tag{4.27}$$

式中，$\boldsymbol{W}=\begin{bmatrix}\boldsymbol{W}_r & \boldsymbol{0}\\ \boldsymbol{0} & \boldsymbol{W}_c\end{bmatrix}$。

由于 RFM 过度参数化(高阶 RFM)，故其法方程系数矩阵很容易产生病态，使得方程的解很不稳定，甚至得不到正确的解，因此式(4.27)的求解是一种病态方程求解。实际求解过程中可通过引入岭参数或采用谱修正迭代法进一步改善法方程状态，取得更高的解算精度。解算完成后，再将检查格网点坐标代入所构建的 RFM 进行检验，当检查点与控制点的残差中误差大体一致时，表明 RPC 的解算是正确的。

3)RPC 的筛选

RPC 的筛选能较好地解决 RFM 过度参数化的问题，并降低基于物方 RPC 更新时对控制点数量的要求。RFM 由一次、二次、三次多项式的组合构成，就对模型求解的贡献大小来说，一次项贡献最大，二次项贡献次之，三次项贡献最小。此外，分析 78 个 RPC 可以发现，部分参数之间的相关性极强，相关系数甚至达到 0.9 以上(表 4.2)，这说明 78 个 RPC 并不全是必需的。因此，可以根据参数间相关性大小剔除一部分 RPC，保留显著的 RPC 用于后续遥感影像处理。

表 4.2 RPC 相关系数(仅列出前 10 项)

	a_1	a_2	a_3	a_4	a_5	a_6	a_7	a_8	a_9	a_{10}
a_1	1	−0.16	−0.28	−0.002	0.229	0.003 9	0.003 9	0.157	0.276	0.000
a_2	—	1	0.485	0.003	−0.931	−0.016	−0.007	−0.999	−0.486	−0.003
a_3	—	—	1	0.007	−0.769	−0.013	−0.014	−0.488	−0.999	−0.006
a_4	—	—	—	1	−0.005	−0.999	−0.999	−0.003	−0.007	−0.999
a_5	—	—	—	—	1	0.017	0.011	0.932	0.770	0.005
a_6	—	—	—	—	—	1	0.999	0.016	0.013	0.999
a_7	—	—	—	—	—	—	1	0.007	0.014	0.999
a_8	—	—	—	—	—	—	—	1	0.488	0.003
a_9	—	—	—	—	—	—	—	—	1	0.006
a_{10}	—	—	—	—	—	—	—	—	—	1

3. 有理函数模型的优化

一般来讲,影像销售商提供的 RPC 多为无地面控制的参数,即直接利用姿轨数据解算得到,当使用该参数进行目标点定位时,其残差分布呈现较明显的系统性。在这种情况下,利用地面控制点对有理函数模型进行优化的方法有两种,分别为直接优化法和间接优化法。

直接优化法是对原始的 RPC 本身进行优化,即利用地面控制点重新求解 RPC,该方法需要使用大量的控制点来解求 RFM 中的 78 个参数(对于三阶多项式),且参数间可能存在强相关性,使求解比较困难。间接优化法是在像方或物方空间进行补偿或者联合变换,从而提高定位精度,该方法只计算变换参数,而不校正 RPC 本身,因此使用少量的控制点就足够了(袁修孝,2012)。

间接优化法可分为"物方"方案和"像方"方案。"物方"方案是以 RPC 重建立体模型坐标,通过某种变换来消除系统性误差。"像方"方案的实质是先消除像点坐标的系统性误差,之后利用改正后的像点坐标交会计算出地面点坐标。两种方案均可用于区域网平差。"物方"方案的平差以单个立体模型为基本单元,把模型坐标作为观测值,采用独立模型法平差思想,计算出各单元模型的改正参数;"像方"方案则以单幅影像作为平差单元,将像点坐标作为观测值,由于单个模型坐标并不是严格意义上的观测值,因此像方补偿方案在理论上更为严密。

"像方"方案通常选用像坐标的平移、线性变换和仿射变换来补偿系统误差,优化模型解算流程如图 4.10 所示。

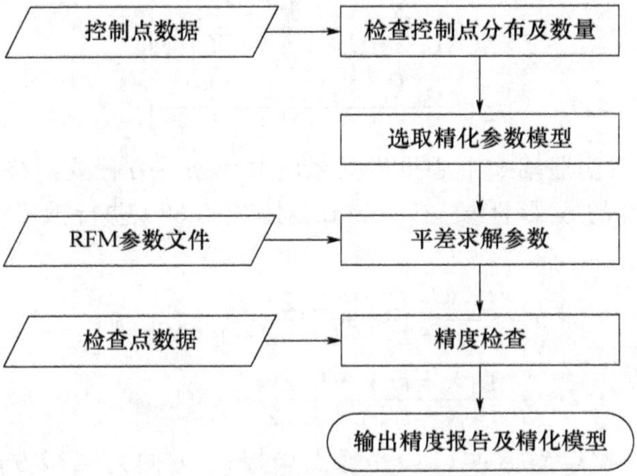

图 4.10　有理函数模型优化流程

设(r,c)为用原始的有理函数模型计算得到的地面控制点的影像行列坐标；(r',c')为影像上量测得到的地面控制点影像行列坐标；a_i，b_i 为变换系数。则三种模型对应的方程式为

$$\left.\begin{aligned} r'-r&=a_0 \\ c'-c&=b_0 \end{aligned}\right\} \tag{4.28}$$

$$\left.\begin{aligned} r'-r&=a_0+a_1 r \\ c'-c&=b_0+b_1 c \end{aligned}\right\} \tag{4.29}$$

$$\left.\begin{aligned} r'-r&=a_0+a_1 r+a_2 c \\ c'-c&=b_0+b_1 r+a_b c \end{aligned}\right\} \tag{4.30}$$

以上是对系统误差的拟合，也可以直接对坐标进行变换，如仿射变换可变形为

$$\left.\begin{aligned} r'&=a_0+a_1 r+a_2 c \\ c'&=b_0+b_1 r+b_2 c \end{aligned}\right\} \tag{4.31}$$

在控制点小于三个的情况下，为了获得较好的精度，需要对待求解的仿射变换参数进行分析。如果仅有一个控制点，求解平移参数 a_0 和 b_0 来消除平移误差；而单线阵推扫式卫星遥感影像在行方向（CCD 线阵）的变形比列方向（卫星运行方向）的变形小，当有两个控制点时，求解 a_0、b_0 和 a_2、b_2。

4.3.2　直接线性变换模型

直接线性变换（direct linear transformation，DLT）是直接建立像点坐标和物点空间坐标关系的一种数学变换式。这是一种典型的广义传感器模型，其不需要内外方位元素，具有表达形式简单、解算简便、不需要初始值等特点。

直接线性变换的基本表达式为

$$\left.\begin{aligned} x &= \frac{L_1 X + L_2 Y + L_3 Z + L_4}{L_9 X + L_{10} Y + L_{11} Z + 1} \\ y &= \frac{L_5 X + L_6 Y + L_7 Z + L_8}{L_9 X + L_{10} Y + L_{11} Z + 1} \end{aligned}\right\} \tag{4.32}$$

式(4.32)可根据框幅式中心投影关系由共线条件方程式严格推导得出。针对星载CCD传感器的投影性质，Okamoto对式(4.32)进行改化，提出了扩展型DLT，即

$$\left.\begin{aligned} x &= \frac{L_1 X + L_2 Y + L_3 Z + L_4}{L_9 X + L_{10} Y + L_{11} Z + 1} + L_{12} xy \\ y &= \frac{L_5 X + L_6 Y + L_7 Z + L_8}{L_9 X + L_{10} Y + L_{11} Z + 1} + L_{13} y^2 \end{aligned}\right\} \tag{4.33}$$

式中：(X,Y,Z)是物点坐标；(x,y)是像点坐标；x 方向为飞行方向。将式(4.33)进行泰勒级数展开并整理，得到求解待定系数 $L_i(i=1,2,\cdots,13)$的误差方程式为

$$\left.\begin{aligned} V_x &= \frac{1}{D}(X\mathrm{d}L_1 + Y\mathrm{d}L_2 + Z\mathrm{d}L_3 + \mathrm{d}L_4 - xX\mathrm{d}L_9 - \\ &\quad xY\mathrm{d}L_{10} - xZ\mathrm{d}L_{11} + Dxy\mathrm{d}L_{12}) - (x - x^{(i)}) \\ V_y &= \frac{1}{D}(X\mathrm{d}L_5 + Y\mathrm{d}L_6 + Z\mathrm{d}L_7 + \mathrm{d}L_8 - yX\mathrm{d}L_9 - \\ &\quad yY\mathrm{d}L_{10} - yZ\mathrm{d}L_{11} + Dy^2\mathrm{d}L_{12}) - (y - y^{(i)}) \end{aligned}\right\} \tag{4.34}$$

式中：$D=L_9X+L_{10}Y+L_{11}Z+1$；$x^{(i)}$、$y^{(i)}$ 表示用第 i 次解算出的待定系数 $L_j^{(i)}$ 代入式(4.33)求得的 x 值和 y 值。待定系数的求解需要迭代进行。

第5章 航天影像外方位元素测定

在成像瞬间投影中心的位置及线阵 CCD 的空间姿态称为该线阵影像的外方位元素。外方位元素通常定义在某个地固坐标系中，姿态参数既可以用欧拉角表示，也可以用单位四元数表达。在测绘卫星上均有测定外方位元素的专用设备，即定轨测姿系统。

§5.1 精密定轨

对于轨道确定，在天体力学或轨道力学中通常有两个概念，即短弧意义下的初轨计算和长弧意义下的精密定轨(李济生，1995)。

在 GNSS 出现之前，轨道的测量主要通过光学望远镜、卫星激光测距(satellite laser ranging，SLR)、多普勒测速和雷达测距等手段来实现，但它们都存在局限性。近年来，随着 GNSS 技术的开发应用，利用星载 GNSS 接收机进行卫星自主定轨成为卫星精密定轨的一条重要途径。另外，多里斯系统(DORIS)可实现全球跟踪测量，从而为卫星提供独立的高精度轨道，与 SLR、GNSS 互为验证和备份。

GNSS 是当前天基卫星跟踪测量的主流手段，采用"星—星"跟踪方式，利用分布较均匀的中轨道(medium earth orbit，MEO)卫星来精密确定低轨道(low earth orbit，LEO)卫星的绝对轨道，该系统发展最成熟，应用最广泛，定轨精度也最高。SLR 和 DORIS 是当前地基测量的主要手段，采用"站—星"跟踪方式，利用地面测站来精密确定卫星的轨道。利用上述系统对低轨卫星进行精密定轨，均可获得厘米量级的精密轨道，联合定轨更可获得亚厘米量级的卫星轨道(刘俊宏，2011)。

上述定轨方法中，GNSS 一般用于低轨卫星的精密定轨，用于高轨卫星定轨的精度很差或无法定轨。运用 SLR 定轨时，要求卫星必须安装激光反射器，且对轨道高度也有一定的限制。因此，对深空探测飞行器的定轨必须寻找新的途径。20 世纪 60 年代发展起来的甚长基线干涉测量(very long baseline interferometry，VLBI)技术对深空量级的远距离目标探测具有极大的优势，可以应用于深空探测卫星的定位、定轨(韩保民，2003)。

5.1.1 星载 GNSS 低轨卫星定轨

星载 GNSS 定轨技术的研究早在 GPS 技术的试验阶段就已开始。1982 年首次将 GPSPAC 的导航设备用于地球资源卫星 Landsat-4 上，其改进型于 1984 年

3月在 Landsat-5 上进行了飞行试验，这是第一个利用 NAVSTAR GPS 的星载导航系统。受当时科学技术条件的限制，对测轨的精度仅能维持在几十米。但是经过近十多年的研究和发展，定轨精度取得了较大进展，特别是3颗重力卫星 CHAMP、GRACE 和 GOCE 定轨精度有了很大提高，定轨方法进一步完善。2000年7月15日德国成功发射了 CHAMP 卫星，采用 CHAMP 卫星星载 GPS 接收机接收数据进行定轨可以达到 5 cm 的精度。2002年3月又成功发射了 GRACE 卫星，其定轨精度优于 3 cm。

精密定轨软件方面，现在主要有美国宇航局喷气动力实验室研制的 GIPSY、德国地学研究中心的定轨定位软件 EPOS 及瑞士伯尔尼大学研制的 Bernese 5.0 软件等。使用这些软件进行低轨卫星定轨取得的结果均优于 10 cm。

近些年来，我国在星载 GNSS 低轨卫星定轨方面也取得了很大的成绩，研发出我国自己的星载 GNSS 定轨软件，如武汉大学的卫星导航数据综合处理软件 PANDA，该软件对 CHAMP、GRACE 低轨卫星进行定轨的精度达到了国际著名研究机构的水平；上海天文台的 SHORD-Ⅲ软件，对 GRACE、Jason-1 卫星进行定轨也取得了很好的结果。

星载 GNSS 凭借其成本低、设备轻便、全天候、高精度、连续观测等优点，已成为低轨卫星精密定轨的主要手段之一。星载 GNSS 低轨卫星定轨有多种方法，依据不同的分类标准，可作如下划分。

1)依据获取定轨结果的时间分类

根据获取定轨结果的时间，星载 GNSS 低轨卫星定轨方法可分为实时定轨和非实时定轨两种。

(1)实时定轨。实时定轨是指根据星载 GNSS 接收机观测到的数据，实时地解算出观测历元时刻低轨卫星的三维位置。该法一般是基于绝对单点定位，其优点是可以实时获得定轨结果，无须存储观测数据，因而相对简单；缺点是精度较低，且地面与低轨卫星的实时数据通信困难(刘红新，2006)。

(2)非实时定轨。非实时定轨又称事后精密定轨，是对星载 GNSS 接收机接收到的数据进行事后处理以获得低轨卫星的精密轨道的定轨方法。其突出优点是可以对观测数据进行详细的分析和处理，易于发现和剔除数据中的粗差，可以采用精密星历，并可以与其他定轨方法相结合，因而定轨精度较高。

2)依据是否考虑摄动力影响分类

根据是否考虑低轨卫星所受的摄动力影响及与摄动力模型的关系，星载 GNSS 低轨卫星定轨方法可分为几何法、动力学法和约化动力学法三种。

(1)几何法。几何法是指不依赖于任何力学模型，完全由星载 GNSS 所接收的伪距观测数据和相位观测数据以及地面跟踪网获得的跟踪数据对低轨卫星进行定轨的方法。该方法得到的轨道是一组离散的点位，连续的轨道必须通过拟合方法给出。几何法定轨一个很大的特点就是不受力学模型误差的影响，特别是对低轨卫星不受大气阻力模型误差的影响。影响定轨精度的主要因素是伪距观测值的精度、GNSS卫星星座的构形和GNSS卫星信号的连续性和稳定性。其不足之处是不能对低轨卫星轨道进行预报，另外，当被跟踪的GNSS卫星数量较少或相位中断等情况发生时，几何法定轨得到的轨道会出现跳变或中断。

(2)动力学方法。动力学方法就是利用星载GNSS的位置观测、伪距观测和相位观测以及相应的观测模型进行精密定轨。该方法优点是定轨精度较高，可以对轨道进行外推预报；不足之处在于必须比较完整地考虑卫星的各种受力摄动模型，而目前还很难分析出卫星所受的所有摄动力，不同高度、不同形状的卫星所受摄动情况不同，太阳光压、大气阻力等计算也比较复杂。同时，对于各种摄动力也很难用比较成熟的摄动模型对它们加以模型化(郑作亚，2007)。

(3)约化动力学法。约化动力学法又称综合动力法，该方法充分利用卫星的几何和动力学信息，通过在低轨卫星力学模型上附加过程噪声，并在精密定轨中将其与轨道等参数同时进行估计，从而达到合理平衡观测信息和动力学信息以提高精密定轨精度的目的。约化动力学法定轨的困难在于如何选择适当的过程噪声。

3)依据GNSS定位模式分类

根据相应的GNSS定位模式，星载GNSS低轨卫星定轨方法又可分为非差法、双差法和三差法。

(1)非差法。非差法是指只利用星载GNSS卫星上的观测信息，与地面站无关，不需要与地面形成共视弧段，定轨模型简单，可以实现卫星的自主导航。但需利用地面IGS网的数据首先估计大量的GNSS卫星钟差参数(或直接利用IGS提供的钟差改正)，这就意味着GNSS钟差误差将不可避免地传播到低轨卫星的轨道确定中。同时，低轨卫星的定轨精度还受到GNSS轨道精度的影响。Bocklat提出一种有效的“变相”的非差法，该方法通过对连续的历元观测值求差，消去模糊度参数。

(2)双差法。双差法定轨是在低轨卫星和地面测站间形成双差观测值，能够消去所有的GNSS卫星钟差参数和低轨卫星钟差参数，有效地减弱卫星轨道误差、钟差、大气折射误差等一些系统性误差的影响。其最重要的优点是能够将模糊度固定为整数，从而改进定轨精度，但该方法依赖于地面站的观测资料，不能实现卫星的自主定轨。

(3)三差法。三差法是对双差观测值进行历元间求差，消去了整周模糊度，从而可以建立有效的处理算法。该法的缺点是增加了观测噪声，并且需要有效的算法来处理历元间存在的相关性。

5.1.2 多里斯系统

多里斯系统(DORIS)是一种用多普勒测量方式进行卫星定轨和空间无线电定位的综合系统。

20世纪80年代末,法国国家空间研究中心(CNES)与法国国家地理研究所(IGN)和法国国家大地测量研究组织(GRGS)合作开始研制DORIS,第一台DORIS接收机安装于1990年发射的SPOT-2卫星上。该系统开发的初衷是建立一套地基卫星精密定轨系统。经过几十年的发展,DORIS不仅能提供径向精度为1～3 cm的精密定轨,还能提供分米量级的实时轨道。目前该系统在大地测量、大气探测和地球信息研究(地极指向和地心确定)等领域也有广泛的应用。

DORIS由星上部分和地面部分组成(图5.1)。星上部分包括双频全向天线、接收机和授时系统。地面部分主要包括多功能数据处理中心(altimetry orbitography and positioning multi-mission center,SSALTO)、测站网和国际DORIS服务(International DORIS Service,IDS)。其中测站网由主控测站、定轨测站和普通测站组成(以下提到的测站均指定轨测站)。多功能数据处理中心位于法国的图卢兹(Toulouse),其主要用于地面站的监控、遥测数据接收和预处理、技术存档、定轨、地面站的精确定位及DORIS完整性控制。主控信标站的作用主要是上传来自SSALTO的信息,包括定轨信标站的精确坐标、参考时间和参考频率等。目前地面站已发展到第三代,定轨测站增加至约60个,均匀分布在30多个国家。IDS网站主要用于发布DORIS数据、更新DORIS状况和加强国际交流与合作。IDS网站公布的DORIS测量数据有两种格式:一种是DORIS 2.2格式,也称为预处理测量数据;另一种是DORIS 3.0格式,也称为RINEX(receiver independent exchange formats)格式数据或原始测量数据。DORIS 2.2格式数据是经过预处理后公布给用户的,可以直接获取电离层修正量、对流层修正量及质心偏差修正量。DORIS 3.0格式数据既包括伪距数据又包括相位数据,并且没有经过预处理(刘俊宏,2011)。

DORIS利用多普勒原理,采用单程双频测速体制,星载接收机直接测量一段时间内(约10 s)卫星相对于地面测站的多普勒积分,然后将其转换为平均距离变化率。平均距离变化率的设计精度为0.3 mm/s,但由于模型等不准确,实际精度略偏低。两个信号频率分别是低频401.25 MHz和高频2 036.25 MHz,其中高频信号用于测量卫星的多普勒频移,低频信号用于修正电离层折射误差。

新一代DORIS接收机DGXX配有7个双频同步测量通道(其中第7个通道专门用于跟踪高度角低于5°的观测值),可同时进行相位和伪距测量。其中伪距测量精度较差(约1 km),而相位测量数据精度为几毫米,可用于精密定轨与定位。

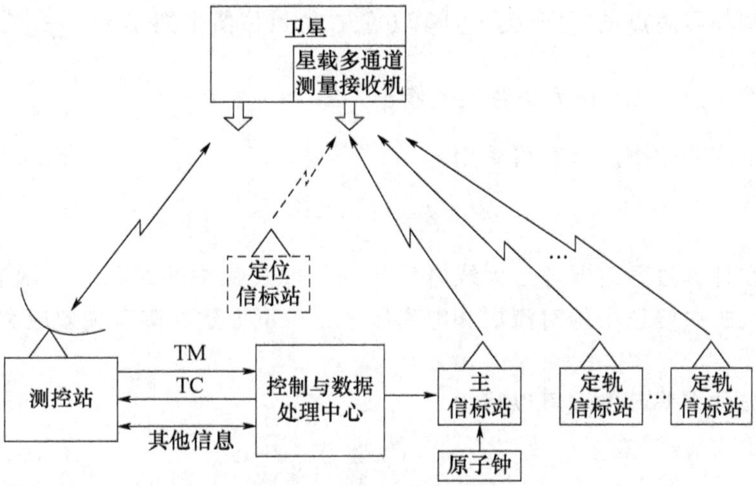

图 5.1　DORIS 组成

DORIS 是运用上行无线电系统测量全球密集分布的地面信标发射站与卫星之间的相对速度，或称为卫星的视向速度，是单程距离变化率测量。测速原理为多普勒效应，即卫星和观测站之间存在相对运动，接收机接收到的无线电信号频率与发射站发射的频率不同，接收到的信号与发射站发射的信号频率之差称为多普勒频移。

当 DORIS 卫星飞经信标站上空时，星上 DORIS 接收机就接收地面信标发射的上行信号，并通过在一个完全确定的计数周期 T_0 内对接收的载波信号周期进行连续计数的办法测量载波信号频率的多普勒频移。测量过程中由接收端累计多普勒频移的周计数。计数时间间隔为 ΔT，在 ΔT 中多普勒频移周计数为 N，则

$$f^d=\frac{N}{\Delta T}$$

这就是多普勒频移。其与卫星距离变化率之间的关系为

$$N=\Delta f\cdot\Delta T-\frac{f_s}{c}(\rho_2-\rho_1) \tag{5.1}$$

式中，$\Delta f=f_s-f_0$，f_0 为接收机本振频率，f_s 为发射频率。由式(5.1)可以看到多普勒周计数实际上是对周计数开始时间与终结时间的距离之差的测量。由此可导出卫星的距离变化率为

$$\dot{\rho}=\frac{\rho_2-\rho_1}{\Delta T}=-\frac{c}{f_s}(f^d-\Delta f) \tag{5.2}$$

当卫星向着观测站的方向运动时 $\dot{\rho}$ 为负，当卫星远离观测站时 $\dot{\rho}$ 为正。

一般 ΔT 为 5～20 s，测量设备给出的观测量为 t、N 和 ΔT。这里 t 为接收机

周计数时间间隔终点的时间，为了计算方便在轨道估值中把 $\dot{\rho}=-\frac{c}{f_s}f^d$ 作为观测量，其中 $f^d=\frac{N}{\Delta T}$。Δf 作为偏置误差修正。

对于平均变化率的计算可采用

$$\dot{\rho}=\frac{\rho_2-\rho_1}{\Delta T} \tag{5.3}$$

因此在计算过程需要考虑无线电信号在传输过程中的距离修正因素，主要考虑的是大气折射修正中的对流层和电离层修正。下面建立多普勒效应和位置的基本关系。

电磁波的多普勒方程可以写为

$$\frac{f_r}{f_s}=\frac{1-\frac{v}{c}\cos\theta}{\sqrt{1-\frac{v^2}{c^2}}} \tag{5.4}$$

式中：f_s 为信号发射源的固定频率；f_r 为信号接收器接收到的信号频率；v 为卫星速率；c 为光速；θ 为卫星速度矢量与地面站—卫星连线的夹角。

如果记卫星与地面站间的距离为 r，则二者的相对速度可以表示为

$$\dot{r}=\frac{\mathrm{d}r}{\mathrm{d}t}=-v\cos\theta$$

综合上式可得

$$f_r=f_s\left(1-\frac{\dot{r}}{c}\right)\left(1+\frac{v^2}{2c^2}+\frac{v^4}{8c^4}+\cdots\right) \tag{5.5}$$

忽略高次项则有下式成立

$$f_r=f_s\left(1-\frac{1}{c}\frac{\mathrm{d}r}{\mathrm{d}t}\right) \tag{5.6}$$

从原理上讲，如果测量出接收到的信号频率，则相对速度$\frac{\mathrm{d}r}{\mathrm{d}t}$就已经获得。但实际上测量仪器是无法将信号的瞬时频率测量出来的，其实现方法为引入一个接收机产生的参考频率 f_g，并测定接收信号频率 f_r 和参考频率 f_g 差值在某一时间间隔内的累计值，也就是通常所讲的多普勒计数

$$N_{jk}=\int_{T_j}^{T_k}(f_g-f_r)\mathrm{d}T$$

式中：f_g 为接收机产生的稳定的参考频率；T_j、T_k 为计数间隔的起止时刻。

假设信号源时刻 t_j 在位置 S_j 发射的信号 T_j 时刻达到接收机；类似地，定义 t_k、S_k 和 T_k。不考虑传播路径中的各种误差改正和相对论效应，以下关系成立

$$T_j = t_j + \frac{r_{ij}}{c}$$

$$T_k = t_k + \frac{r_{ik}}{c}$$

并注意到在时刻 T_j 和 T_k 间接收的周数与 t_j 和 t_k 间的发射周数相等，即

$$\int_{t_j}^{t_k} f_s \mathrm{d}t = \int_{t_j+\frac{r_{ij}}{c}}^{t_k+\frac{r_{ik}}{c}} f_r \mathrm{d}t$$

经过整理，有

$$N_{jk} = (f_g - f_s)(t_k - t_j) + \frac{f_g}{c}(r_{ik} - r_{ij}) \tag{5.7}$$

代入卫星的几何坐标可以得到多普勒测量的基本观测方程

$$N_{jk} = \frac{f_g}{c}(((X_k - X_i)^2 + (Y_k - Y_i)^2 + (Z_k - Z_i)^2)^{\frac{1}{2}} - ((X_j - X_i)^2 + (Y_j - Y_i)^2 + (Z_j - Z_i)^2)^{\frac{1}{2}}) + (f_g - f_s)(t_k - t_j) \tag{5.8}$$

式中：(X_i, Y_i, Z_i)为地面信标站的坐标；(X_j, Y_j, Z_j)和(X_k, Y_k, Z_k)分别为卫星在时刻 T_j 和 T_k 时的位置。

5.1.3　卫星激光测距定轨

卫星激光测距(SLR)通过精确测定激光脉冲从地面观测点到装有反射器卫星的往返时间间隔，计算出地面观测点至卫星的距离。通过对 SLR 的原始测量数据进行预处理，可获得高精度的站星距离，预处理过程主要包括对流层改正、广义相对论改正、质心补偿改正、测站偏心改正、潮汐改正等。激光测距不仅可以用于卫星的精密定轨，同时也是检验其他观测技术精密定轨结果的最有效手段(谷德峰，2008)。

从跟踪精度上看，SLR 代表最先进的跟踪系统，精度达到几毫米，绝对精度可以达到 1 cm。与无线电波相比，激光所在的波段不受电离层的影响，而且水汽的影响也比无线电波小。SLR 系统主要弱点是跟踪站稀疏的地理分布和测距局限于晴朗天气的条件(王晓慧，2014)。

SLR 是目前单次测距精度最高的卫星测距技术，与其他的空间测距技术相比，具有以下特点：

(1)激光波束窄、方向性强、没有地面反射的杂波干扰、高有效功率等特点，使得卫星进入地影或者太亮的环境中都可以进行观测。

(2)激光波长短的特点使得测距精度比其他的雷达数据高 1～2 个数量级。

(3)激光的高单色性可以使激光回波从噪声中剔除，实现白天激光测距。

(4)激光测距的光学接收系统与一般雷达相比,具有体积小、重量轻、造价低等特点。

SLR 系统经历了三代的发展。第一代为米级,持续时间为 1964—1973 年;第二代的脉冲宽度 2～5 ns,测距精度为 30～100 cm,多数采用了脉冲分析法;第三代的脉冲宽度为 0.1～0.2 ns,测距精度为 1～3 cm,多数采用锁模 Nd:YAG 激光器,能在计算机控制下实现对卫星的自动跟踪和单光子检测。未来 SLR 的发展趋势有以下几点:

(1)测距精度将进一步提高。新一代 SLR 系统将采用短脉冲、可靠性好的双波长激光器件和皮秒事件计时器,同时,卫星激光反射器采用新的设计方法,有可能使单次测距精度提高到 2～3 mm。

(2)实现高度自动化 SLR 系统,可以无人值守的全自动运行。

(3)使用对人眼安全的、重复率达 1～2 kHz、绿光 532 nm、输出能量 100～200 μJ的激光测距系统,因而对飞行的飞机不会造成影响。

(4)发展非同步激光应答器,实现对行星探测器的精确激光测距。

(5)利用卫星上安装的铯原子钟或氢原子钟、激光发射器、光子接收器和高精度实际计时器等,配合现有的地面的 SLR 站,实现全球范围内的高精度时间传递,最高传递精度有可能达到 20 ps。

卫星激光测距的工作原理如下

$$\rho=\frac{1}{2}c\tau \tag{5.9}$$

式中:c 为光速;τ 是从观测站到装有激光反射器卫星的往返时间间隔;ρ 是某一时刻观测站到卫星的距离。

观测模型包括以下内容:

(1)建立观测站与卫星之间测量几何的解析表达式。

(2)测站坐标。

(3)建立对观测数系统误差进行修正的数学模型。

测站坐标可以取自 IERS 提供的国际地球参考架 ITRF97 或 ITRF2000,对于未知的测台坐标或希望研究其位置变化或要求更高精度的可以作为待估参数一起参加平差处理。

如图 5.2 所示,卫星到观测站距离为 ρ,是卫星在地平地心坐标系下的向量大小,定义为

$$\rho=[\boldsymbol{\rho}\cdot\boldsymbol{\rho}]^{\frac{1}{2}}$$

在惯性坐标系中

$$\boldsymbol{\rho}=\boldsymbol{R}-\boldsymbol{S}$$

$$\boldsymbol{\rho}=[(R_X-S_x)^2+(R_Y-S_Y)^2+(R_Z-S_Z)^2]^{\frac{1}{2}}$$

式中：R_X、R_Y 和 R_Z 是卫星的非旋转系坐标；S_X、S_Y 和 S_Z 是观测站的非旋转系坐标。

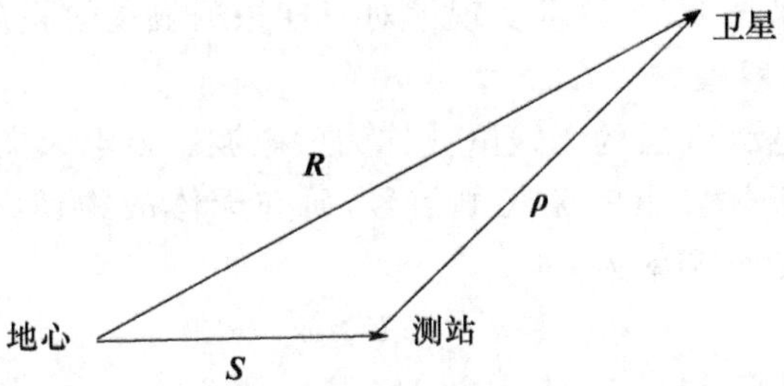

图 5.2　激光测距定轨原理

在惯性坐标系下的卫星位置矢量 $\boldsymbol{R}$ 和测站位置矢量 $\boldsymbol{S}$ 通过矩阵转换成地固坐标系 $\boldsymbol{r}_b$ 和 $\boldsymbol{R}_s$，令 $\boldsymbol{M}=\boldsymbol{H}_R\boldsymbol{C}_R$，在地固坐标系表示如下

$$\boldsymbol{r}_b=\boldsymbol{MR}$$
$$\boldsymbol{R}_s=\boldsymbol{MS}$$

把卫星在地固坐标系中的状态矢量通过矩阵转换，转换到地平坐标系中，跟踪站观测距离理论计算值为

$$\boldsymbol{\rho}=\boldsymbol{M}_{lt}(\boldsymbol{r}_b-\boldsymbol{R}_s)$$

激光跟踪卫星时，地球以 460 m/s 的速度(在赤道)转动支配着测站(在惯性系下)的运动。测站相对于地固坐标系来讲是不动的，由于测站运动模型是在惯性系下，故必须将地固坐标系下的测站位置通过矩阵转换成惯性坐标系。

观测站在地平坐标系下获得的位置矢量 $\boldsymbol{s}$ 在地固坐标系表示为

$$\boldsymbol{R}_{sx}=\boldsymbol{s}\cos\varphi'\cos\lambda$$
$$\boldsymbol{R}_{sy}=\boldsymbol{s}\cos\varphi'\sin\lambda$$
$$\boldsymbol{R}_{sz}=\boldsymbol{s}\sin\varphi'$$

式中：λ 是测站的经度；φ' 是测站的地心纬度。再利用矩阵 $\boldsymbol{M}$，观测站被转换为惯性系。

观测量是台站到卫星的距离。此观测距离包含了以下一些系统误差：台站本身位置的潮汐变化给测距带来的误差 $\Delta\rho_{TD}$，光线在大气中的折射效应给测距带来的误差 $\Delta\rho_{RF}$，光线在引力场中的广义相对论效应给测距带来的偏差 $\Delta\rho_{REL}$，激光在卫星表面的反射点对质心的偏离 $\Delta\rho_{MC}$ 及台站本身观测的系统偏差 $\Delta\rho_{RO}$。数据处理时需要对这些影响进行改正。

假设原始观测距离为 ρ'，则测距模型为

$$\rho_0=\rho'-(\Delta\rho_{TD}+\Delta\rho_{RF}+\Delta\rho_{REL}+\Delta\rho_{MC}+\Delta\rho_{RO}) \tag{5.10}$$

5.1.4　基于 VLBI 的深空飞行器定轨

近 30 年来，由于人类对深空探测的需要，故利用 VLBI 对航天器进行跟踪观

测及定位的作用和意义日益受到关注。美国的一系列火星探测活动，如火星全球勘测者、“奥德赛”号和“勇气”号的跟踪定位，均采用了 VLBI 技术。我国的探月工程则运用 VLBI 技术与 USB 技术实现了对月球探测卫星的联合定轨。

1. VLBI 的基本原理

天文学中将穿透大气层的无线电波称为射电波。射电天文学就是利用射电望远镜接收到的宇宙天体发出的无线电信号，研究天体的物理、化学性质的一门学科。射电望远镜的角分辨率为

$$\theta''=\lambda/D\times\rho'' \tag{5.11}$$

式中：λ 为波长；D 为天线的口径；$\rho''=180\times60\times60/\pi$。由式(5.11)可知，角分辨率 θ 与波长 λ 成正比，与天线的口径 D 成反比。由于射电波长比较大，望远镜口径有限，故单个射电望远镜观测的角分辨率较低。例如，当 $\lambda=10$ cm，$D=40$ m 时，$\theta''=516''=8'36''$。

为了提高分辨率，可采用合成孔径技术，即用相隔两地的两架射电望远镜接收同一射电源的无线电波，对两束波进行干涉测量，其等效分辨率等同于一架口径相当于基线长度(两观测站之间的距离)的单口径射电望远镜。该等效分辨率不再依赖于望远镜口径的大小，而是取决于基线的长度，即基线越长其分辨率越高。该技术便称为甚长基线干涉测量。VLBI 系统主要由天线、接收机、记录终端、氢原子钟及相关处理机等部分组成(图 5.3)。

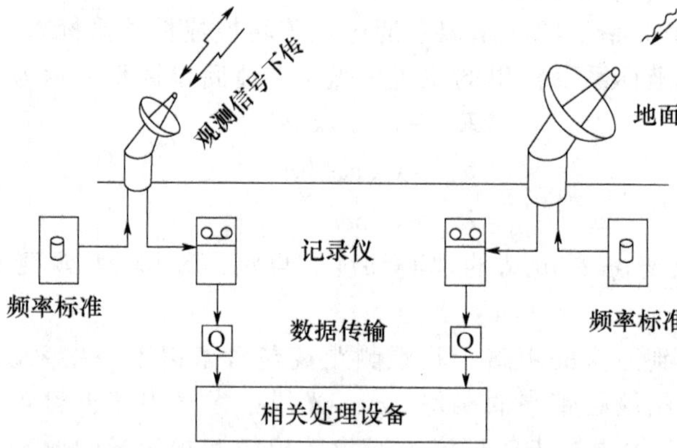

图 5.3 VLBI 系统的组成

VLBI 的测量原理(图 5.4)：射电源辐射出的电磁波，通过地球大气到达地面，由基线两端的天线接收。由于地球自转，故电磁波的波前到达两个天线的几何程差(除以光速就是时间延迟差)是不断改变的。两路信号相关的结果就得到干涉条纹。在要求较高的工作中，使用频率稳定度达 10^{14} 的氢原子钟控制本振系统，并提供精密的时间信号，由处理机对两个“数据流”做相关处理，用匹配滤波方法求出两路信号的相对时间延迟和干涉条纹率。如果进行多源多次观测，则从求出的延迟

和延迟率可得到射电源位置和基线的距离，以及根据基线的变化推算出的极移和世界时等参数。参数的精度主要取决于延迟时间的测量精度。因为理想的干涉条纹仪与两路信号几何光程差产生的延迟有关，而实际测得的延迟还包含有传播介质（大气对流层、电离层等）、接收机、处理机及钟的同步误差产生的随机延迟，这就要做大气延迟和仪器延迟等项改正，改正的精度则关系到延迟的测量精度。目前延迟测量精度约为 0.1 ns（洪晓瑜，2007）。

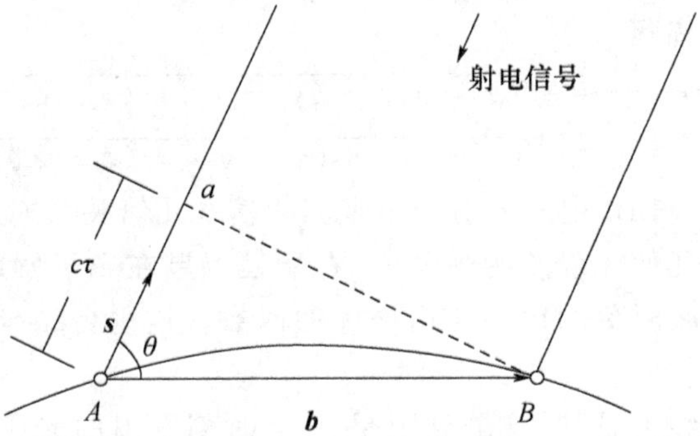

图 5.4　VLBI 测量原理

甚长基线干涉的测量值包括：干涉条纹的相关幅度，射电源同一时刻辐射的电磁波到达基线两端的时间延迟差（简称时延），延迟差变化率（简称时延率）。相关幅度提供有关射电源亮度分布的信息，时延和时延率提供有关基线（长度和方向）和射电源位置（赤经和赤纬）的信息。所得的射电源的亮度分布分辨率达到万分之几角秒，测量洲际间基线三维向量的精度达到几厘米，测量射电源位置的精度达到千分之几角秒。

由于甚长基线干涉测量法具有很高的测量精度，所以用这种方法进行射电源的精确定位，测量数千千米范围内基线距离和方向的变化，对于建立以河外射电源为基准的惯性参考系、研究地球板块运动和地壳的形变及揭示极移和世界时的短周期变化规律等均具有重大意义。

2. VLBI 单点定位原理

VLBI 单点定位的基本几何关系如图 5.5 所示，设在某选定坐标系中的 t_0 时刻某波前从卫星 S 出发，分别在 t_1、t_2 时刻被测站 O_1、O_2 接收，对应的测站至卫星矢量分别为 $\boldsymbol{r}_1$、$\boldsymbol{r}_2$。设 t_0 时刻卫星的坐标为 (x_s, y_s, z_s)，t_1、t_2 时刻测站 O_1、O_2 的坐标为 (x_1, y_1, z_1) 和 (x_2, y_2, z_2)，则有

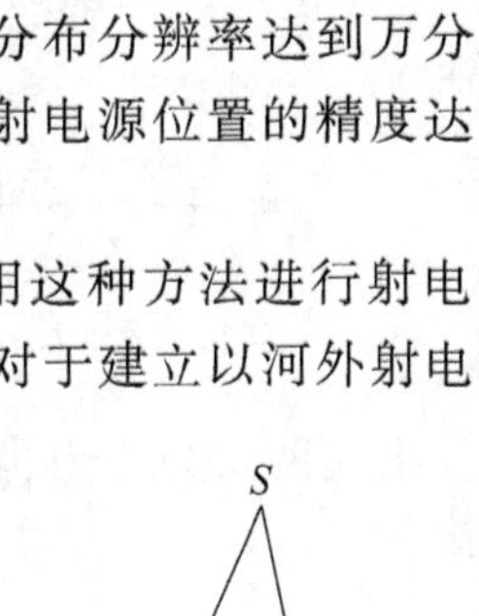

图 5.5　VLBI 单点定位原理

$$\left.\begin{aligned} r_1 = |\boldsymbol{r}_1| = \sqrt{(x_1 - x_s)^2 + (y_1 - y_s)^2 + (z_1 - z_s)^2} \\ r_2 = |\boldsymbol{r}_2| = \sqrt{(x_2 - x_s)^2 + (y_2 - y_s)^2 + (z_2 - z_s)^2} \end{aligned}\right\} \tag{5.12}$$

在 VLBI 观测中,观测时延 τ 为

$$\tau = \tau_g + \Delta\tau_c + \Delta\tau_{atm} + \Delta\tau_{ion} \tag{5.13}$$

式中:τ_g 为几何时延,就是假定在真空情况下,光线经过光程 r_2 和 r_1 的时间差;$\Delta\tau_c$ 为仪器和钟偏时延;$\Delta\tau_{atm}$ 为中性大气时延(与频率无关);$\Delta\tau_{ion}$ 为电离层附加时延。

于是有时延方程式

$$c\tau = r_2 - r_1 = \sqrt{(x_2 - x_s)^2 + (y_2 - y_s)^2 + (z_2 - z_s)^2} - \sqrt{(x_1 - x_s)^2 + (y_1 - y_s)^2 + (z_1 - z_s)^2} \tag{5.14}$$

式(5.14)即是 VLBI 用于人造卫星观测的基本几何关系式。方程左端是经过附加时延改正后的几何光程差的观测值,右端是卫星在光子发射时刻的地心赤道坐标及两台站在接收时刻的地心赤道坐标的函数。这里台站坐标已知,卫星坐标是待定值。

假定在 n 条基线上,同时观测到卫星在 t_0 时刻发出的光子,每条基线都可给出形如式(5.14)的观测方程。如果有 3 条以上基线同时观测得到的独立的误差方程,即可解出卫星的位置坐标,这就是 VLBI 单点定位的基本原理。

另外,在 VLBI 观测中,还有观测值时延率,为此可建立如下方程

$$c\dot{\tau} = \frac{\mathrm{d}c\tau}{\mathrm{d}t} = \dot{r}_2 - \dot{r}_1 \tag{5.15}$$

式中

$$\dot{r}_1 = \frac{x_1 - x_s}{r_1}(\dot{x}_1 - \dot{x}_s) + \frac{y_1 - y_s}{r_1}(\dot{y}_1 - \dot{y}_s) + \frac{z_1 - z_s}{r_1}(\dot{z}_1 - \dot{z}_s)$$

$$\dot{r}_2 = \frac{x_2 - x_s}{r_2}(\dot{x}_2 - \dot{x}_s) + \frac{y_2 - y_s}{r_2}(\dot{y}_2 - \dot{y}_s) + \frac{z_2 - z_s}{r_2}(\dot{z}_2 - \dot{z}_s)$$

上述两式为卫星坐标的非线性函数,需进行线性化,依据最小二乘法原理迭代求解。

§5.2 精密定姿

卫星的姿态是指卫星在轨道上运行所处的空间位置状态,描述卫星姿态的数学参量,称为姿态参数,卫星的姿态通常由惯性坐标系和本体坐标系的相互关系表征。卫星的姿态运动是卫星绕自身质心的转动,简称卫星的角运动。

航天器的姿态测量问题是伴随着航天器的出现而产生的,与姿态控制已经成为航天领域的一个主要研究方向。航天器姿态的实时测量对于姿控、导航、定位均具有重要意义。而航天器在太空中时刻受到各种摄动力的影响,包括大气阻力、太

阳辐射压力、重力梯度力矩、航天器磁力矩及内部机械扰动力等，均会影响航天器姿态的稳定。表 5.1 列出了几种主要姿态敏感器的特征参数。

表 5.1　主要姿态敏感器特征参数

类型	精度	自由度	优点	缺点
地球敏感器	0.03°～0.1°	2	适于近地轨道、信号强、轮廓清晰	需要扫描机构和防止太阳干扰、受外部影响大
太阳敏感器	0.01°～0.15°	2	信号强、功耗低、质量轻	有阴影区
星敏感器	1″～20″	3	精度高、自主性强	信号弱、需防止太阳干扰、星图识别复杂
磁强计	0.3°～3°	2～3	成本低、功耗低、对低轨道卫星灵敏度高	受轨道影响大、在星体内要进行磁清洁
惯性敏感器（陀螺）	0.000 5～0.01(°)/h	3	自主性强、不受轨道影响	易于漂移

在航天摄影测量中，精密的姿态测量是实施无地面控制测量的重要保障。为了弥补姿态敏感器采样频率低的不足，在实际的卫星姿态测量中，一般采用多种敏感器组合的方式，如由一个光学姿态敏感器和一个惯性敏感器进行组合定姿。本章主要介绍基于星相机（或星敏感器）的高精度定姿技术，并简要介绍星敏感器与陀螺组合定姿的基本概念。

5.2.1　星相机定姿的基本原理

星相机定姿流程如图 5.6 所示。恒星光经过遮光罩去除大部分杂散光，再通过镜头在探测器平面上成像，星图像经过平面阵列探测器光电采样后形成数字化星图，再通过星点提取得到恒星像点在星图上的位置坐标和星相机坐标系下的位置矢量；在星图中提取若干星像点位置坐标后，通过星图识别得到所提取的星点在天球惯性系中的坐标，从而得到其在天球惯性系中的位置矢量；最后根据星点在星相机坐标系下的位置矢量和天球惯性系中的位置矢量可计算出当前星相机的姿态（张广军，2011；刘朝山 等，2010；贾辉，2010）。

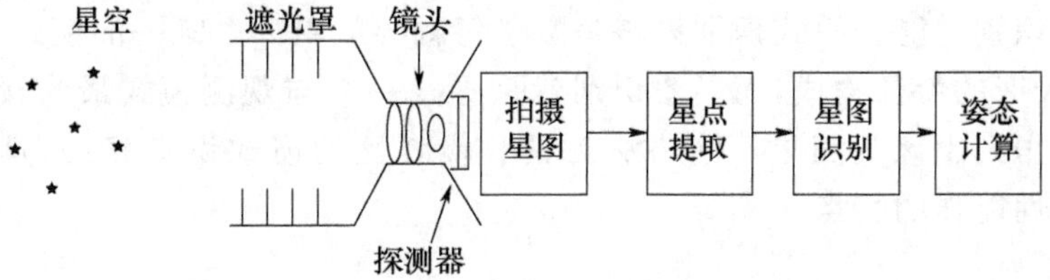

图 5.6　星相机工作原理

星点提取是从星图像中提取星点像位置坐标的过程，通过星点提取可以得到所摄星点在星相机坐标系下的位置矢量，该位置矢量的测量误差为姿态测量的主要误差源。为突破探测器像素尺寸带来的精度限制，一般采用亚像素定位技术计算星点位置。图 5.7给出了一颗恒星对应的影像能量分布。由图可见，星像点没有聚焦于单个像素，而是弥散分布于多个像素。由此可利用多个像素接收到的星点信号进行插值运算，从而使最终得到的位置精度高于像素尺寸限制，这就是所谓的亚像素内插定位算法。

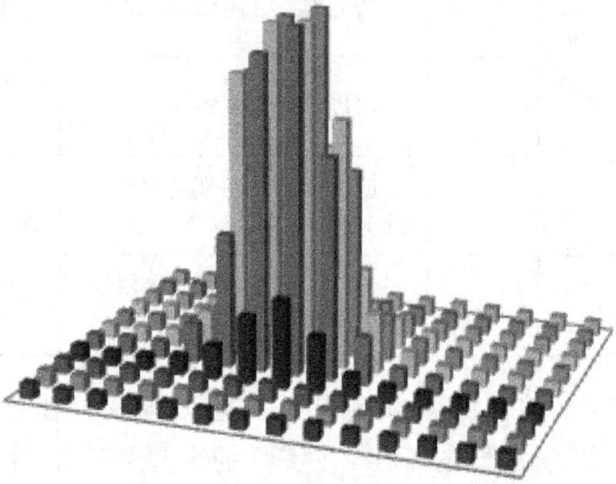

图 5.7 星点影像能量分布

星图识别，也称星图匹配，是在星图中寻找星像点所对应恒星的过程，通过星图识别可得到星像点在天球坐标系中的位置矢量。星图识别通常分为星跟踪模式和全天识别模式。前者需要提供大致的姿态信息，完成局部天区的识别和跟踪；后者不需要任何姿态信息，通过全天区导航星库对比完成自主识别。全天星图识别是星相机实现全天自主姿态输出的基础，识别难度比星跟踪模式大很多，这是星图识别的核心研究内容。

从识别策略上全天星图识别方法可以分为两大类：子图同构和模式识别。前者将星图识别的过程近似于子图同构的特例。在这一策略中，星点及相邻星点的角距构成无向图的顶点和边，若观测星图或其部分所构成的无向图与导航星库构成的无向图的子图同构，则实现了星图识别。典型的子图同构方法包括三角形法和匹配组法。前者特征维数太低，很容易出现冗余匹配和误匹配；后者特征维数较高，提高了识别性能。模式识别策略是赋予每颗导航星一个唯一的模式，这一模式由它邻近天区的特征构成，而星图识别就是寻找一个与观测模式最为接近的导航模式，从而识别出该观测星。网格法是具有代表性的模式识别算法，具有识别率高、抗噪声性能强的特点。

5.2.2　星点提取与定位

1. 星点提取

1)阈值化法

恒星在影像传感器的成像为分布在较暗背景上的点状光斑,一般情况下可以通过设定背景阈值将背景与目标分开。在通常情况下,关联性分析都是对经过阈值比较后所产生的二值化影像进行的,这种方法对影像扫描两次,第一次扫描原始灰度影像建立二值化影像,第二次对二值化影像进行扫描、分析以确定目标外接矩形的大小。用来进行关联性分析的判断主要有两种:四联通和八联通。凸目标适合用四联通,凹目标适合用八联通。星相机的目标是星点经过离焦处理后在成像面上的光斑,是凸形目标,所以适合用四联通判断。

目标与背景的分离是星点提取过程中很重要的一个环节,阈值的设置通常通过以下公式实现

$$T=E+K\delta \tag{5.16}$$

式中:E 是星图的灰度均值;K 是系数,一般取 5～15;δ 是星图的标准差,其公式为

$$\delta=\sqrt{\frac{\sum_{i=1}^{m}\sum_{j=1}^{n}(g(i,j)-\mu)^2}{mn-1}} \tag{5.17}$$

2)新型 Top-hat 变换法

新型 Top-hat 变换对应的形态学开运算和闭运算为

$$(f\circ B_{oi})(x)=((f\Theta\Delta B)\oplus B_b)(x) \tag{5.18}$$

$$(f\bullet B_{oi})(x)=((f\oplus\Delta B)\Theta B_b)(x) \tag{5.19}$$

式中:B_{oi}表示开运算和闭运算中用到的结构元素与 B_o 和 B_i 有关,B_o 和 B_i 为两个扁平结构元素,B_o 结构元素的直径大于 B_i 结构元素;$\Delta B=B_o-B_i$ 是 B_o 和 B_i 之间的环状边缘区域;B_b 是直径介于 B_i 和 B_o 之间的与 B_i 和 B_o 形状相同的扁平结构元素。

新型 Top-hat 变换定义为

$$\mathrm{NWTH}(x,y)=f(x,y)-(f\bullet B_{oi})(x,y) \tag{5.20}$$

$$\mathrm{NBTH}(x,y)=(f\circ B_{oi})(x,y)-f(x,y) \tag{5.21}$$

新型 Top-hat 变换与经典 Top-hat 变换中膨胀和腐蚀的先后顺序相反,采用了两个不同但是相互关联的结构元素,利用结构元素的边缘区域 ΔB 体现目标区域和其周围边缘区域的不同。

为了保证新型 Top-hat 变换的结果中不出现负值,NWTH 和 NBTH 重写为

$$\mathrm{NWTH}(x,y)=\max(f(x,y)-(f\bullet B_{oi})(x,y),0) \tag{5.22}$$

$$\mathrm{NBTH}(x,y)=\max((f\circ B_{oi})(x,y)-f(x,y),0) \tag{5.23}$$

通过式(5.22)计算获得影像的背景图,然后通过式(5.23)可以得到星点影像。

在 B_i 取 3×3 像素时，结构元素如图 5.8 所示。

0	0	1	1	1	0	0
0	1	1	1	1	1	0
1	1	1	1	1	1	1
1	1	1	1	1	1	1
1	1	1	1	1	1	1
0	1	1	1	1	1	0
0	0	1	1	1	0	0

B_o

0	0	0	0	0	0	0
0	0	0	0	0	0	0
0	0	1	1	1	0	0
0	0	1	1	1	0	0
0	0	1	1	1	0	0
0	0	0	0	0	0	0
0	0	0	0	0	0	0

B_i

0	0	1	1	1	0	0
0	1	1	1	1	1	0
1	1	0	0	0	1	1
1	1	0	0	0	1	1
1	1	0	0	0	1	1
0	1	1	1	1	1	0
0	0	1	1	1	0	0

ΔB

1	1	1	1	1
1	1	1	1	1
1	1	1	1	1
1	1	1	1	1
1	1	1	1	1

B_b

图 5.8　设计结构元素

在提取的影像中会有很多伪星点(包括孤立的噪声点等)，通过连通域检测分析将那些孤立的噪声点去除，得到最终的星点影像。

2. 星点定位

点状光斑目标的定位方法可以分为基于灰度和基于边缘的两大类。基于灰度的方法一般利用目标的灰度分布信息，如质心法、曲面拟合法等。基于边缘的方法一般利用目标的边缘形状信息，如边缘拟合法、霍夫(Hough)变换等。一般而言，基于灰度的方法比较适用于较小的且灰度分布均匀的目标，而基于边缘的方法则适合较大的目标，它对灰度的分布不太敏感。实际观测星图中，星体目标的直径一般为3～5个像素的大小，且灰度近似于高斯分布。因此，对于星体目标，宜采用基于灰度的方法进行亚像素定位处理。

星图识别中质心定位主要有传统的灰度质心法、带阈值的灰度质心法、灰度平方加权质心法等。其统一模型的表达式为

$$\left.\begin{aligned}\mu_0 &= \frac{\sum_{i=i_1}^{i_2}\sum_{j=j_1}^{j_2}\mu_i\,(g(u_i,\upsilon_j)-T)^k}{\sum_{i=i_1}^{i_2}\sum_{j=j_1}^{j_2}(g(u_i,\upsilon_j)-T)^k}\\ \upsilon_0 &= \frac{\sum_{i=i_1}^{i_2}\sum_{j=j_1}^{j_2}\upsilon_j\,(g(u_i,\upsilon_j)-T)^k}{\sum_{i=i_1}^{i_2}\sum_{j=j_1}^{j_2}(g(u_i,\upsilon_j)-T)^k}\end{aligned}\right\}\tag{5.24}$$

式中：(μ_0,υ_0)为提取的星点质心坐标；μ_i 为参与质心计算的数据的行号，υ_j 为参与计算的数据的列号；k 取 2.0；$g(\mu_i,\upsilon_j)$为灰度值；T 为星图形态学处理得到的背景阈值。图 5.9 是利用带阈值的加权平方定位算法得到结果(背景阈值为 41.983 7，图(a)中没有数字的像素是低于阈值的部分)。

		49		
	147	181	109	46
67	192	231	110	56
62	99	103	69	51
47	54	57	50	

(a) 星图的灰度级

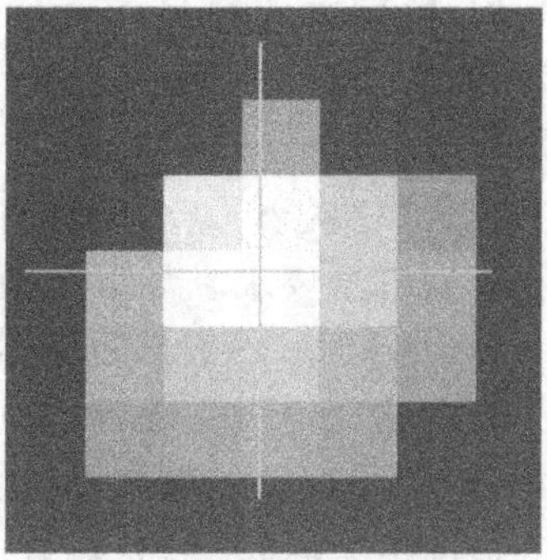

(b) 星点定位的结果

图 5.9　星点定位结果

5.2.3　星图匹配

星图匹配是将星相机当前视场中的恒星与导航星库中的参考星进行匹配，以实现视场中星的识别。通常，将星对的角距和星体亮度信息作为星图的基本特征信息，尤其是角距信息在星图识别中具有重要作用。星图匹配的方法可参考有关文献(张广军，2011；柏林，2001；王军武，2002)，主要有：

(1)基于角距特征的匹配算法，主要包括三角形匹配算法、基于 P 向量的匹配算法、多边形匹配算法等。

(2)基于星模式的匹配算法，主要包括栅格算法、Log-Polar 变换算法。

(3)基于神经网络的匹配算法，主要包括星向量矩阵特征的神经网络匹配算法、采用混合特征的神经网络匹配算法。

另外，星图匹配根据星敏的工作模式也分为两种：全天球匹配、快速跟踪匹配。

1. 导航星表的构建

导航星表是星敏感器系统用来实现恒星识别和姿态确定的唯一依据，提供进行星图识别和姿态计算所必须的信息，其容量、内容、存储、读取方式对于完成整个系统的功能和性能指标都是极为重要的。

1)星表预处理

在进行筛选导航星之前，应对星表进行如下预处理：

(1)剔除变星。由于变星的亮度不固定，因此要剔除变星。

(2)剔除双星。双星是两颗星等相近、恒星位置重叠在一起的两颗星。双星对姿态计算引起的误差较大，故需要剔除。

(3)剔除相邻太近恒星。对于相邻太近(两颗星的间距小于 0.4°)的任意两颗星，较易引起星图的歧义匹配。

(4)剔除自行值较大的恒星。自行值较大的恒星,它们在空间的位置变化较大,会造成星图识别误匹配,产生姿态计算误差。

2)确定导航星数量

导航星的选取取决于CCD光敏器件的敏感特性、光学系统、信号处理电路的设计以及星图识别算法要求。如果星敏感器的摄星能力为6 M_v,则通常在星表中选取高于6.5 M_v 的星等,然后通过星敏感器的视场角计算全天球包含的视场数,确定每一个视场中的理论恒星数目,从而基本确定参与导航星表构建的恒星。对于给定视场角的星敏感器,如果一个视场中导航星数目预期平均为15颗,在恒星分布较均匀的情况下,导航星的总数量计算方法如下。

全天球视场为

$$S=4\pi R^2=4\pi\left(\frac{360^\circ}{2\pi}\right)^2=41\ 253(\text{平方度})$$

对于视场为20°×20°的星敏感器,全天球如果期望每一个视场平均有15颗星,则导航星的数量为

$$(41\ 253/400)\times 15\approx 1\ 547(\text{颗})$$

因此,对于视场角为20°×20°的星敏感器,如果一个视场中导航星数目平均为15颗,在恒星分布较均匀的情况下,理论上导航星的总数量约为1 547颗。

3)挑选导航星

由于恒星在全天球分布并不是完全均匀的,出现在星敏感器视场中的恒星有时候很多,有时候比较少,所以需要在全天球范围内对出现在星敏感器每一个视场内的恒星进行逐一筛选。筛选条件如下:

(1)完备性。为了完成星图识别和姿态计算,导航星表必须包含能被CCD探测器观测到的足够数量的恒星,使视场内的恒星数量保持在6颗或6颗以上。对分布较为稀疏的天区内的恒星,挑选导航星时要全部加以保留,必要时还需添加少量的暗星,以满足完备性需求。

(2)冗余性。在满足视场内的恒星至少有6颗的前提下,视场内的导航星数量不超过15颗。对视场内恒星分布较为密集的区域,可以进行适当的删除。选择原则:一是当视场中恒星数较多时,删除此视场中星等较暗的恒星,保留亮星,以利于识别;二是在星等选择的基础上,考虑所选取的导航星的分布均匀性。

2. 星图识别

1)三角形算法

设导航星 i 和 j 的赤经、赤纬分别为(α_i,δ_i)、(α_j,δ_j),则其在天球坐标系下的角距定义为

$$d(i,j)=\arccos\left(\frac{\boldsymbol{S}_1\boldsymbol{S}_2}{|\boldsymbol{S}_1|\,|\boldsymbol{S}_2|}\right) \tag{5.25}$$

式中，$\boldsymbol{S}_i=\begin{pmatrix}\cos\alpha_i\cos\delta_i\\ \sin\alpha_i\cos\delta_i\\ \sin\delta_i\end{pmatrix}$ 和 $\boldsymbol{S}_j=\begin{pmatrix}\cos\alpha_j\cos\delta_j\\ \sin\alpha_j\cos\delta_j\\ \sin\delta_j\end{pmatrix}$ 分别是恒星在天球坐标系下的方向矢量。

同理，设观测星 1 和 2 的像点坐标为(x_i, y_i)、(x_j, y_j)，则其在星相机坐标系下的角距为

$$d_m^{ij}=\arccos\left(\frac{\boldsymbol{S}_1\boldsymbol{S}_2}{|\boldsymbol{S}_1||\boldsymbol{S}_2|}\right) \tag{5.26}$$

式中，$\boldsymbol{S}_i=\frac{1}{\sqrt{x_i^2+y_i^2+{f_S}^2}}\begin{bmatrix}x_i\\ y_i\\ -f_S\end{bmatrix}$ 和 $\boldsymbol{S}_j=\frac{1}{\sqrt{x_j^2+y_j^2+{f_S}^2}}\begin{bmatrix}x_j\\ y_j\\ -f_S\end{bmatrix}$ 是恒星在星相机坐标系下的方向矢量，f_S 是星相机的主距。

如果观测星与导航星匹配，则必须满足

$$|d(i,j)-d_m^{ij}|\leqslant\varepsilon \tag{5.27}$$

式中，ε 是角距测量误差的一个容许值。显然仅仅依靠星对角距很难独立完成全天星图识别。

三角形匹配是最早提出的星图识别算法，也是目前使用最广泛的算法。三角形匹配是建立在星对匹配基础上的，其核心思想是使由观测星构成的三角形模式唯一地与导航星库中的同构三角形匹配。三角形算法具有两种模式，即“边—边—边”模式和“边—角—边”模式，如图 5.10 所示，观测三角与导航三角能够匹配必须同时满足

$$\left.\begin{array}{l}|d(i,j)-d_m^{12}|\leqslant\varepsilon\\ |d(j,k)-d_m^{23}|\leqslant\varepsilon\\ |d(i,k)-d_m^{13}|\leqslant\varepsilon \text{ 或 } |\theta(i,k)-\theta_m^{13}|\leqslant\varepsilon\end{array}\right\} \tag{5.28}$$

这种算法实现容易，但是由于三角形模式的特征维数较低，在获取星模式特征的过程中，如果测量误差较大会导致冗余匹配及误匹配，从而使算法的识别率迅速降低。尽管已有不少改进算法，但受特征维数较低的限制，较高的冗余匹配仍是三角形算法的一大缺陷。

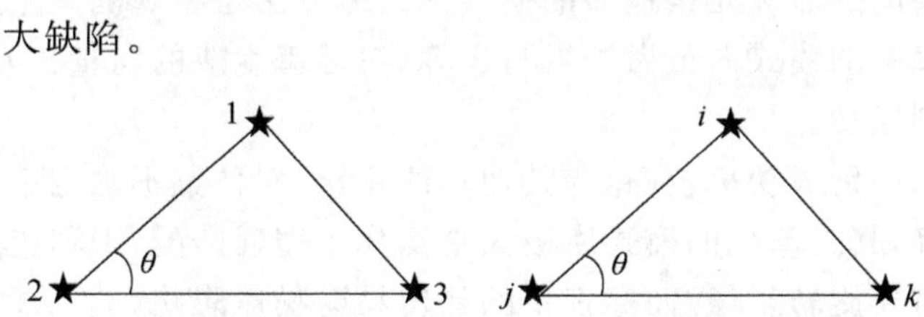

(a) 观测三角形　　(b) 导航三角形

图 5.10　三角形匹配

基于 $\boldsymbol{P}$ 向量匹配算法则是把所有三角形的角距进行一个投影，投影到一条直

线上，并使得三角形之间投影后有最大的离散度，这样通过匹配一个值就可以匹配一个三角形，能够显著提高匹配速度，但是匹配成功率和稳定性仍然不足。

2）网格算法

网格法是由 Padgett(1997)提出的，是典型的星图模式识别算法，在容错能力、存储容量、运算时间等方面均有良好性能。该方法对每颗观测星以其周围一定范围内的星在特定网格上的二值化投影生成的网格影像模式作为该星的识别特征，再与导航星模式库进行搜索比对，最大一致的影像模式所对应的导航星作为识别结果。其构建星图模式的具体过程如下（图 5.11）：

(1)确定主星 r（待识别星）及模式半径 p_r，该主星的模式由以 r 为中心、p_r 为半径所确定领域内的伴星所组成。

(2)对星图进行平移，使主星位于视场中央位置。

(3)以模式半径 p_r 外最近的星点为标识星、以主星与标识星的连线为基准旋转星图。

(4)以 r 为中心生成 $g\times g$ 网格，将旋转后的星图投影到网格上，对网格元素 cell(i,j)进行赋值，网格中有星点的为 1，没有星点的为 0。

(5)生成与网格对应的长度为 g^2 的二值化特征向量，其第$(j\times g+i)$元素值与 cell(i,j)相同。

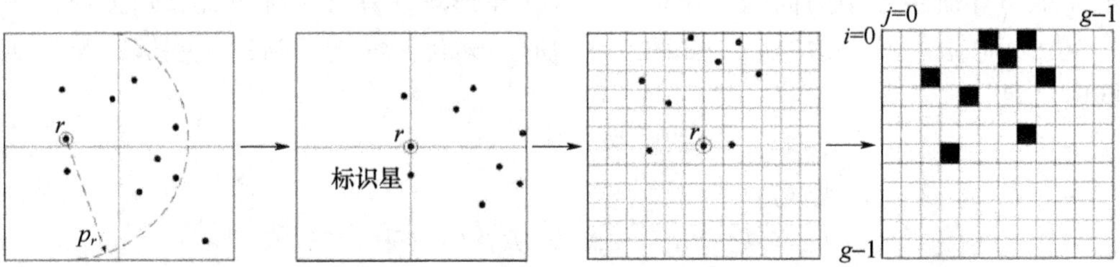

图 5.11　网格法星图模式构建过程

星图识别的过程就是寻找导航星模式中与观测星模式最大一致的模式，也就是模式向量中共同的非零元素最多的模式。具体方法是将观测星生成的模式向量与导航星模式库中的模式向量做逻辑与运算，对运算生成的向量各元素求和，超过一定阈值则识别成功。

网格算法的识别成功率较高，与其他算法相比，对位置不确定性及星等不确定性的鲁棒性较好，其二值化的模式库极大地简化了搜索匹配，识别速度较快。但模式构建过程中需要旋转影像，而标识星的旋转易受噪声影响。

5.2.4　星相机姿态角的解算

利用星图识别的结果，计算得到航天器姿态矩阵的过程称为姿态确定。从20 世纪 60 年代中期 Wahba 提出了利用星敏感器的观测矢量确定卫星姿态的问题开始，至今产生了各种基于矢量观测求解三轴姿态的算法。算法基本上可以分为两类：一类是确定性算法，如 TRIAD(three-axis attitude determination)法和基于求解 Wahba 问题产生的 QUEST(quaternion estimator)等算法，这类算法可以利用两个或多个观测矢量直接确定飞行器姿态；另一类算法称为状态估计法，其中最常用的技术就是扩展卡尔曼滤波(extended Kalman filter，EKF)，状态估计法采用动力学模型(或运动学模型)对姿态参数及其误差参数进行实时估计，在摄影测量中则多运用基于星像点共线条件方程式的迭代法。

1. 直接法

1)TRIAD 算法

姿态矩阵反映了矢量在坐标系间的转换关系，两个非共线矢量可以唯一构造一个笛卡儿正交直角坐标系的三个基矢量。如果已知两个非共线矢量在不同坐标系中的值，便可以唯一确定姿态矩阵，这就是 TRIAD 算法的基本思想。

对任意两个非平行矢量 $\boldsymbol{U}$ 和 $\boldsymbol{V}$，可以确定一个正交直角坐标系，该系的三轴单位矢量分别为 $\boldsymbol{i}$、$\boldsymbol{j}$、$\boldsymbol{k}$，它们与 $\boldsymbol{U}$ 和 $\boldsymbol{V}$ 的关系如下

$$\left.\begin{aligned}&\boldsymbol{i}=\boldsymbol{U}/|\boldsymbol{U}|\\&\boldsymbol{j}=(\boldsymbol{i}\times\boldsymbol{V})/|\boldsymbol{i}\times\boldsymbol{V}|\\&\boldsymbol{k}=\boldsymbol{i}\times\boldsymbol{j}\end{aligned}\right\}\tag{5.29}$$

如果已知两观测星的矢量 $\boldsymbol{U}$ 和 $\boldsymbol{V}$ 在体轴系 B(像空间坐标系)和参考系 R 中的值分别为 $\boldsymbol{U}_B$、$\boldsymbol{V}_B$ 和 $\boldsymbol{U}_R$、$\boldsymbol{V}_R$，则可根据式(5.29)求得两个单位正交矩阵 $\boldsymbol{M}_B$ 和 $\boldsymbol{M}_R$

$$\left.\begin{aligned}&\boldsymbol{M}_B=[\boldsymbol{i}_B\quad \boldsymbol{j}_B\quad \boldsymbol{k}_B]\\&\boldsymbol{M}_R=[\boldsymbol{i}_R\quad \boldsymbol{j}_R\quad \boldsymbol{k}_R]\end{aligned}\right\}\tag{5.30}$$

定义姿态矩阵 $\boldsymbol{M}$ 为从参考系到体轴系的转换矩阵，可得

$$\boldsymbol{M}=\boldsymbol{M}_B\boldsymbol{M}_R^{\mathrm{T}}\tag{5.31}$$

TRIAD 算法对主矢量的选择较敏感，如式(5.29)所示的算法是以 $\boldsymbol{U}$ 为主矢量，如果以 $\boldsymbol{V}$ 为主矢量，则同一组数据所定出的姿态就有所不同。

2)QUEST 算法

QUEST 算法可以处理多个矢量观测对(数目不少于两个)，它可直接求解 Wahba 问题，给出最小二乘意义下的最优姿态四元数估计值。

定义参考矩阵为 $\boldsymbol{V}_{3\times n}=[V_1\quad V_2\quad \cdots\quad V_n]$，观测矩阵为 $\boldsymbol{W}_{3\times n}=[W_1\quad W_2\quad \cdots\quad W_n]$，姿态矩阵为 $\boldsymbol{A}$，则多矢量的观测方程可写为

$$\boldsymbol{W}=\boldsymbol{A}\boldsymbol{V}\tag{5.32}$$

根据 Wahba 损失函数，满足式(5.32)的姿态矩阵，是使损失函数

$$L(\boldsymbol{A})=\frac{1}{2}\sum_{i=1}^{n}\alpha_i\,|\boldsymbol{W}_i-\boldsymbol{A}\boldsymbol{V}_i|^2$$

达到最小的解。式中，α_i 是一组加权系数，将加权系数归一化，姿态确定问题转化为使增益函数

$$J(\boldsymbol{A}) = 1 - L(\boldsymbol{A}) = \sum_{i=1}^{n} \alpha_i \boldsymbol{W}_i^{\mathrm{T}} \boldsymbol{V}_i = \mathrm{tr}(\boldsymbol{A}\boldsymbol{B}^{\mathrm{T}})$$

的最大值问题。式中，$\boldsymbol{B} = \sum_{i=1}^{n} \alpha_i \boldsymbol{W}_i \boldsymbol{V}_i^{\mathrm{T}}$ 。

将姿态矩阵 $\boldsymbol{A}$ 写成四元数形式

$$\boldsymbol{A}(\boldsymbol{q}) = (q_2^4 - \boldsymbol{\varepsilon}^{\mathrm{T}}\boldsymbol{\varepsilon})\boldsymbol{I}_{3\times 3} + 2\boldsymbol{\varepsilon}\boldsymbol{\varepsilon}^{\mathrm{T}} - 2\eta\boldsymbol{\varepsilon}^{\times}$$

式中：$\boldsymbol{I}_{3\times 3}$ 为单位矩阵；$\boldsymbol{q} = [q_1 \quad q_2 \quad q_3 \quad q_4]^{\mathrm{T}} = \begin{bmatrix} \boldsymbol{\varepsilon} \\ \eta \end{bmatrix}$ 是单位四元数，$\boldsymbol{\varepsilon}$ 是四元数的矢量部分，$\eta = q_4$ 是四元数的标量部分；$\boldsymbol{\varepsilon}^{\times}$ 为反对称矩阵。将增益函数 $J(A)$ 化成关于姿态四元数 $\boldsymbol{q}$ 的一个二次型函数，并进一步化简

$$\begin{aligned} J'(\boldsymbol{q}) &= \mathrm{tr}[\boldsymbol{A}(\boldsymbol{q})\boldsymbol{B}^{\mathrm{T}}] \\ &= (\eta^2 - \boldsymbol{\varepsilon}^{\mathrm{T}}\boldsymbol{\varepsilon})\mathrm{tr}(\boldsymbol{B}) + 2\mathrm{tr}(\boldsymbol{\varepsilon}\boldsymbol{\varepsilon}^{\mathrm{T}}\boldsymbol{B}^{\mathrm{T}}) + 2\eta\mathrm{tr}(\boldsymbol{\varepsilon}^{\times}\boldsymbol{B}^{\mathrm{T}}) \\ &= \sigma(\eta^2 - \boldsymbol{\varepsilon}^{\mathrm{T}}\boldsymbol{\varepsilon}) + \boldsymbol{\varepsilon}^{\mathrm{T}}\boldsymbol{S}\boldsymbol{\varepsilon} + 2\eta\boldsymbol{\varepsilon}^{\mathrm{T}}\boldsymbol{Z} = \boldsymbol{q}^{\mathrm{T}}\boldsymbol{K}\boldsymbol{q} \end{aligned}$$

式中：$\sigma = \mathrm{tr}(\boldsymbol{B})$；$\boldsymbol{S} = \boldsymbol{B} + \boldsymbol{B}^{\mathrm{T}}$；$\boldsymbol{Z} = \sum_{i=1}^{n} \alpha_i (\boldsymbol{W}_i \times \boldsymbol{V}_i)$；$\boldsymbol{K}_{4\times 4} = \begin{bmatrix} \boldsymbol{S} - \sigma\boldsymbol{I} & \boldsymbol{Z} \\ \boldsymbol{Z}^{\mathrm{T}} & \sigma \end{bmatrix}$。

用拉格朗日法求增益函数 $J(\boldsymbol{q})$ 的最大值，即

$$J''(\boldsymbol{q}) = \boldsymbol{q}^{\mathrm{T}}\boldsymbol{K}\boldsymbol{q} - \lambda\boldsymbol{q}^{\mathrm{T}}\boldsymbol{q}$$

将上式求导，并使表达式等于 0，得到 $\boldsymbol{K}\boldsymbol{q}_{\mathrm{opt}} = \lambda_{\max}\boldsymbol{q}_{\mathrm{opt}}$，从而获得增益函数的表达式

$$J'(\boldsymbol{q}) = \boldsymbol{q}^{\mathrm{T}}\boldsymbol{K}\boldsymbol{q} = \boldsymbol{q}^{\mathrm{T}}\lambda\boldsymbol{q} = \lambda$$

该式说明，最优姿态四元数恰好是矩阵 $\boldsymbol{K}$ 的最大特征值所对应的特征矢量。

3)最小二乘算法

设被估计量 $\boldsymbol{X}$ 是 n 维随机向量，为了得到其估计值，如果对其进行 k 次线性观测时，得到

$$\boldsymbol{Z}_j = \boldsymbol{H}_j\boldsymbol{X} + \boldsymbol{V}_j \tag{5.33}$$

当方程的个数大于未知数的个数时，可以根据 $\boldsymbol{Z}$ 来估计 $\boldsymbol{X}$，选择 $\boldsymbol{X}$ 的一个估计 $\hat{\boldsymbol{X}}$，使得性能指标

$$J(\hat{\boldsymbol{X}}) = L(\hat{\boldsymbol{X}}) = (\boldsymbol{Z} - \boldsymbol{H}\hat{\boldsymbol{X}})^{\mathrm{T}}(\boldsymbol{Z} - \boldsymbol{H}\hat{\boldsymbol{X}}) \tag{5.34}$$

或写为更一般形式的二次型性能指标

$$J_w(\hat{\boldsymbol{X}}) = L(\hat{\boldsymbol{X}}) = (\boldsymbol{Z} - \boldsymbol{H}\hat{\boldsymbol{X}})^{\mathrm{T}}\boldsymbol{W}(\boldsymbol{Z} - \boldsymbol{H}\hat{\boldsymbol{X}}) \tag{5.35}$$

达到极小，那么这个估计 $\hat{\boldsymbol{X}}$ 为 $\boldsymbol{X}$ 的最小二乘估计或加权最小二乘估计，记为 $\hat{\boldsymbol{X}}_{\mathrm{LS}}$ 或 $\hat{\boldsymbol{X}}_{\mathrm{LSW}}(\boldsymbol{Z})$，由最优估计求极小值原理可以得出

$$\hat{\boldsymbol{X}}_{\mathrm{LS}}(\boldsymbol{Z}) = (\boldsymbol{H}^{\mathrm{T}}\boldsymbol{H})^{-1}\boldsymbol{H}^{\mathrm{T}}\boldsymbol{Z}$$

或

$$\hat{\boldsymbol{X}}_{\mathrm{LSw}}(\boldsymbol{Z})=(\boldsymbol{H}^{\mathrm{T}}\boldsymbol{W}\boldsymbol{H})^{-1}\boldsymbol{H}^{\mathrm{T}}\boldsymbol{W}\boldsymbol{Z} \tag{5.36}$$

当 Z_i 为标量时，性能指标

$$J(\hat{\boldsymbol{X}})=(\boldsymbol{Z}-\boldsymbol{H}\hat{\boldsymbol{X}})^{\mathrm{T}}(\boldsymbol{Z}-\boldsymbol{H}\hat{\boldsymbol{X}})=\sum_{j=1}^{m}(\boldsymbol{Z}_j-\boldsymbol{H}_j\hat{\boldsymbol{X}})^2 \tag{5.37}$$

是估计误差的平方和函数。

2. 迭代法

前述的TRIAD、QUEST等确定性算法，其结果有明确的物理或几何上的意义，但这类方法要求参考矢量的参数足够精确，且原则上很难克服参考矢量的不确定性，如姿态敏感器的偏置误差及安装误差等，难以建立包括这些不确定性误差在内的定姿模型及不同精度测量值的加权处理。与这类方法相反，在迭代法中，被估计的量不限于姿态参数，矢量观测中的一些不确定性参数也可作为被估计的量，在最小二乘意义下提供被估计量的统计最优解，在一定程度上补偿了某些不确定性因素的影响，提高了姿态确定的精度。

1）星像点的共线条件方程式

如图5.12所示，O'—XYZ 为天球坐标系，由于恒星离地球很远，恒星相机到地心的距离与之相比可以忽略不计，因此地心 O' 可视为摄影中心，每张星图的外方位元素只包含三个姿态角元素。设 o—xy 为星片像平面坐标系，O'—xyz 为星片像空间坐标系，O'—XYZ 为天球坐标系，则 O'—xyz 在 O'—XYZ 中的方位由角元素（α_0，δ_0，γ_0）确定，其中（α_0，δ_0）分别表示摄影主光轴 $O'o$ 的赤经和赤纬，γ_0 为像片 y 轴正向与过主光轴子午面的夹角，图中所示各角均为正向。

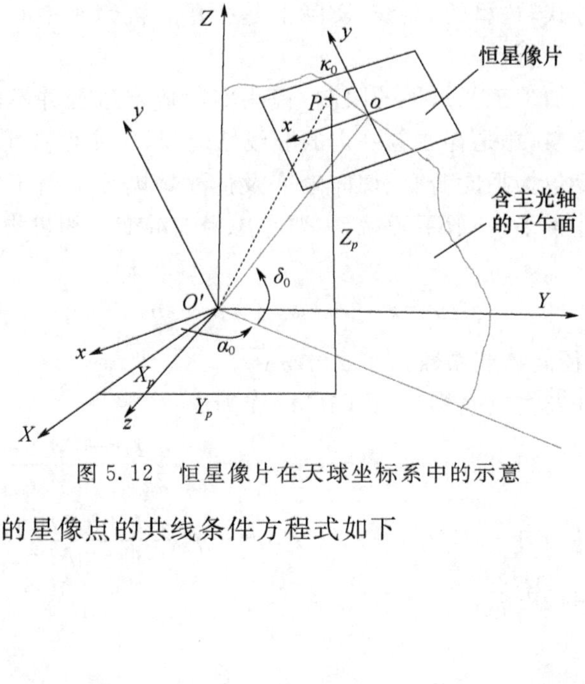

图5.12　恒星像片在天球坐标系中的示意

理想条件下的星像点的共线条件方程式如下

$$\left.\begin{aligned} x&=-f_S\frac{a_1\boldsymbol{L}+b_1\boldsymbol{M}+c_1\boldsymbol{N}}{a_3\boldsymbol{L}+b_3\boldsymbol{M}+c_3\boldsymbol{N}}\\ y&=-f_S\frac{a_2\boldsymbol{L}+b_2\boldsymbol{M}+c_2\boldsymbol{N}}{a_3\boldsymbol{L}+b_3\boldsymbol{M}+c_3\boldsymbol{N}}\end{aligned}\right\}\tag{5.38}$$

式中：x、y 是星点的像坐标；f_S 是相机的主距；a_i、b_i、c_i（$i=1,2,3$）为方向余弦，是星敏感器姿态角 α_0、δ_0、γ_0 的函数

$$\begin{aligned}
a_1&=\sin\alpha_0\cos\gamma_0-\cos\alpha_0\sin\delta_0\sin\gamma_0\\
a_2&=-\sin\alpha_0\sin\gamma_0-\cos\alpha_0\sin\delta_0\cos\gamma_0\\
a_3&=-\cos\alpha_0\cos\delta_0\\
b_1&=-\cos\alpha_0\cos\gamma_0-\sin\alpha_0\sin\delta_0\sin\gamma_0\\
b_2&=\cos\alpha_0\sin\gamma_0-\sin\alpha_0\sin\delta_0\cos\gamma_0\\
b_3&=-\sin\alpha_0\cos\delta_0\\
c_1&=\cos\delta_0\sin\gamma_0\\
c_2&=\cos\delta_0\cos\gamma_0\\
c_3&=-\sin\delta_0
\end{aligned}$$

$\boldsymbol{L}$、$\boldsymbol{M}$、$\boldsymbol{N}$ 是恒星在天球坐标系下的方向矢量，即

$$\begin{bmatrix}\boldsymbol{L}\\ \boldsymbol{M}\\ \boldsymbol{N}\end{bmatrix}=\begin{bmatrix}\cos\alpha\cos\delta\\ \sin\alpha\cos\delta\\ \sin\delta\end{bmatrix}$$

这里，(α,δ)分别为恒星在天球坐标系下的赤经、赤纬。需要注意的是这并不是严格的共线条件方程式，这里的"共线"实际上是指星相机镜头中心至像点的方向与地心至恒星的方向平行。

受镜头设计和加工工艺水平的限制，镜头实际成像过程并不能像理想透视成像那样保持线性变换，总是存在着一定的非线性畸变，这使得实际成像点偏离理想成像点。这些畸变包括径向畸变、切向畸变及薄棱镜畸变。由于镜头的切向畸变和薄棱镜畸变均非常小，一般不考虑，主要考虑径向畸变。相机物镜的径向畸变表示为

$$\Delta r=k_1r^3+k_2r^5+k_3r^7+\cdots\tag{5.39}$$

式中，k_1、k_2、k_3 是径向畸变系数，$r=\sqrt{x^2+y^2}$。

考虑径向畸变及主点坐标后，式(5.38)变为

$$\left.\begin{aligned}(x-x_0)(1-k_1r^2-k_2r^4-k_3r^6)&=-f_S\frac{a_1\boldsymbol{L}+b_1\boldsymbol{M}+c_1\boldsymbol{N}}{a_3\boldsymbol{L}+b_3\boldsymbol{M}+c_3\boldsymbol{N}}\\ (y-y_0)(1-k_1r^2-k_2r^4-k_3r^6)&=-f_S\frac{a_2\boldsymbol{L}+b_2\boldsymbol{M}+c_2\boldsymbol{N}}{a_3\boldsymbol{L}+b_3\boldsymbol{M}+c_3\boldsymbol{N}}\end{aligned}\right\}\tag{5.40}$$

式中，(x_0,y_0)是相机主点。

2)星像点共线条件方程式的线性化

将式(5.40)写为如下形式

$$\left.\begin{aligned}F_x=(x-x_0)(1-k_1r^2-k_2r^4-k_3r^6)+f_S\frac{a_1\boldsymbol{L}+b_1\boldsymbol{M}+c_1\boldsymbol{N}}{a_3\boldsymbol{L}+b_3\boldsymbol{M}+c_3\boldsymbol{N}}=0\\F_y=(y-y_0)(1-k_1r^2-k_2r^4-k_3r^6)+f_S\frac{a_2\boldsymbol{L}+b_2\boldsymbol{M}+c_2\boldsymbol{N}}{a_3\boldsymbol{L}+b_3\boldsymbol{M}+c_3\boldsymbol{N}}=0\end{aligned}\right\}\tag{5.41}$$

对式(5.41)按照泰勒级数展开,取至一次项,可得

$$\left.\begin{aligned}b_{11}\mathrm{d}f_S+b_{12}\mathrm{d}x_0+b_{13}\mathrm{d}y_0+b_{14}\mathrm{d}k_1+b_{15}\mathrm{d}k_2+b_{16}\mathrm{d}k_3+\\b_{17}\mathrm{d}\alpha_0+b_{18}\mathrm{d}\delta_0+b_{19}\mathrm{d}\gamma_0+l_x=0\\b_{21}\mathrm{d}f_S+b_{22}\mathrm{d}x_0+b_{23}\mathrm{d}y_0+b_{24}\mathrm{d}k_1+b_{25}\mathrm{d}k_2+b_{26}\mathrm{d}k_3+\\b_{27}\mathrm{d}\alpha_0+b_{28}\mathrm{d}\delta_0+b_{29}\mathrm{d}\gamma_0+l_y=0\end{aligned}\right\}\tag{5.42}$$

式中:$\mathrm{d}f_S$、$\mathrm{d}x_0$、$\mathrm{d}y_0$ 分别为相应内方位元素初始值的改正数;$\mathrm{d}k_1$、$\mathrm{d}k_2$、$\mathrm{d}k_3$ 分别为相应径向畸变改正系数初值的改正数;$\mathrm{d}\alpha_0$、$\mathrm{d}\delta_0$、$\mathrm{d}\gamma_0$ 分别为相应姿态角初值的改正数;l_x、l_y 分别为用各初值计算的 F_x 和 F_y,即

$$l_x=F_x^0,l_y=F_y^0$$

$$b_{11}=\frac{\partial F_x}{\partial f_S}=-\frac{x}{f_S},\quad b_{21}=\frac{\partial F_y}{\partial f_S}=-\frac{y}{f_S}$$

$$b_{12}=\frac{\partial F_x}{\partial x_0}=-1\quad ,\quad b_{22}=\frac{\partial F_y}{\partial x_0}=0$$

$$b_{13}=\frac{\partial F_x}{\partial y_0}=0\quad ,\quad b_{23}=\frac{\partial F_{y_x}}{\partial y_0}=-1$$

$$b_{14}=\frac{\partial F_x}{\partial k_1}=-(x-x_0)r^2,b_{24}=\frac{\partial F_y}{\partial k_1}=-(y-y_0)r^2$$

$$b_{15}=\frac{\partial F_x}{\partial k_2}=-(x-x_0)r^4,b_{25}=\frac{\partial F_y}{\partial k_2}=-(y-y_0)r^4$$

$$b_{16}=\frac{\partial F_x}{\partial k_3}=-(x-x_0)r^6,b_{26}=\frac{\partial F_y}{\partial k_3}=-(y-y_0)r^6$$

$$b_{17}=\frac{\partial F_x}{\partial \alpha_0}=-\frac{x}{f_S}(c_2x-c_1y)-c_3y-c_2f_S,b_{27}=\frac{\partial F_y}{\partial \alpha_0}=-\frac{y}{f_S}(c_2x-c_1y)+c_3x+c_1f_S$$

$$b_{18}=\frac{\partial F_x}{\partial \delta_0}=\frac{1}{\cos\delta_0}\left[\frac{x}{f_S}(c_1x+c_2y)+c_1f_S\right],b_{28}=\frac{\partial F_y}{\partial \delta_0}=\frac{1}{\cos\delta_0}\left[\frac{y}{f_S}(c_1x+c_2y)+c_2f_S\right]$$

$$b_{19}=\frac{\partial F_x}{\partial \gamma_0}=-y,b_{29}=\frac{\partial F_y}{\partial \gamma_0}=x$$

3)星像片姿态角的解算

将式(5.42)写成误差方程式的形式

$$
\left.\begin{aligned}
-v_x &= b_{11}\mathrm{d}f_S + b_{12}\mathrm{d}x_0 + b_{13}\mathrm{d}y_0 + b_{14}\mathrm{d}k_1 + b_{15}\mathrm{d}k_2 + b_{16}\mathrm{d}k_3 + \\
&\quad b_{17}\mathrm{d}\alpha_0 + b_{18}\mathrm{d}\delta_0 + b_{19}\mathrm{d}\gamma_0 + l_x \\
-v_y &= b_{21}\mathrm{d}f_S + b_{22}\mathrm{d}x_0 + b_{23}\mathrm{d}y_0 + b_{24}\mathrm{d}k_1 + b_{25}\mathrm{d}k_2 + b_{26}\mathrm{d}k_3 + \\
&\quad b_{27}\mathrm{d}\alpha_0 + b_{28}\mathrm{d}\delta_0 + b_{29}\mathrm{d}\gamma_0 + l_y
\end{aligned}\right\} \tag{5.43}
$$

显然,星像片上每颗恒星都可按照式(5.43)列出误差方程式。若将其写成矩阵形式,则对第 j 颗恒星来说,可写成

$$-\boldsymbol{v}_j=\boldsymbol{B}_j\boldsymbol{\delta}+\boldsymbol{L}_j \tag{5.44}$$

式中:$\boldsymbol{B}_j=\begin{bmatrix} b_{11} & b_{12} & \cdots & b_{19} \\ b_{21} & b_{22} & \cdots & b_{29}\end{bmatrix}$;$\boldsymbol{L}_j=\begin{bmatrix} l_x \\ l_y\end{bmatrix}$;$\boldsymbol{\delta}=[\mathrm{d}f_S \quad \mathrm{d}x_0 \quad \mathrm{d}y_0 \quad \mathrm{d}k_1 \quad \mathrm{d}k_2 \quad \mathrm{d}k_3 \quad \mathrm{d}\alpha_0 \quad \mathrm{d}\delta_0 \quad \mathrm{d}\gamma_0]^{\mathrm{T}}$。

m 颗星的全部误差方程式可写成

$$-\boldsymbol{v}=\boldsymbol{B}\boldsymbol{\delta}+\boldsymbol{L} \qquad \text{权矩阵 } \boldsymbol{\sigma}^{-1} \tag{5.45}$$

式中,$\boldsymbol{\sigma}$ 为 m 颗星的像坐标观测值的方差协方差矩阵,即

$$\boldsymbol{\sigma}=\begin{bmatrix} \sigma_1 & \cdots & 0 \\ \vdots & & \vdots \\ 0 & \cdots & \sigma_m \end{bmatrix} \tag{5.46}$$

按最小二乘法原理,其法方程为

$$\boldsymbol{B}^{\mathrm{T}}\boldsymbol{\sigma}^{-1}\boldsymbol{B}\boldsymbol{\delta}+\boldsymbol{B}^{\mathrm{T}}\boldsymbol{\sigma}^{-1}\boldsymbol{L}=0$$

令 $\boldsymbol{N}=\sum_{j=1}^{m}\boldsymbol{B}_j^{\mathrm{T}}\boldsymbol{\sigma}_j^{-1}\boldsymbol{B}_j$,$\boldsymbol{C}=-\sum_{j=1}^{m}\boldsymbol{B}_j^{\mathrm{T}}\boldsymbol{\sigma}_j^{-1}\boldsymbol{L}_j$,则有

$$\boldsymbol{\delta}=\boldsymbol{N}^{-1}\boldsymbol{C} \tag{5.47}$$

由于式(5.47)是由一次项构成的,所以需要用改正后的各参数值作为新的初值,反复进行迭代计算,直到各改正数小于规定的限差为止。像片的初始姿态角(α_0,δ_0,γ_0)可以通过双矢量定姿算法(TRIAD)来获得。

4)多星片整体解算

当依据最小二乘法原理用迭代法计算星片姿态角时可将多张互相具有重叠的星片的全部误差方程式用矩阵写成下列形式

$$\dot{\boldsymbol{B}}_i\dot{\boldsymbol{\delta}}_i+\overline{\boldsymbol{B}}_i\overline{\boldsymbol{\delta}}=\boldsymbol{L}_i+\boldsymbol{V}_i \tag{5.48}$$

式中:$\dot{\boldsymbol{\delta}}_i$ 为第 i 张星片的姿态的改正数向量,即$\dot{\boldsymbol{\delta}}_i=[\Delta\alpha_0 \quad \Delta\delta_0 \quad \Delta\gamma_0]^{\mathrm{T}}$;$\overline{\boldsymbol{\delta}}$为星相机内方位改正和镜头畸变改正等检校参数向量,$\overline{\boldsymbol{\delta}}=[\mathrm{d}f_S \quad \mathrm{d}x_0 \quad \mathrm{d}y_0 \quad \mathrm{d}k_1 \quad \mathrm{d}k_2 \quad \mathrm{d}k_3]^{\mathrm{T}}$;$\dot{\boldsymbol{B}}_i$ 和$\overline{\boldsymbol{B}}_i$ 分别为系数矩阵。

对用同一个星相机来说,可认为在一次短期飞行中,其检校参数是不变的,因此,可用多星片来进行整体解算。这样可以降低偶然误差的影响,提高解算精度。

假设某星相机连续拍摄了 n 张星片,则可列出全部误差方程式为

$$\left.\begin{aligned}\dot{\boldsymbol{B}}_1\ \dot{\boldsymbol{\delta}}_1+\overline{\boldsymbol{B}}_1\ \overline{\boldsymbol{\delta}}&=\boldsymbol{L}_1+\boldsymbol{V}_1\boldsymbol{W}_1\\ \dot{\boldsymbol{B}}_2\ \dot{\boldsymbol{\delta}}_2+\overline{\boldsymbol{B}}_2\ \overline{\boldsymbol{\delta}}&=\boldsymbol{L}_2+\boldsymbol{V}_2\boldsymbol{W}_2\\ &\vdots\\ \dot{\boldsymbol{B}}_n\ \dot{\boldsymbol{\delta}}_n+\overline{\boldsymbol{B}}_n\ \overline{\boldsymbol{\delta}}&=\boldsymbol{L}_n+\boldsymbol{V}_n\boldsymbol{W}_n\end{aligned}\right\}\tag{5.49}$$

则其法方程为

$$\begin{bmatrix}\dot{\boldsymbol{B}}_1{}^{\mathrm{T}}\boldsymbol{W}_1\dot{\boldsymbol{B}}_1 & 0 & 0 & \cdots & \dot{\boldsymbol{B}}_1{}^{\mathrm{T}}\boldsymbol{W}_1\overline{\boldsymbol{B}}_1\\ 0 & \dot{\boldsymbol{B}}_2{}^{\mathrm{T}}\boldsymbol{W}_2\dot{\boldsymbol{B}}_2 & \vdots & \vdots & \dot{\boldsymbol{B}}_2{}^{\mathrm{T}}\boldsymbol{W}_2\overline{\boldsymbol{B}}_2\\ \vdots & & & \vdots & \vdots\\ 0 & \cdots & \cdots & \dot{\boldsymbol{B}}_n{}^{\mathrm{T}}\boldsymbol{W}_n\dot{\boldsymbol{B}}_n & \dot{\boldsymbol{B}}_n{}^{\mathrm{T}}\boldsymbol{W}_n\overline{\boldsymbol{B}}_n\\ \overline{\boldsymbol{B}}_1{}^{\mathrm{T}}\boldsymbol{W}_1\dot{\boldsymbol{B}}_1 & \overline{\boldsymbol{B}}_2{}^{\mathrm{T}}\boldsymbol{W}_2\dot{\boldsymbol{B}}_2 & \cdots & \overline{\boldsymbol{B}}_n{}^{\mathrm{T}}\boldsymbol{W}_n\dot{\boldsymbol{B}}_n & \sum_{i=1}^{n}(\overline{\boldsymbol{B}}^{\mathrm{T}}\boldsymbol{W}\overline{\boldsymbol{B}})_i\end{bmatrix}\begin{bmatrix}\dot{\boldsymbol{\delta}}_1\\ \dot{\boldsymbol{\delta}}_2\\ \vdots\\ \dot{\boldsymbol{\delta}}_n\\ \overline{\boldsymbol{\delta}}\end{bmatrix}=\begin{bmatrix}\dot{\boldsymbol{B}}_1{}^{\mathrm{T}}\boldsymbol{W}_1\boldsymbol{L}_1\\ \dot{\boldsymbol{B}}_2{}^{\mathrm{T}}\boldsymbol{W}_2\boldsymbol{L}_2\\ \vdots\\ \dot{\boldsymbol{B}}_n{}^{\mathrm{T}}\boldsymbol{W}_n\boldsymbol{L}_n\\ \sum_{i=1}^{n}(\overline{\boldsymbol{B}}^{\mathrm{T}}\boldsymbol{W}\boldsymbol{L})_i\end{bmatrix}$$

求解以上法方程，可得各星片的姿态角改正数和星相机的检校参数。

5)姿态测量精度估计

星像片姿态角精度的概略估计公式为

$$\left.\begin{aligned}m_{\varphi\omega}&=\frac{\sqrt{2}}{f(2n-p)}m_{xy}\\ m_{\kappa}&=\frac{\sqrt{2}}{L(2n-p)}m_{xy}\end{aligned}\right\}\tag{5.50}$$

式中：$m_{\varphi\omega}$、m_{κ} 为星像片姿态角误差；m_{xy} 为星像点坐标量测中误差；n 为观测星像点的个数；p 为未知数个数；f 为星相机主距；L 为星像片幅面半对角线长度。

从式(5.50)可以看出，星像片姿态角的精度与星相机的主距值 f 和像幅大小 L 值有直接关系，即焦距越长，像幅越大，测定姿态角的精度越高。另外，对于星相机除了要求与地相机一样的鉴定工艺外，应特别强调提高内方位元素、镜头畸变差和星、地相机安置角的测定精度。

5.2.5　星敏感器/陀螺仪组合定姿

惯性陀螺是较为常用的姿态测量敏感器，其不仅自主性强、有限时间内精度高，而且还能输出姿态参数的变化率。其缺点是精度随着工作时间的增长而降低(漂移为 0.000 5～0.1(°)/h)。陀螺漂移是惯性测量装置的主要误差源，而且难以补偿，因此必须定期标校其误差，使其累计误差的影响降到最低。而实现这一目标的最佳途径就是利用不随时间积累的外部参考信息对惯导系统做综合校正，并对陀螺漂移做补偿。因此，为了不间断地获取精确的姿态信息，通常将陀螺仪与星敏感器(相机)组合使用。陀螺是惯性基准，可连续测得卫星相对于惯性空间的姿态角速度，为卫星提供最基本的姿态信息，但陀螺存在漂移，要得到高精度的姿态，需要星敏感器测量得到的高精度姿态信息进行校准，从而发挥了星敏感器精度高、陀螺数据更新速率高的优点，可以得到高精度和高更新率的姿态数据（吴志华，2011）。

5.2.6　地相机姿态角的解算

在航天摄影中，星、地相机是固联在一起的，星、地相机间的相对方位角，也就是星、地像片像空间坐标系之间的相对方位角，由三个角元素确定，这三个角元素称为星敏感器的安置角。通过安置角可以计算出它们之间的旋转矩阵（安置矩阵），然后通过星片的姿态和安置矩阵就可以求得地像片（地相机）的姿态角，这里要注意惯性坐标系到地固坐标系间的转换。

星片像空间坐标系、地片像空间坐标系、天球坐标系和地心坐标系等彼此之间旋转矩阵如图 5.13 所示。需要注意的是：图中箭头方向与相应旋转矩阵 $\boldsymbol{M}$ 之间的对应关系（箭头尾部为参考系），例如，地心坐标系在天球坐标系中的定向矩阵为 $\boldsymbol{M}_c$，而天球坐标系在地心坐标系中的定向矩阵为 $\boldsymbol{M}_c^T$，其余类似。

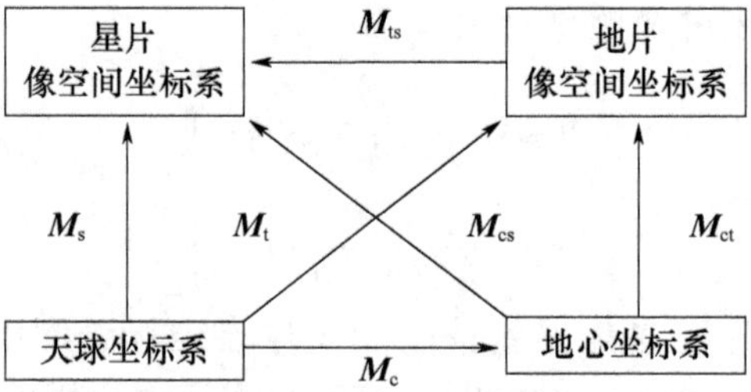

图 5.13　坐标系转换

确定了地像片的定向矩阵后，就可由角元素与矩阵之间的固有关系，计算各角元素。此固有关系取决于地像片在各坐标系中的姿态角采用何种角元素系统，可按需要选定。

第 6 章　航天线阵影像外部定向

对一幅线阵影像而言，其外方位元素（包括建模参数）或 RPC 统称为该幅影像的外部定向参数（external orientation，EO），而通过定轨测姿数据支持的空中三角测量技术解算外方位元素的工作称为影像的外部定向。众所周知，运用遥感影像进行地形测图的前提是已知每幅影像的外部定向参数，因此，外部定向是航天线阵影像摄影测量处理过程中的重要一环。依据定轨测姿数据支持的空中三角测量是否利用地面控制点，外部定向分为无控外部定向和有控外部定向。

§6.1　影像外方位元素建模

对线阵推扫式卫星遥感影像而言，影像中的任何一行独立对应一组不同的轨道和姿态参数。鉴于摄影测量处理过程中不可能、也没有必要解算每个采样周期的外方位元素，星载线阵影像平差的首要问题是选择合适的描述卫星轨道和姿态变化的数学模型，即首先需要对影像外方位元素进行建模。常用的模型有：低阶多项式模型（lower polynomial model，LPM）、分段多项式模型（piecewise polynomial model，PPM）、定向片内插模型（orientation interpolation model，OIM）及直接校正模型（direct correction model，DCM）等。

6.1.1　低阶多项式模型

由于卫星飞行平稳，在一定的时间间隔内可以采用低阶多项式模型来描述外方位元素的变化特征，其中最为常见的是线性多项式，其实质是对定轨测姿系统的测量数据进行偏移和漂移误差改正，此时瞬时外方位元素可表示为

$$\left.\begin{aligned} X_{S_t} &= X_{S_0} + a_X + b_X(t-t_0) \\ Y_{S_t} &= Y_{S_0} + a_Y + b_Y(t-t_0) \\ Z_{S_t} &= Z_{S_0} + a_Z + b_Z(t-t_0) \\ \varphi_t &= \varphi_0 + a_\varphi + b_\varphi(t-t_0) \\ \omega_t &= \omega_0 + a_\omega + b_\omega(t-t_0) \\ \kappa_t &= \kappa_0 + a_\kappa + b_\kappa(t-t_0) \end{aligned}\right\} \tag{6.1}$$

式中：$(X_{S_0}, Y_{S_0}, Z_{S_0}, \varphi_0, \omega_0, \kappa_0)$ 为 t_0 时刻的外方位元素；$(X_{S_t}, Y_{S_t}, Z_{S_t}, \varphi_t, \omega_t, \kappa_t)$ 为 t 时刻的外方位元素；$(a_X, a_Y, a_Z, a_\varphi, a_\omega, a_\kappa)$ 为外方位元素偏移改正量；$(b_X, b_Y, b_Z,$

$b_\varphi, b_\omega, b_\kappa$）为外方位元素的漂移改正量。

6.1.2 分段多项式模型

分段多项式模型是将整个飞行轨道按照一定的时间间隔分成若干段，每一段采用一个低阶多项式来描述外方位元素，在轨道分段处考虑外方位元素变化的连续性和光滑性。

对于第 i 个轨道分段内的时刻 t，PPM 可表示为

$$\left.\begin{aligned}
X_{S_t} &= X_{S_i} + X_0^i + X_1^i\,\bar{t} + X_2^i\,\bar{t}^2 \\
Y_{S_t} &= Y_{S_i} + Y_0^i + Y_1^i\,\bar{t} + Y_2^i\,\bar{t}^2 \\
Z_{S_t} &= Z_{S_i} + Z_0^i + Z_1^i\,\bar{t} + Z_2^i\,\bar{t}^2 \\
\varphi_{S_t} &= \varphi_{S_i} + \varphi_0^i + \varphi_1^i\,\bar{t} + \varphi_2^i\,\bar{t}^2 \\
\omega_{S_t} &= \omega_{S_i} + \omega_0^i + \omega_1^i\,\bar{t} + \omega_2^i\,\bar{t}^2 \\
\kappa_{S_t} &= \kappa_{S_i} + \kappa_0^i + \kappa_1^i\,\bar{t} + \kappa_2^i\,\bar{t}^2
\end{aligned}\right\} \tag{6.2}$$

式中：$(X_{S_i}, Y_{S_i}, Z_{S_i}, \varphi_i, \omega_i, \kappa_i)$ 为第 i 个轨道首端的初始外方位元素；$(X_0^i, Y_0^i, Z_0^i, X_1^i, Y_1^i, Z_1^i, X_2^i, Y_2^i, Z_2^i, \varphi_0^i, \omega_0^i, \kappa_0^i, \varphi_1^i, \omega_1^i, \kappa_1^i, \varphi_2^i, \omega_2^i, \kappa_2^i)$ $(i=1,2,\cdots,2n)$ 为分段多项式的系数，且有

$$\bar{t} = \frac{t - t_i}{t_i - t_{i+1}} \tag{6.3}$$

在分段边界处，相邻分段多项式 i 和 $i+1$ 计算出的外方位元素应满足相等的约束条件，即

$$\left.\begin{aligned}
X_0^i + X_1^i\,\bar{t} + X_2^i\,\bar{t}^2 &= X_0^{i+1} + X_1^{i+1}\,\bar{t} + X_2^{i+1}\,\bar{t}^2 \\
Y_0^i + Y_1^i\,\bar{t} + Y_2^i\,\bar{t}^2 &= Y_0^{i+1} + Y_1^{i+1}\,\bar{t} + Y_2^{i+1}\,\bar{t}^2 \\
Z_0^i + Z_1^i\,\bar{t} + Z_2^i\,\bar{t}^2 &= Z_0^{i+1} + Z_1^{i+1}\,\bar{t} + Z_2^{i+1}\,\bar{t}^2 \\
\varphi_0^i + \varphi_1^i\,\bar{t} + \varphi_2^i\,\bar{t}^2 &= \varphi_0^{i+1} + \varphi_1^{i+1}\,\bar{t} + \varphi_2^{i+1}\,\bar{t}^2 \\
\omega_0^i + \omega_1^i\,\bar{t} + \omega_2^i\,\bar{t}^2 &= \omega_0^{i+1} + \omega_1^{i+1}\,\bar{t} + \omega_2^{i+1}\,\bar{t}^2 \\
\kappa_0^i + \kappa_1^i\,\bar{t} + \kappa_2^i\,\bar{t}^2 &= \kappa_0^{i+1} + \kappa_1^{i+1}\,\bar{t} + \kappa_2^{i+1}\,\bar{t}^2
\end{aligned}\right\} \tag{6.4}$$

此外，如果考虑轨道光滑，也可附加一阶导数相等的约束条件，即

$$\left.\begin{aligned}
X_1^i + 2X_2^i\,\bar{t} &= X_1^{i+1} + 2X_2^{i+1}\,\bar{t} \\
Y_1^i + 2Y_2^i\,\bar{t} &= Y_1^{i+1} + 2Y_2^{i+1}\,\bar{t} \\
Z_1^i + 2Z_2^i\,\bar{t} &= Z_1^{i+1} + 2Z_2^{i+1}\,\bar{t} \\
\varphi_1^i + 2\varphi_2^i\,\bar{t} &= \varphi_1^{i+1} + 2\varphi_2^{i+1}\,\bar{t} \\
\omega_1^i + 2\omega_2^i\,\bar{t} &= \omega_1^{i+1} + 2\omega_2^{i+1}\,\bar{t} \\
\kappa_1^i + 2\kappa_2^i\,\bar{t} &= \kappa_1^{i+1} + 2\kappa_2^{i+1}\,\bar{t}
\end{aligned}\right\} \tag{6.5}$$

6.1.3　定向片内插模型

Ebner 和 Hofmann 等针对三线阵影像的处理，提出在飞行轨道上以一定的时间间隔抽取若干离散的曝光时刻，如图 6.1 中的 K 和 $K+1$，这些时刻获取的三个影像扫描行称为定向片(orientation image，OI)，平差过程中仅求解定向片时刻的外方位元素，其他采样周期的外方位元素由此内插得到，这就是三线阵影像平差所采用的定向片法。

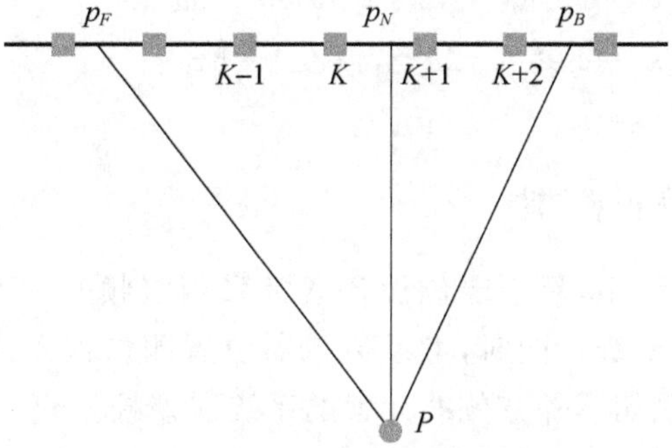

图 6.1　定向片法内插

定向片法平差一般采用拉格朗日多项式进行外方位元素内插，常用的有线性插值多项式、抛物插值多项式和三次插值多项式。在图 6.1 中，假设地面点 P 的正视像点 p_N 成像于扫描行 j，其位于定向片 K 和 $K+1$ 之间，如果采用三次拉格朗日多项式内插，则第 j 扫描行的外方位元素($X_S^j, Y_S^j, Z_S^j, \varphi^j, \omega^j, \kappa^j$)可利用相邻 4 个定向片 $K-1$、K、$K+1$、$K+2$ 的外方位元素内插得到，即

$$P(t_j) = \sum_{i=K-1}^{K+2}\left(P(t_i)\prod_{\substack{k=K-1\\k\neq i}}^{K+2}\frac{t-t_k}{t_i-t_k}\right) \tag{6.6}$$

式中，$P(t)$表示 t 时刻的某一外方位元素分量。

对具有定位定姿系统(positioning and orientation system，POS)或姿轨数据支持的空中三角测量，可采用改进的拉格朗日线性内插模型，即在常规拉格朗日线性内插基础上，加上由姿轨数据计算得出的内插修正项，(刘军，2007)。

$$\left.\begin{aligned}
X_S^j &= c_j X_S^k + (1-c_j)X_S^{k+1} - \delta X_j\\
Y_S^j &= c_j Y_S^k + (1-c_j)Y_S^{k+1} - \delta Y_j\\
Z_S^j &= c_j Z_S^k + (1-c_j)Z_S^{k+1} - \delta Z_j\\
\omega^j &= c_j\omega^k + (1-c_j)\omega^{k+1} - \delta\omega_j\\
\varphi^j &= c_j\varphi^k + (1-c_j)\varphi^{k+1} - \delta\varphi_j\\
\kappa^j &= c_j\kappa^k + (1-c_j)\kappa^{k+1} - \delta\kappa_j
\end{aligned}\right\} \tag{6.7}$$

式中：$c_j=\dfrac{t_{k+1}-t_j}{t_{k+1}-t_k}$；$(\delta X_j,\delta Y_j,\delta Z_j,\delta\omega_j,\delta\varphi_j,\delta\kappa_j)$为改正项，可利用POS或姿轨观测值计算

$$\left.\begin{aligned}\delta X_j&=c_jX^k_{\mathrm{GNSS}}+(1-c_j)X^{k+1}_{\mathrm{GNSS}}-\delta X^j_{\mathrm{GNSS}}\\ \delta Y_j&=c_jY^k_{\mathrm{GNSS}}+(1-c_j)Y^{k+1}_{\mathrm{GNSS}}-\delta Y^j_{\mathrm{GNSS}}\\ \delta Z_j&=c_jZ^k_{\mathrm{GNSS}}+(1-c_j)Z^{k+1}_{\mathrm{GNSS}}-\delta Z^j_{\mathrm{GNSS}}\\ \omega_j&=c_j\omega^k_{\mathrm{IMU}}+(1-c_j)\omega^{k+1}_{\mathrm{IMU}}-\delta\omega^j_{\mathrm{IMU}}\\ \varphi_j&=c_j\varphi^k_{\mathrm{IMU}}+(1-c_j)\varphi^{k+1}_{\mathrm{IMU}}-\delta\varphi^j_{\mathrm{IMU}}\\ \kappa_j&=c_j\kappa^k_{\mathrm{IMU}}+(1-c_j)\kappa^{k+1}_{\mathrm{IMU}}-\delta\kappa^j_{\mathrm{IMU}}\end{aligned}\right\}\tag{6.8}$$

6.1.4　直接校正模型

现有定轨测姿系统中，星上定位设备通常采用双频GNSS，有的带有SLR，其精密定轨精度已达厘米级。同时，考虑传感器位置测量误差对最终的地面点定位精度影响较小，可建立如下外方位线元素的系统误差校正模型

$$\left.\begin{aligned}X_S(t)&=X_{\mathrm{GNSS}}(t)+X_{\mathrm{off}}\\ Y_S(t)&=Y_{\mathrm{GNSS}}(t)+Y_{\mathrm{off}}\\ Z_S(t)&=Z_{\mathrm{GNSS}}(t)+Z_{\mathrm{off}}\end{aligned}\right\}\tag{6.9}$$

式中，$(X_{\mathrm{off}},Y_{\mathrm{off}},Z_{\mathrm{off}})$是根据整个条带估计的一组位置偏移参数。

由于空间环境的特殊性，卫星姿态变化是非常平稳的。因此，任一成像时刻t的传感器姿态可表示为

$$\left.\begin{aligned}\varphi_j&=\varphi(t)+\varphi_0+\varphi_1t\\ \omega_j&=\omega(t)+\omega_0+\omega_1t\\ \kappa_j&=\kappa(t)+\kappa_0+\kappa_1t\end{aligned}\right\}\tag{6.10}$$

星敏与陀螺等的姿态测量误差主要包括由最初安置不当形成的常差$(\omega_0,\varphi_0,\kappa_0)$和随时间累积的飘移误差$(\omega_1,\varphi_1,\kappa_1)$，必须确定并改正这些误差才能得到任意时刻精确的姿态数据。此时瞬时外方位元素可表示为

$$\left.\begin{aligned}X_S(t)&=X_{\mathrm{GNSS}}(t)+X_{\mathrm{off}}\\ Y_S(t)&=Y_{\mathrm{GNSS}}(t)+Y_{\mathrm{off}}\\ Z_S(t)&=Z_{\mathrm{GNSS}}(t)+Z_{\mathrm{off}}\\ \varphi_j&=\varphi(t)+\varphi_0+\varphi_1t\\ \omega_j&=\omega(t)+\omega_0+\omega_1t\\ \kappa_j&=\kappa(t)+\kappa_0+\kappa_1t\end{aligned}\right\}\tag{6.11}$$

令t代表成像时刻，假设数据采样时刻未记录，则t可由像素坐标u和一个固定的

扫描频率 f_s 的比值来确定，即

$$t=u/f_s \tag{6.12}$$

若扫描频率 f_s 未知，可利用每点的比率因子 d_i 来代替

$$d_i=\frac{u_i-u_s}{u_e-u_s} \tag{6.13}$$

式中：u_i 是点 i 在飞行方向上的像素坐标；u_s 和 u_e 是参与平差的某个轨道首端和末端各自的像素坐标。

姿态角误差是造成目前定位误差的主要原因。研究表明，姿态角系统误差的主要部分是常差，因此外方位角元素可进一步简化为

$$\left.\begin{aligned}\varphi_j&=\varphi(t)+\varphi_0\\\omega_j&=\omega(t)+\omega_0\\\kappa_j&=\kappa(t)+\kappa_0\end{aligned}\right\} \tag{6.14}$$

此时的外方位元素可以表示为

$$\left.\begin{aligned}X_S(t)&=X_{\mathrm{GNSS}}(t)+X_{\mathrm{off}}\\Y_S(t)&=Y_{\mathrm{GNSS}}(t)+Y_{\mathrm{off}}\\Z_S(t)&=Z_{\mathrm{GNSS}}(t)+Z_{\mathrm{off}}\\\varphi_j&=\varphi(t)+\varphi_0\\\omega_j&=\omega(t)+\omega_0\\\kappa_j&=\kappa(t)+\kappa_0\end{aligned}\right\} \tag{6.15}$$

§6.2　单像空间后方交会

单幅（景）影像是对卫星遥感影像进行摄影测量处理的基本单元。运用地面控制（少量地面控制点坐标）或空中控制（外方位元素的观测值）答解影像外方位元素模型参数或内方位元素的工作称为单像空间后方交会。

6.2.1　基于共线条件方程式的空间后方交会

设第 i 扫描行的外方位元素为 X_{S_i}、Y_{S_i}、Z_{S_i}、φ_i、ω_i、κ_i，则瞬时构像方程式为

$$\left.\begin{aligned}x_i&=0=-f\frac{a_1(X-X_{S_i})+b_1(Y-Y_{S_i})+c_1(Z-Z_{S_i})}{a_3(X-X_{S_i})+b_3(Y-Y_{S_i})+c_3(Z-Z_{S_i})}\\y_i&=-f\frac{a_2(X-X_{S_i})+b_2(Y-Y_{S_i})+c_2(Z-Z_{S_i})}{a_3(X-X_{S_i})+b_3(Y-Y_{S_i})+c_3(Z-Z_{S_i})}\end{aligned}\right\} \tag{6.16}$$

式中，各方向余弦为

$$\left.\begin{aligned}
a_1&=\cos\varphi_i\cos\kappa_i-\sin\varphi_i\sin\omega_i\sin\kappa_i\\
a_2&=-\cos\varphi_i\sin\kappa_i-\sin\varphi_i\sin\omega_i\cos\kappa_i\\
a_3&=-\sin\varphi_i\cos\omega_i\\
b_1&=\cos\omega_i\sin\kappa_i\\
b_2&=\cos\omega_i\cos\kappa_i\\
b_3&=-\sin\omega_i\\
c_1&=\sin\varphi_i\cos\kappa_i+\cos\varphi_i\sin\omega_i\sin\kappa_i\\
c_2&=-\sin\varphi_i\sin\kappa_i+\cos\varphi_i\sin\omega_i\cos\kappa_i\\
c_3&=\cos\varphi_i\cos\omega_i
\end{aligned}\right\}\tag{6.17}$$

星载 CCD 传感器受外界阻力小、飞行轨道平稳、姿态变化率小，在单幅影像的范围内，可认为各扫描行的外方位元素随 x 值线性变化。假设每幅影像的像平面坐标原点均位于中央扫描行的中点，则外方位元素可表示为

$$\left.\begin{aligned}
X_{S_i}&=X_{S_0}+\dot{X}_S x\\
Y_{S_i}&=Y_{S_0}+\dot{Y}_S x\\
Z_{S_i}&=Z_{S_0}+\dot{Z}_S x\\
\varphi_i&=\varphi_0+\dot{\varphi}x\\
\omega_i&=\omega_0+\dot{\omega}x\\
\kappa_i&=\kappa_0+\dot{\kappa}x
\end{aligned}\right\}\tag{6.18}$$

式中：X_{S_0}、Y_{S_0}、Z_{S_0}、φ_0、ω_0、κ_0 为中央扫描行的外方位元素；$\dot{X}_S$、$\dot{Y}_S$、$\dot{Z}_S$、$\dot{\varphi}$、$\dot{\omega}$、$\dot{\kappa}$ 为外方位元素的一阶变化率。这样，空间后方交会时的定向参数共有 12 个。

1. 原始误差方程式

将式(6.17)与式(6.18)代入式(6.16)，按泰勒级数展开并取一次项，得误差方程式

$$\left.\begin{aligned}
v_x=&a_{11}\mathrm{d}X_{S_0}+a_{12}\mathrm{d}Y_{S_0}+a_{13}\mathrm{d}Z_{S_0}+a_{14}\mathrm{d}\varphi_0+a_{15}\mathrm{d}\omega_0+a_{16}\mathrm{d}\kappa_0+a_{11}x\mathrm{d}\dot{X}_{S_0}+\\
&a_{12}x\mathrm{d}\dot{Y}_{S_0}+a_{13}x\mathrm{d}\dot{Z}_{S_0}+a_{14}x\mathrm{d}\dot{\varphi}_0+a_{15}x\mathrm{d}\dot{\omega}_0+a_{16}x\mathrm{d}\dot{\kappa}_0-l_x\\
v_y=&a_{21}\mathrm{d}X_{S_0}+a_{22}\mathrm{d}Y_{S_0}+a_{23}\mathrm{d}Z_{S_0}+a_{24}\mathrm{d}\varphi_0+a_{25}\mathrm{d}\omega_0+a_{26}\mathrm{d}\kappa_0+a_{21}x\mathrm{d}\dot{X}_{S_0}+\\
&a_{22}x\mathrm{d}\dot{Y}_{S_0}+a_{23}x\mathrm{d}\dot{Z}_{S_0}+a_{24}x\mathrm{d}\dot{\varphi}_0+a_{25}x\mathrm{d}\dot{\omega}_0+a_{26}x\mathrm{d}\dot{\kappa}_0-l_y
\end{aligned}\right\}\tag{6.19}$$

令

$$\mathbf{V}=\begin{bmatrix}v_x\\v_y\end{bmatrix},\mathbf{L}=\begin{bmatrix}l_x\\l_y\end{bmatrix}$$

$$\boldsymbol{A}=\begin{bmatrix} a_{11} & a_{12} & a_{13} & a_{14} & a_{15} & a_{16} & a_{11}y & a_{12}x & a_{13}x & a_{14}x & a_{15}x & a_{16}x \\ a_{21} & a_{22} & a_{23} & a_{24} & a_{25} & a_{26} & a_{21}x & a_{22}x & a_{23}x & a_{24}x & a_{25}x & a_{26}x \end{bmatrix}$$

$$\boldsymbol{\Delta}=[\mathrm{d}X_{S_0} \quad \mathrm{d}Y_{S_0} \quad \mathrm{d}Z_{S_0} \quad \mathrm{d}\varphi_0 \quad \mathrm{d}\omega_0 \quad \mathrm{d}\kappa_0 \quad \mathrm{d}\dot{X}_{S_0} \quad \mathrm{d}\dot{Y}_{S_0} \quad \mathrm{d}\dot{Z}_{S_0} \quad \mathrm{d}\dot{\varphi}_0 \quad \mathrm{d}\dot{\omega}_0 \quad \mathrm{d}\dot{\kappa}_0]^{\mathrm{T}}$$

则式(6.19)可表示为

$$\boldsymbol{V}=\boldsymbol{A\Delta}-\boldsymbol{L} \tag{6.20}$$

式中，$\boldsymbol{A}$ 的具体表达式为

$$\begin{aligned} &a_{11}=(a_1 f)/\overline{Z}, && a_{21}=(a_2 f+a_3 y)/\overline{Z} \\ &a_{12}=(b_1 f)/\overline{Z}, && a_{22}=(b_2 f+b_3 y)/\overline{Z} \\ &a_{13}=(c_1 f)/\overline{Z}, && a_{23}=(c_2 f+c_3 y)/\overline{Z} \\ &a_{14}=-b_2 f-yb_3, && a_{24}=(f+y^2/f)b_1 \\ &a_{15}=-f\sin k, && a_{25}=-(f+y^2/f)\cos\kappa \\ &a_{16}=y, && a_{26}=0 \end{aligned}$$

l_x、l_y 是常数项，表达式为

$$l_x=f\frac{\overline{X}}{\overline{Z}}, l_y=y+f\frac{\overline{Y}}{\overline{Z}}$$

其中

$$\begin{aligned} \overline{X}&=a_1(X-X_{S_0})+b_1(Y-Y_{S_0})+c_1(Z-Z_{S_0}) \\ \overline{Y}&=a_2(X-X_{S_0})+b_2(Y-Y_{S_0})+c_2(Z-Z_{S_0}) \\ \overline{Z}&=a_3(X-X_{S_0})+b_3(Y-Y_{S_0})+c_3(Z-Z_{S_0}) \end{aligned}$$

误差方程式中总共有 12 个参数，至少需要 6 个地面控制点才能解算这些定向参数。

2. 定向参数相关性及其克服

外方位元素解算是线阵 CCD 影像几何处理的难点之一。首先是由于其外方位元素是随时间变化的，整幅影像没有一组确定的外方位元素，其次是由于外方位元素之间具有很强的相关性，因此，线阵 CCD 影像外方位元素的解算必须考虑这些因素。

1)外方位元素之间的相关性

大量的试验表明，线阵 CCD 影像外方位元素之间存在着很强的相关性。例如，X_S 与 φ，Y_S 与 ω 等，当这些参数之间具有强相关时，设计矩阵的列向量之间就会近似线性相关，进而造成法方程严重病态，甚至奇异，使得求解结果精度不高甚至无法求解。

产生这种现象的原因是多方面的。首先，在航天摄影时，航高 H 很大，使得误差方程系数在数量级上相差很大，从而导致了法方程的严重病态；其次，线阵 CCD

扫描成像时，飞行方向的瞬时像坐标值恒为0；最后，航天线阵CCD相机的主距很大，而在垂直飞行方向的成像范围较小，使得摄影光束很窄，这对外方位元素的答解极为不利。另外，外方位元素的拟合模型不能真实反映实际变化规律，造成过多的待求参数，也是导致相关的原因之一。目前常用的克服相关性的方法如下：

(1)外方位元素线、角分开迭代求解。这种方法先解算6个基本外方位元素，即误差方程只保留这6个未知参数，迭代答解直到改正数小于限差。然后以这6个定向参数作为初始值，分别固定线元素或角元素，答解未固定的角元素或线元素，迭代进行即可得到定向参数的稳定求解。这实际上是假设一类参数正确的前提下解另一类参数，迭代循环逐渐趋近真值。解算时线、角元素分别列出各自的误差方程、法化并求解，从而在一定程度上避免了线角之间的相关性的影响。此法收敛性好，在实际工作中是应用最多的方法。但是这种方法在数学上是不严密的，并且它的迭代次数和解的精度依赖于外方位元素的初值。

(2)增加虚拟误差方程。这种方法增加了各参数的独立性，试验证明是有效的，但是虚拟误差方程的增加，无疑大大增加了工作量，扩大了法方程系数矩阵，并且是建立在拥有更多的数据(如各种轨道和姿态参数、星像片数据等)基础上的。

(3)岭估计法，即采用有偏估计方法解算定向参数。该方法通过改变法方程系数矩阵特征值接近于零的状况，改善设计矩阵的复共线性问题和法方程系数矩阵的病态性，取得稳定解。岭估计是在测量平差中应用较为广泛的有偏估计，可以有效地克服复共线性，解决病态性，提高参数估计的精度，对线阵影像的外部定向可以取得较高的精度。

2)岭估计

设参数平差的数学模型为

$$\boldsymbol{L}=\boldsymbol{A}\boldsymbol{X}+\boldsymbol{D} \qquad \boldsymbol{P} \tag{6.21}$$

式中：$\boldsymbol{L}$ 为 n 维观测向量；$\boldsymbol{A}$ 为设计矩阵；$\boldsymbol{X}$ 为 m 维的待求参数向量；$\boldsymbol{D}$ 为 n 维常数向量；$\boldsymbol{P}$ 为先验权矩阵。

误差方程为

$$\boldsymbol{V}=\boldsymbol{A}\hat{\boldsymbol{X}}+\boldsymbol{D}-\boldsymbol{L}=\boldsymbol{A}\hat{\boldsymbol{X}}+\boldsymbol{l} \qquad \boldsymbol{P} \tag{6.22}$$

式中，$\hat{\boldsymbol{X}}$ 为 $\boldsymbol{X}$ 的估值。

当设计矩阵 $\boldsymbol{A}$ 的列向量之间不存在相关时，按 $\hat{\boldsymbol{X}}$ 为 $\boldsymbol{X}$ 的最小二乘估计有

$$\hat{\boldsymbol{X}}=(\boldsymbol{A}^{\mathrm{T}}\boldsymbol{P}\boldsymbol{A})^{-1}\boldsymbol{A}^{\mathrm{T}}\boldsymbol{P}\boldsymbol{l} \tag{6.23}$$

但是，设计矩阵中的参数出现相关时，$\boldsymbol{A}^{\mathrm{T}}\boldsymbol{P}\boldsymbol{A}$ 接近奇异矩阵，这时由式(6.21)求出的 $\hat{\boldsymbol{X}}$ 虽然仍是最小二乘无偏估计，但是 $\hat{\boldsymbol{X}}$ 本身的方差可以很大，$\hat{\boldsymbol{X}}$ 与 $\boldsymbol{X}$ 的差异可能很大，甚至会出现符号不一致的结果，因而估计的效果不好。为了克服这一缺陷，人们对最小二乘估计进行了改进。“岭回归估计”便是其中之一，该方法由霍尔(Hoerl)和肯纳德(Kennard)于1970年提出，并得到了广泛的应用。

参数 $\boldsymbol{X}$ 的岭估计定义为

$$\hat{\boldsymbol{X}}(K)=(\boldsymbol{A}^{\mathrm{T}}\boldsymbol{PA}+K\boldsymbol{I})^{-1}\boldsymbol{A}^{\mathrm{T}}\boldsymbol{Pl} \tag{6.24}$$

式中，K 为岭参数，$\hat{\boldsymbol{X}}_K$ 为与岭参数 K 对应的 $\boldsymbol{X}$ 的估值。

为了比较岭估计的效果，首先定义估计量 $\hat{\boldsymbol{X}}$ 的均方差

$$\mathrm{MSE}(\hat{\boldsymbol{X}})\hat{=}\mathrm{E}\{(\hat{\boldsymbol{X}}-\boldsymbol{X})^{\mathrm{T}}(\hat{\boldsymbol{X}}-\boldsymbol{X})\} \tag{6.25}$$

将式(6.25)分解得

$$\mathrm{MSE}(\hat{\boldsymbol{X}})=\mathrm{tr}\{\mathrm{cov}(\hat{\boldsymbol{X}},\hat{\boldsymbol{X}})\}+\|\mathrm{E}(\hat{\boldsymbol{X}})-\boldsymbol{X}\|^2=\Delta_1+\Delta_2 \tag{6.26}$$

式中：Δ_1 是估计量 $\hat{\boldsymbol{X}}$ 的各个分量的方差之和；Δ_2 是估计量 $\hat{\boldsymbol{X}}$ 的数学期望与被估参数 $\boldsymbol{X}$ 的偏差的模的平方，在最小二乘估计中 $\Delta_2=0$。一个好的估计量，它的分量的偏差应该较小，而且每个分量的方差也应该比较小。但是当设计矩阵病态时，由于 $\boldsymbol{A}^{\mathrm{T}}\boldsymbol{PA}$ 接近奇异，则所有的特征根中，至少有一个接近于 0，所以 Δ_1 的值比较大，使得 $\mathrm{MSE}(\hat{\boldsymbol{X}})$ 偏大，因而估计的精度不高。

在岭估计情况下，估计量的均方误差为

$$\begin{aligned}\mathrm{MSE}(\hat{\boldsymbol{X}}(K)) &= \mathrm{tr}\{\mathrm{cov}(\hat{\boldsymbol{X}}(K),\hat{\boldsymbol{X}}(K))\}+\|\mathrm{E}(\hat{\boldsymbol{X}}(K))-\boldsymbol{X}\|^2\\ &= \delta^2\sum_{i=1}^{m+1}\frac{1}{(\lambda_i+K)}+K^2\boldsymbol{X}^{\mathrm{T}}(\boldsymbol{A}^{\mathrm{T}}\boldsymbol{A}+K\boldsymbol{I})^{-2}\boldsymbol{X}=\Delta_1(K)+\Delta_2(K)\end{aligned} \tag{6.27}$$

岭估计的思想是利用 K 的变化，适当增加 $\Delta_2(K)$ 的值，而大大地减小 $\Delta_1(K)$ 的值，从而总体减小 $\mathrm{MSE}(\hat{\boldsymbol{X}}(K))$ 的值。

可以证明，当 $0<K<2\delta^2/(\boldsymbol{X}^{\mathrm{T}}\boldsymbol{X})$ 时，$\mathrm{MSE}(\hat{\boldsymbol{X}}(K))<\mathrm{MSE}(\hat{\boldsymbol{X}})$，$K$ 的取值范围是岭估计改进最小二乘估计的范围。因此岭估计可以改进最小二乘估计。

在岭估计的应用中，参数 K 的确定是关键。但是究竟如何确定 K 值，理论上没有得到圆满的解决，而只是给出了许多选择 K 值的原则和方法。

(1)岭迹法。所谓岭迹就是岭估计量 $\hat{\boldsymbol{X}}(K)=(\boldsymbol{A}^{\mathrm{T}}\boldsymbol{PA}+K\boldsymbol{I})^{-1}\boldsymbol{A}^{\mathrm{T}}\boldsymbol{Pl}$ 的分量 $\hat{\boldsymbol{X}}_j(K)(j=1,2,\cdots,m)$ 以 K 为变量的函数，当 K 在$(0,\infty)$内变化时，描绘出$\hat{\boldsymbol{X}}_j(K)$ 的曲线。m 个分量对应 m 条岭迹。岭迹法就是将所有的分量的岭迹画在同一图上，选择 K 值，使得各个分量$\hat{\boldsymbol{X}}_j(K)$的变化趋于稳定，同时没有不合理的符号。

(2)曲线相交法。考察式(6.27)可得，$\Delta_1(K)$是 K 的减函数，而 $\Delta_2(K)$是增函数，通过对 $\Delta_1(K)$、$\Delta_2(K)$的导数取极限，可得

$$\left.\begin{aligned}\lim_{k\to 0^+}\frac{\mathrm{d}\Delta_1(K)}{\mathrm{d}K} &=-2\delta^2\sum_{i=1}^{m+1}\frac{1}{\lambda_i^2}\\ \lim_{k\to 0^+}\frac{\mathrm{d}\Delta_2(K)}{\mathrm{d}K} &= 0\end{aligned}\right\} \tag{6.28}$$

可见，当 K 值在 0 的附近取值时，对 $\Delta_2(K)$影响较小，而大大地减少了 $\Delta_1(K)$值。

根据这一特点，K 值的选取可由 $\Delta_1(K)$、$\Delta_2(K)$ 的交点进行确定。

6.2.2 基于平行投影构像模型的空间后方交会

对式(4.16)线性化得

$$
\begin{aligned}
&XA_1+YA_2+ZA_3+A_4-x=v_x\\
&y\left\{\frac{f(Z-\overline{Z})\sin\alpha}{m\ (f-y\tan\alpha)^2\cos^2\alpha}-\frac{y[f-(Z-\overline{Z})\cos\alpha/m]}{(f-y\tan\alpha)^2\cos^2\alpha}\right\}\mathrm{d}\alpha+X\mathrm{d}A_5+Y\mathrm{d}A_6+\\
&Z\mathrm{d}A_7+\mathrm{d}A_8+XA_5+YA_6+ZA_7+A_8-y\frac{f+(Z-\overline{Z})/(m\cos\alpha)}{f-y\tan\alpha}=v_y
\end{aligned}
\tag{6.29}
$$

上述误差方程式中包括 8 个仿射变换系数和 1 个倾斜角共 9 个参数，需要 5 个以上的地面控制点方能答解。迭代过程中，各未知数的初始值均取 0。

§6.3 航天线阵影像空中三角测量

通过量测重叠影像的像点坐标，依据摄影测量原理，运用解析方法解求每景影像外方位元素和地面加密点坐标的工作称为航天线阵影像空中三角测量，简称空三加密。其处理的对象是多景影像，既可以是一条带影像，也可以是具有重叠的多条带影像。在摄影测量领域有时也称为区域网平差。

6.3.1 基于线性多项式的自检校光束法平差

当用于自检校光束法区域网平差时，式(6.19)中应加入地面点坐标改正数及附加参数，即

$$
\boldsymbol{V}=\boldsymbol{A}_{\mathrm{EO}}\boldsymbol{X}_{\mathrm{EO}}+\boldsymbol{B}_T\boldsymbol{X}_T+\boldsymbol{C}_A\boldsymbol{X}_A-\boldsymbol{L}
\tag{6.30}
$$

式中：$\boldsymbol{X}_{\mathrm{EO}}=[\mathrm{d}X_{S_0}\quad \mathrm{d}Y_{S_0}\quad \mathrm{d}Z_{S_0}\quad \mathrm{d}\varphi_0\quad \mathrm{d}\omega_0\quad \mathrm{d}\kappa_0\quad \mathrm{d}\dot{X}_{S_0}\quad \mathrm{d}\dot{Y}_{S_0}\quad \mathrm{d}\dot{Z}_{S_0}\quad \mathrm{d}\dot{\varphi}_0\quad \mathrm{d}\dot{\omega}_0\quad \mathrm{d}\dot{\kappa}_0]^{\mathrm{T}}$ 为定向参数改正数向量；$\boldsymbol{X}_T=[\mathrm{d}X\quad \mathrm{d}Y\quad \mathrm{d}Z]^{\mathrm{T}}$ 为物方坐标改正数向量；$\boldsymbol{X}_T$ 为附加参数改正数向量；$\boldsymbol{A}_{\mathrm{EO}}$ 同式(6.20)中的 $\boldsymbol{A}$；$\boldsymbol{B}_T=\begin{bmatrix}-a_{11} & -a_{12} & -a_{13}\\ -a_{21} & -a_{22} & -a_{23}\end{bmatrix}$；$\boldsymbol{C}_A$ 为相应系数矩阵。上述各量均依赖于附加参数的具体形式。

针对定向参数的强相关，为保证解的稳定性，在具有定轨测姿数据时可将其视为“伪观测值”；另外，在自检校光束法平差中，附加参数的数值一般较小，而且相互之间往往存在相关性，平差过程中一般不宜将附加参数作为自由未知数进行答解，而是把它们也当作具有适当权值的观测值来看待。如果将地面控制点也处理成带有误差的观测值，则自检校光束法联合平差的基本误差方程式可表示为

$$\left.\begin{aligned} \boldsymbol{V}_x &= \boldsymbol{A}_{\mathrm{EO}}\boldsymbol{X}_{\mathrm{EO}} + \boldsymbol{B}_T\boldsymbol{X}_T + \boldsymbol{C}_A\boldsymbol{X}_A - \boldsymbol{L}_x & \boldsymbol{P}_x \\ \boldsymbol{V}_E &= \boldsymbol{E}_{\mathrm{EO}}\boldsymbol{X}_{\mathrm{EO}} \qquad\qquad\qquad\qquad - \boldsymbol{L}_E & \boldsymbol{P}_E \\ \boldsymbol{V}_C &= \qquad\qquad + \boldsymbol{E}_T\boldsymbol{X}_T \qquad\quad - \boldsymbol{L}_C & \boldsymbol{P}_C \\ \boldsymbol{V}_A &= \qquad\qquad\qquad\qquad \boldsymbol{E}_A\boldsymbol{X}_A - \boldsymbol{L}_A & \boldsymbol{P}_A \end{aligned}\right\} \tag{6.31}$$

式中：$\boldsymbol{X}_{\mathrm{EO}}$、$\boldsymbol{X}_T$、$\boldsymbol{X}_A$ 分别为定向参数、地面点坐标、地面控制点坐标和附加参数改正数向量；$\boldsymbol{A}_{\mathrm{EO}}$、$\boldsymbol{B}_T$、$\boldsymbol{C}_A$ 为相应的系数矩阵；$\boldsymbol{L}_x$、$\boldsymbol{L}_E$、$\boldsymbol{L}_C$、$\boldsymbol{L}_A$ 为相应的不符值；$\boldsymbol{P}_x$、$\boldsymbol{P}_E$、$\boldsymbol{P}_C$、$\boldsymbol{P}_A$ 为相应的权矩阵；$\boldsymbol{E}_{\mathrm{EO}}$、$\boldsymbol{E}_C$、$\boldsymbol{E}_A$ 为单位矩阵。

6.3.2　基于定向片的三线阵影像区域网平差

三线阵影像的获取，采用同轨立体构像方式，其传感器同时对不同目标构像，前视、正视和后视三条航带影像的外方位元素具有相同的变化规律。这种不同 CCD 影像外方位元素之间的固有关系，降低了对传感器姿态稳定度和地面控制点的密度要求，获取的航向重叠影像没有明显的时差，立体还原效果好，同时在飞行方向可以避免绝对摄影死角。

三线交会一点是光束法平差成功的基本标志。在无地面控制点可资考核平差精度情况下，上下视差、左右视差的中误差不失为衡量平差内部精度的重要依据。

1. 三线阵光束法平差的基本原理

定向片内插的基本思想是在飞行轨迹上以一定的时间间隔抽取若干离散的成像时刻，这些时刻获取的扫描行称为定向片 OI，平差过程中仅求解定向片时刻的外方位元素，其他采样周期的外方位元素由此内插得到。对卫星摄影测量而言，一般采用一阶的拉格朗日多项式进行内插。设扫描行 j 位于定向片 k 和 $k+1$ 之间，则第 j 扫描行的外方位元素与相邻定向片 k、$k+1$ 的外方位元素的关系可表示为

$$\left.\begin{aligned} X_s^j &= c_j X_s^k + (1-c_j) X_s^{k+1} \\ Y_s^j &= c_j Y_s^k + (1-c_j) Y_s^{k+1} \\ Z_s^j &= c_j Z_s^k + (1-c_j) Z_s^{k+1} \\ \varphi_s^j &= c_j \varphi_s^k + (1-c_j) \varphi_s^{k+1} \\ \omega_s^j &= c_j \omega_s^k + (1-c_j) \omega_s^{k+1} \\ \kappa_s^j &= c_j \kappa_s^k + (1-c_j) \kappa_s^{k+1} \end{aligned}\right\} \tag{6.32}$$

式中

$$c_j = \frac{t_{k+1} - t_j}{t_{k+1} - t_k}$$

以定向片的外方位元素和地面坐标为未知数，将式(6.32)线性化并代入线性化的共线条件方程式，即得出定向片法平差时像点坐标观测值的误差方程。

$$\left.\begin{aligned}v_x=&c_j(a_{11}\Delta X_s^k+a_{12}\Delta Y^k+a_{13}\Delta Z_s^k+a_{14}\Delta\varphi^k+a_{14}\Delta\omega^k+a_{16}\Delta\kappa^k)+\\&(1-c_j)(a_{11}\Delta X_s^{k+1}+a_{12}\Delta Y_s^{k+1}+a_{13}\Delta Z_s^{k+1}+a_{14}\Delta\varphi^{k+1}+a_{15}\Delta\omega^{k+1}+\\&a_{16}\Delta\kappa^{k+1})-a_{11}\Delta X-a_{12}\Delta Y-a_{13}\Delta Z-l_x\\v_y=&c_j(a_{21}\Delta X_s^k+a_{22}\Delta Y^k+a_{23}\Delta Z_s^k+a_{24}\Delta\varphi^k+a_{25}\Delta\omega^k+a_{26}\Delta\kappa^k)+\\&(1-c_j)(a_{21}\Delta X_s^{k+1}+a_{22}\Delta Y_s^{k+1}+a_{23}\Delta Z_s^{k+1}+a_{24}\Delta\varphi^{k+1}+a_{25}\Delta\omega^{k+1}+\\&a_{26}\Delta\kappa^{k+1})-a_{21}\Delta X-a_{22}\Delta Y-a_{23}\Delta Z-l_y\end{aligned}\right\}\quad(6.33)$$

式中：a_{ij}为共线条件方程式分别对X_s、Y_s、Z_s、φ、ω、κ的偏导数值；ΔX、ΔY、ΔZ为地面坐标的改正数；ΔX_s、ΔY_s、ΔZ_s、$\Delta\varphi$、$\Delta\omega$、$\Delta\kappa$为定向片外方位元素的改正数。对于每一个像点，均可按照式(6.33)列出两个误差方程式。

2. 定向片法的解算方案

定向片法光束法平差可采用前方交会、后方交会交替迭代的方案，其流程如图6.2所示。

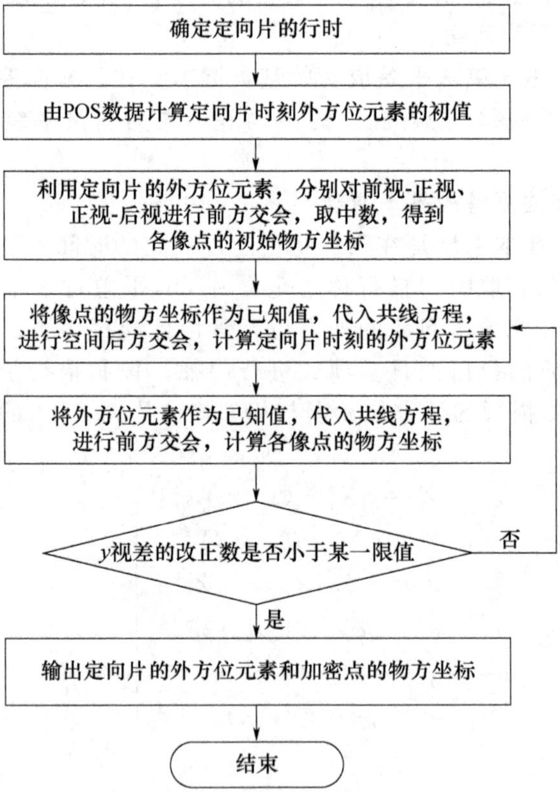

图6.2 定向片法平差流程

在原始误差方程式(6.33)中，如果已知地面点的坐标，该式就变成了解算空间后方交会的误差方程式

$$\left.\begin{aligned}v_x=&c_j(a_{11}\Delta X_s^k+a_{12}\Delta Y_s^k+a_{13}\Delta Z_s^k+a_{14}\Delta\varphi^k+a_{15}\Delta\omega^k+a_{16}\Delta\kappa^k)+\\&(1-c_j)(a_{11}\Delta X_s^{k+1}+a_{12}\Delta Y_s^{k+1}+a_{13}\Delta Z_s^{k+1}+a_{14}\Delta\varphi^{k+1}+\\&a_{15}\Delta\omega^{k+1}+a_{16}\Delta\kappa^{k+1})-l_x\\v_y=&c_j(a_{21}\Delta X_s^k+a_{22}\Delta Y_s^k+a_{23}\Delta Z_s^k+a_{24}\Delta\varphi^k+a_{25}\Delta\omega^k+a_{26}\Delta\kappa^k)+\\&(1-c_j)(a_{21}\Delta X_s^{k+1}+a_{22}\Delta Y_s^{k+1}+a_{23}\Delta Z_s^{k+1}+a_{24}\Delta\varphi^{k+1}+\\&a_{25}\Delta\omega^{k+1}+a_{26}\Delta\kappa^{k+1})-l_y\end{aligned}\right\}\tag{6.34}$$

反过来，如果每幅影像的外方位元素已知，则由式(6.33)可得空间前方交会的误差方程式

$$\left.\begin{aligned}v_x&=-a_{11}\Delta X-a_{12}\Delta Y-a_{13}\Delta Z-l_x\\v_y&=-a_{21}\Delta X-a_{22}\Delta Y-a_{23}\Delta Z-l_y\end{aligned}\right\}\tag{6.35}$$

首先利用初始外方位元素数据作为已知值，则可按式(6.35)求出每个像点的地面坐标，再将地面坐标代入共线条件方程式，计算像点坐标的偏差；然后再将像点坐标偏差代入式(6.34)，计算每个定向片时刻的外方位元素；如此反复趋近，直到偏差小于某个限差时为止。

3. 基于定向片法的联合平差

定向片法平差的一个明显优势在于可直接引入定轨测姿观测值，以保证平差系统的稳定。定轨测姿观测值有多种引入方式，可以直接将定轨测姿得到的位置和姿态参数作为外方位元素观测值，也可同时考虑其系统性误差的改正。将定向片的外方位元素及定轨测姿系统漂移参数作为未知数，同时视定轨测姿漂移参数为观测值，可得到定向片法联合平差的误差方程式为

$$\left.\begin{array}{llllll}\boldsymbol{V}_x&=\boldsymbol{A}_{\mathrm{EO}}\boldsymbol{X}_{\mathrm{EO}}+\boldsymbol{B}_T\boldsymbol{X}_T+\boldsymbol{C}_A\boldsymbol{X}_A&&&-\boldsymbol{L}_x&\boldsymbol{P}_x\\\boldsymbol{V}_C&=\qquad\quad+\boldsymbol{E}_C\boldsymbol{X}_T&&&-\boldsymbol{L}_C&\boldsymbol{P}_C\\\boldsymbol{V}_A&=&\boldsymbol{E}_A\boldsymbol{X}_A&&-\boldsymbol{L}_A&\boldsymbol{P}_A\\\boldsymbol{V}_{\mathrm{GNSS}}&=\boldsymbol{A}_{\mathrm{GNSS}}\boldsymbol{X}_{\mathrm{EO}}^{\mathrm{GNSS}}&&+\boldsymbol{D}_{\mathrm{Dis}}\boldsymbol{X}_{\mathrm{Dis}}+\boldsymbol{F}_{\mathrm{Dri}}\boldsymbol{X}_{\mathrm{Dri}}&-\boldsymbol{L}_{\mathrm{GNSS}}&\boldsymbol{P}_{\mathrm{GNSS}}\\\boldsymbol{V}_{\mathrm{IMU}}&=\boldsymbol{A}_{\mathrm{IMU}}\boldsymbol{X}_{\mathrm{EO}}^{\mathrm{IMU}}&&+\boldsymbol{D}_{\mathrm{Mis}}\boldsymbol{X}_{\mathrm{Mis}}&-\boldsymbol{L}_{\mathrm{IMU}}&\boldsymbol{P}_{\mathrm{IMU}}\end{array}\right\}\tag{6.36}$$

式中：第一个方程是式(6.33)的扩展观测方程；$\boldsymbol{X}_{\mathrm{EO}}$为定向片外方位元素改正数向量；$\boldsymbol{X}_T$ 为地面点坐标改正数向量；$\boldsymbol{X}_A$ 为自检校参数向量，视具体附加参数模型而定；$\boldsymbol{X}_{\mathrm{Dis}}$为 GNSS 相位中心位置偏移参数向量；$\boldsymbol{X}_{\mathrm{Dri}}$为 GNSS 漂移参数向量；$\boldsymbol{X}_{\mathrm{Mis}}$是 IMU 偏角未知数改正数向量；$\boldsymbol{A}$、$\boldsymbol{B}$、$\boldsymbol{C}$、$\boldsymbol{D}$、$\boldsymbol{F}$ 为相应的系数矩阵；$\boldsymbol{V}$、$\boldsymbol{L}$、$\boldsymbol{P}$ 分别表示残差向量、常数向量(计算值和已知值的不符值)和相应的权矩阵。

6.3.3　基于直接校正模型的区域网联合平差

由自检校模型和 DCM 组成扩展的像点观测方程，同时加上附加参数的约束方程，可得到基于 DCM 联合平差数学模型

$$
\left.\begin{aligned}
\boldsymbol{V}_x &= \boldsymbol{A}_{\text{off}}\boldsymbol{X}_{\text{off}} + \boldsymbol{B}_{\text{Dis}}\boldsymbol{X}_{\text{Dis}} + \boldsymbol{B}_{\text{Dri}}\boldsymbol{X}_{\text{Dri}} + \boldsymbol{C}\boldsymbol{X}_T + \boldsymbol{D}\boldsymbol{X}_A - \boldsymbol{L}_x & \boldsymbol{P}_x \\
\boldsymbol{V}_{\text{off}} &= \boldsymbol{E}\boldsymbol{X}_{\text{off}} - \boldsymbol{L}_{\text{off}} & \boldsymbol{P}_{\text{off}} \\
\boldsymbol{V}_{\text{Dis}} &= + \boldsymbol{E}\boldsymbol{X}_{\text{Dis}} - \boldsymbol{L}_{\text{Dis}} & \boldsymbol{P}_{\text{Dis}} \\
\boldsymbol{V}_{\text{Dri}} &= + \boldsymbol{E}\boldsymbol{X}_{\text{Dri}} - \boldsymbol{L}_d & \boldsymbol{P}_d \\
\boldsymbol{V}_C &= + \boldsymbol{E}\boldsymbol{X}_T - \boldsymbol{L}_C & \boldsymbol{P}_C \\
\boldsymbol{V}_A &= + \boldsymbol{E}\boldsymbol{X}_A - \boldsymbol{L}_A & \boldsymbol{P}_A
\end{aligned}\right\} \tag{6.37}
$$

第一个方程是扩展的共线条件方程的线性化观测方程，由 DCM 和自检校模型代入共线条件方程式中得到；$\boldsymbol{X}_{\text{off}}$是定位系统的位置偏移向量；$\boldsymbol{X}_{\text{Dis}}$和 $\boldsymbol{X}_{\text{Dri}}$是分别表示定姿系统的偏移和漂移参数向量；$\boldsymbol{X}_T$ 为地面点坐标向量；$\boldsymbol{X}_A$ 为自检校参数向量；$\boldsymbol{A}$、$\boldsymbol{B}_{\text{Dis}}$、$\boldsymbol{B}_{\text{Dri}}$、$\boldsymbol{C}$、$\boldsymbol{D}$ 为相应的系数矩阵；$\boldsymbol{V}$、$\boldsymbol{L}$、$\boldsymbol{P}$ 分别表示残差向量、常数向量（计算值和已知值的不符值）和相应的权矩阵。其中

$$
\boldsymbol{A}_{\text{off}} = \begin{bmatrix} a_{11} & a_{12} & a_{13} \\ a_{21} & a_{22} & a_{23} \end{bmatrix} = \begin{bmatrix} \dfrac{\partial x}{\partial X_{\text{off}}} & \dfrac{\partial x}{\partial Y_{\text{off}}} & \dfrac{\partial x}{\partial Z_{\text{off}}} \\ \dfrac{\partial y}{\partial X_{\text{off}}} & \dfrac{\partial y}{\partial Y_{\text{off}}} & \dfrac{\partial y}{\partial Z_{\text{off}}} \end{bmatrix}
$$

$$
\boldsymbol{B}_{\text{Dis}} = \begin{bmatrix} b_{s11} & b_{s12} & b_{s13} \\ b_{s21} & b_{s22} & b_{s23} \end{bmatrix} = \begin{bmatrix} \dfrac{\partial x}{\partial \omega} & \dfrac{\partial x}{\partial \varphi} & \dfrac{\partial x}{\partial \kappa} \\ \dfrac{\partial y}{\partial \omega} & \dfrac{\partial y}{\partial \varphi} & \dfrac{\partial y}{\partial \kappa} \end{bmatrix}
$$

$$
\boldsymbol{B}_{\text{Dri}} = \begin{bmatrix} b_{d11} & b_{d12} & b_{d13} \\ b_{d21} & b_{d22} & b_{d23} \end{bmatrix} = \begin{bmatrix} \dfrac{\partial x}{\partial \omega_1} & \dfrac{\partial x}{\partial \varphi_1} & \dfrac{\partial x}{\partial \kappa_1} \\ \dfrac{\partial y}{\partial \omega_1} & \dfrac{\partial y}{\partial \varphi_1} & \dfrac{\partial y}{\partial \kappa_1} \end{bmatrix} = d_i\,\boldsymbol{B}_{\text{Dis}}
$$

式中，d_i 见式(6.13)。

6.3.4 基于等效框幅像片的光束法平差

航天摄影测量中，经常将动态获取的影像换算为等效框幅式像片（equivalent frame photo，EFP）来处理。三线阵 CCD 影像是三条光线同时对不同地面构像的结果，这里讨论的等效框幅像片上只有三条同一时刻所得的间隔为 $f\tan\alpha$ 的线阵影像。EFP 的像平面坐标系如图 6.3 所示。

三线阵 CCD 相机获取的立体影像，由于光学机械工艺上的原因，三个 CCD 线阵不可能等同于框幅相机的同一焦平面上的三个缝隙影像。在光束法平差中，可以将前、正、后三个相机摄取的影像归算成一个框幅相机摄取的影像，即“等效框幅像片”（简称 EFP）。对于卫星摄影而言，平台比较平稳，外方位元素变化率不大，可以采用 CCD 影像自身解算 EFP 时刻的外方位元素。在 EFP 方法中，规定相邻 EFP 时刻的飞行间距为基线 B 的 1/10，任何一个 EFP 时刻与其相距成基线整数

倍的时刻均可构成一个空中三角锁。在三线阵 CCD 影像 EFP 光束法平差中，从外方位元素近似值开始，计算的 EFP 像点坐标也是近似值，需要将参与平差的像点坐标逆投影至 EFP 时刻，重新计算其像点坐标。

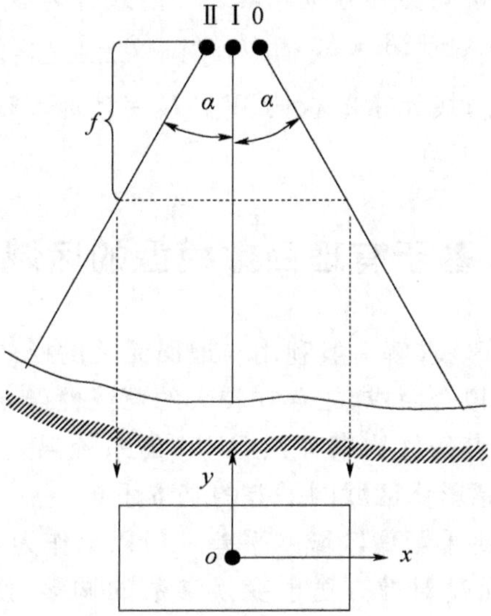

图 6.3　EFP 的像平面坐标

基于 EFP 光束法平差采用后方、前方交会交替迭代的方案，同时建立外方位元素平滑条件方程参与平差计算。

1. 前方交会

前方交会第 i 片、第 j 个地面点的改正数方程为

$$\begin{bmatrix} V_{x_{ij}} \\ V_{y_{ij}} \end{bmatrix} = \boldsymbol{B}_{ij}\boldsymbol{\delta}_j - \begin{bmatrix} l_{x_{ij}} \\ l_{y_{ij}} \end{bmatrix} \qquad (i=0,\cdots,n) \tag{6.38}$$

式中：$V_{x_{ij}}$、$V_{y_{ij}}$ 为像点坐标余差；$\boldsymbol{B}_{ij}$ 为系数矩阵；$\boldsymbol{\delta}_j=[\delta X_j \quad \delta Y_j \quad \delta Z_j]^{\mathrm{T}}$ 为地面点 j 坐标改正数；$l_{x_{ij}}=x_{ij}-\mathring{x}_{ij}$，$l_{y_{ij}}=y_{ij}-\mathring{y}_{ij}$，$\mathring{x}_{ij}$、$\mathring{y}_{ij}$ 为 $\mathring{\boldsymbol{P}}_i$ 代入共线条件方程式的计算值，$\mathring{\boldsymbol{P}}_i=[\mathring{X}_{s_i} \quad \mathring{Y}_{s_i} \quad \mathring{Z}_{s_i} \quad \mathring{\varphi}_i \quad \mathring{\omega}_i \quad \mathring{\kappa}_i]^{\mathrm{T}}$ 为外方位元素初始值或迭代逼近值。

2. 后方交会

后方交会第 i 片中第 j 个像点的改正数方程为

$$\begin{bmatrix} V_{x_{ij}} \\ V_{y_{ij}} \end{bmatrix} = \boldsymbol{A}_{ij}\boldsymbol{\delta}_i - \begin{pmatrix} l_{x_{ij}} \\ l_{y_{ij}} \end{pmatrix} \qquad (i=0,\cdots,n) \quad 权为 \boldsymbol{W}_A \tag{6.39}$$

式中：$\boldsymbol{A}_{ij}$ 为系数矩阵；$n=$基线数$\times 10+1$，为航线像片数；$\boldsymbol{\delta}_j=[\delta X_{s_i} \quad \delta Y_{s_i} \quad \delta Y_{s_i} \quad \delta\varphi_i \quad \delta\omega_i \quad \delta\kappa_i]^{\mathrm{T}}$ 为外方位元素改正数。

3. 外方位元素平滑条件方程

在空间环境下，外方位元素变化比较平稳，同类外方位元素二阶差分等于零的条件对外方位线元素和角元素均成立，此条件可以将离散的各条空中三角锁的外方位元素联结为整体。按同类外方位元素之二阶差分为零给出以下方程

$$\boldsymbol{V}_k=\boldsymbol{\delta}_{k+1}-2\boldsymbol{\delta}_k+\boldsymbol{\delta}_{k-1}-\boldsymbol{l}_K \quad (k=1,\cdots,n-1) \tag{6.40}$$

式中：角元素的权为 $W_{s\alpha}$；线元素的权为 W_{sp}；$\boldsymbol{l}_K=\mathring{\boldsymbol{P}}_{k+1}-2\mathring{\boldsymbol{P}}_k+\mathring{\boldsymbol{P}}_{k-1}$；$\boldsymbol{V}_k=[V_{X_{s_k}} \quad V_{Y_{s_k}} \quad V_{Z_{s_k}} \quad V_{\varphi_k} \quad V_{\omega_k} \quad V_{\kappa_k}]^{\mathrm{T}}$。

§6.4 基于有理函数模型的区域网平差

卫星遥感影像的 RPC 求解一般利用与地面无关的模式，通过卫星遥感影像的严格成像几何模型计算拟合而成，故存在较大的系统性误差。因此，可以通过影像自身间的约束以及控制点条件约束补偿 RFM 的系统误差来提高定位精度，这就是基于 RFM 的卫星遥感影像区域网平差的基本思想。

基于 RFM 的卫星遥感影像区域网平差一般以景作为一个平差单元，以 RFM 作为平差的基础方程，通过对像方仿射变换参数的调整，使公共光线实现最佳交会，将整体区域最佳地纳入控制点坐标系中，从而确定加密点的地面坐标及每景影像的 RFM 的像方仿射变换参数。

6.4.1 基于有理函数模型的区域网平差

基于仿射变换的像方补偿 RFM 的公式为

$$\left.\begin{aligned} r_n+\Delta r&=\frac{p_1(X_n,Y_n,Z_n)}{p_2(X_n,Y_n,Z_n)}\\ c_n+\Delta c&=\frac{p_3(X_n,Y_n,Z_n)}{p_4(X_n,Y_n,Z_n)}\end{aligned}\right\} \tag{6.41}$$

式中

$$\left.\begin{aligned}\Delta r&=a_0+a_1r+a_2c\\ \Delta c&=b_0+b_1r+b_2c\end{aligned}\right\} \tag{6.42}$$

将仿射变换系数和地面点的坐标作为未知数，对其线性化，得到基于 RFM 的区域网平差的误差方程式

$$\boldsymbol{V}=\boldsymbol{A}\boldsymbol{t}+\boldsymbol{B}\boldsymbol{x}-\boldsymbol{l} \tag{6.43}$$

式中：$\boldsymbol{V}=[v_r \quad v_c]^{\mathrm{T}}$ 为行、列方向坐标观测值残差向量；$\boldsymbol{t}=[\mathrm{d}a_0 \quad \mathrm{d}a_1 \quad \mathrm{d}a_2 \quad \mathrm{d}b_0 \quad \mathrm{d}b_1 \quad \mathrm{d}b_2]^{\mathrm{T}}$ 为仿射变换系数的改正数向量；$\boldsymbol{x}=[\mathrm{d}X \quad \mathrm{d}Y \quad \mathrm{d}Z]^{\mathrm{T}}$ 为地面点坐标改正数向量；$\boldsymbol{l}=\begin{bmatrix}r-r_0\\ c-c_0\end{bmatrix}$，其中$(r_0,c_0)$为利用未知数的近似值代入式(6.41)计算得

到的像点行列坐标值；$\boldsymbol{A}$、$\boldsymbol{B}$ 为系数矩阵

$$\boldsymbol{A}=\begin{bmatrix} \frac{\partial r}{\partial a_0} & \frac{\partial r}{\partial a_1} & \frac{\partial r}{\partial a_2} & 0 & 0 & 0 \\ 0 & 0 & 0 & \frac{\partial c}{\partial b_0} & \frac{\partial c}{\partial b_1} & \frac{\partial c}{\partial b_2} \end{bmatrix}=\begin{bmatrix} 1 & r & c & 0 & 0 & 0 \\ 0 & 0 & 0 & 1 & r & c \end{bmatrix}$$

$$\boldsymbol{B}=\begin{bmatrix} \frac{\partial r}{\partial X} & \frac{\partial r}{\partial Y} & \frac{\partial r}{\partial Z} \\ \frac{\partial c}{\partial X} & \frac{\partial c}{\partial X} & \frac{\partial c}{\partial X} \end{bmatrix}$$

其中

$$\frac{\partial r}{\partial Z}=\frac{\frac{\partial p_1}{\partial Z}p_2-p_1\frac{\partial p_2}{\partial Z}}{p_2 p_2}$$

$$\frac{\partial r}{\partial Y}=\frac{\frac{\partial p_1}{\partial Y}p_2-p_1\frac{\partial p_2}{\partial Y}}{p_2 p_2}$$

$$\frac{\partial r}{\partial X}=\frac{\frac{\partial p_1}{\partial X}p_2-p_1\frac{\partial p_2}{\partial X}}{p_2 p_2}$$

$$\frac{\partial c}{\partial Z}=\frac{\frac{\partial p_3}{\partial Z}p_4-p_3\frac{\partial p_4}{\partial Z}}{p_4 p_4}$$

$$\frac{\partial c}{\partial Y}=\frac{\frac{\partial p_3}{\partial Y}p_4-p_3\frac{\partial p_4}{\partial Y}}{p_4 p_4}$$

$$\frac{\partial c}{\partial X}=\frac{\frac{\partial p_3}{\partial X}p_4-p_3\frac{\partial p_4}{\partial X}}{p_4 p_4}$$

对于每个连接点和控制点($\mathrm{d}X=\mathrm{d}Y=\mathrm{d}Z=0$)均按式(6.43)列误差方程式，最后按最小二乘法法化答解，得到像点坐标系统误差补偿参数以及待求点的地面坐标。

6.4.2　基于 RFM 的多源异构影像区域网联合平差

随着国内外高分辨率测绘卫星的不断发展，可以获取大范围的同轨或异轨立体影像，加上高精度的定轨测姿系统的集成，极大地促进了遥感地形测绘在技术体系上的变革。与此同时，在实际应用中产生了新的问题：一是面对稀少或无控制点的大范围区域(多条带)如何制作符合要求的测绘产品；二是同轨同源影像无法完整覆盖测区，而需要补充异源、异构影像的情况下，如何实现高精度测图。该问题的解决必须依靠同一区域的多重覆盖、多时相、多源卫星遥感影像区域网联合平差

技术(刑帅，2008)。

无论是光学线阵影像还是SAR影像均可用RFM表达。为此，可以地固地心直角坐标系作为多源数据处理的统一平台，以像方仿射变换参数作为多源遥感影像统一的平差参数，以广义立体的同名光线相交于一点以及控制点的加密坐标与外业坐标相等为平差条件，以RFM作为联合平差的基础方程，建立多源遥感影像一体化空中三角测量模型。

§6.5 激光测距数据辅助的线阵影像联合平差

目前，基于测绘卫星的全球无地面控制摄影测量原理方法上已经成熟，但精度上要符合测图要求，其技术难度仍然很大，主要是高程精度难以达到要求。究其原因，制约因素主要是姿态角的测量精度及其稳定性。当前主要采取两种策略：一是提高星敏感器的姿态测定精度，二是提高卫星平台的稳定性。在现代条件下，星载双频GNSS测定摄站坐标精度可达到亚米级，星敏感器定姿的精度可达到1″(如采用事后处理可达到亚秒级)。尽管如此，对于1：1万及更大比例尺高精度测绘卫星而言，要达到相应的精度要求，难度依然很大(王任享 等，2004，2014)。

为了实现无地面控制大比例尺地图测绘，可以采用激光测距仪辅助摄影测量的方案(何钰，2006；岳春宇，2013；王建荣，2013；王任享，2014)。激光测距仪是一种能够精确获得地面三维信息的主动遥感手段，当激光测距精度足够高时，将其作为控制条件，可以参与影像的区域网平差计算，从而提高地面点的高程精度。

目前，定轨精度可达分米级，因此激光测距仪的摄站对激光点定位精度的影响可以忽略。这样，激光测距仪对地定位 X 方向的误差主要与俯仰角 φ 的测量精度有关，Y 方向的误差主要与侧滚角 ω 和指向角 θ 的测量精度有关，Z 方向的误差主要与测距值 L 的测量精度有关。由于激光测距精度很高，且其误差传播系数较小，所以星载激光测距仪的高程精度很高。卫星的定姿精度虽然很高，但是姿态角及指向角的误差传播系数很大，是激光测距误差传播系数的几十万倍。同时姿态角还有慢漂移等现象，所以整体上星载激光测距仪的平面定位精度远低于高程精度。为此，对于激光测距数据辅助联合平差，应使高程的权值大于平面坐标的权值。

6.5.1 激光足印点位坐标的计算

设 S 为激光测距仪脉冲发射中心，其在物方坐标系中的坐标为(X_{SL}，Y_{SL}，Z_{SL})，P 为所观测的地面点，L 为距离测量值，(φ,ω,κ)为激光测距仪在物方坐标系中的外方位角元素，θ 为激光测距仪的指向角，足印点在传感器坐标系中的坐标为 (x,y,z)，则足印点的地面坐标为(岳春宇，2013)

$$\begin{bmatrix} X_P \\ Y_P \\ Z_P \end{bmatrix} = \begin{bmatrix} X_{SL} \\ Y_{SL} \\ Z_{SL} \end{bmatrix} + \begin{bmatrix} a_{1L} & a_{2L} & a_{3L} \\ b_{1L} & b_{2L} & b_{3L} \\ c_{1L} & c_{2L} & c_{3L} \end{bmatrix} \begin{bmatrix} x \\ y \\ z \end{bmatrix} \tag{6.44}$$

式中：(a_{iL}, b_{iL}, c_{iL}) 为由外方位角元素 (φ,ω,κ) 组成的方向余弦；姿态角与摄站坐标是运用激光测距仪发射脉冲的时刻由定轨测姿数据内插得出。设激光测距仪脉冲发射中心与 GNSS 天线中心的偏心量为 $(\Delta X_L, \Delta Y_L, \Delta Z_L)$，则有

$$\begin{bmatrix} X_{SL} \\ Y_{SL} \\ Z_{SL} \end{bmatrix} = \begin{bmatrix} X_{\mathrm{GNSS}} \\ Y_{\mathrm{GNSS}} \\ Z_{\mathrm{GNSS}} \end{bmatrix} + \begin{bmatrix} \Delta X_L \\ \Delta Y_L \\ \Delta Z_L \end{bmatrix} \tag{6.45}$$

式中，偏心分量 $(\Delta X_L, \Delta Y_L, \Delta Z_L)$ 由载荷检校或几何定标得到。

在 xSz 面内足印的像点坐标为

$$\begin{bmatrix} x \\ y \\ z \end{bmatrix} = L \begin{bmatrix} \sin\theta \\ 0 \\ -\cos\theta \end{bmatrix} \tag{6.46}$$

在 ySz 面内足印的像点坐标为

$$\begin{bmatrix} x \\ y \\ z \end{bmatrix} = L \begin{bmatrix} 0 \\ \sin\theta \\ -\cos\theta \end{bmatrix} \tag{6.47}$$

6.5.2　控制条件

激光发射中心至地面点的距离是激光测距仪的原始观测值，因此既可以直接将此距离值当作平差的约束条件——距离条件，也可将其与外方位角元素一起换算成地面点坐标作为位置控制条件。

1. 距离条件

由于激光点地面坐标精度远低于精密定轨后 GNSS 确定的 EO 线元素，所以在推算平差的改正数方程时，只保留对地面点坐标的改正项。距离条件观测方程为

$$L = \sqrt{(X - X_{SL})^2 + (Y - Y_{SL})^2 + (Z - Z_{SL})^2} \tag{6.48}$$

线性化后的误差方程式为

$$\frac{\partial L}{\partial X}\mathrm{d}X + \frac{\partial L}{\partial Y}\mathrm{d}Y + \frac{\partial L}{\partial Z}\mathrm{d}Z - (L - L^0) = V_L \qquad \boldsymbol{P}_L$$

$$\frac{(X^0 - X_{SL})}{L^0}\mathrm{d}X + \frac{(Y^0 - Y_{SL})}{L^0}\mathrm{d}Y + \frac{(Z^0 - Z_{SL})}{L^0}\mathrm{d}Z - (L - L^0) = V_L \qquad \boldsymbol{P}_L \tag{6.49}$$

式中，$L^0=\sqrt{(X^0-X_{SL})^2+(Y^0-Y_{SL})^2+(Z^0-Z_{SL})^2}$，$(X^0,Y^0,Z^0)$为激光点地面坐标的初值或上次迭代计算得到的激光点地面坐标。

2. 位置控制条件

平高控制条件的观测方程为

$$\begin{bmatrix}X\\Y\\Z\end{bmatrix}=\begin{bmatrix}X_{SL}\\Y_{SL}\\Z_{SL}\end{bmatrix}+\begin{bmatrix}a_{1L}&a_{2L}&a_{3L}\\b_{1L}&b_{2L}&b_{3L}\\c_{1L}&c_{2L}&c_{3L}\end{bmatrix}\begin{bmatrix}x\\y\\z\end{bmatrix}$$

$$\begin{bmatrix}F_X\\F_Y\\F_Z\end{bmatrix}=\begin{bmatrix}a_{1L}&a_{2L}&a_{3L}\\b_{1L}&b_{2L}&b_{3L}\\c_{1L}&c_{2L}&c_{3L}\end{bmatrix}\begin{bmatrix}x\\y\\z\end{bmatrix}-\left(\begin{bmatrix}X\\Y\\Z\end{bmatrix}-\begin{bmatrix}X_{SL}\\Y_{SL}\\Z_{SL}\end{bmatrix}\right)$$

在不考虑测距、指向角及摄站坐标误差的情况下，线性化后的误差方程式为

$$\left.\begin{aligned}&\frac{\partial F_X}{\partial\varphi}\mathrm{d}\varphi+\frac{\partial F_X}{\partial\omega}\mathrm{d}\omega+\frac{\partial F_X}{\partial\kappa}\mathrm{d}\kappa+\frac{\partial F_X}{\partial X}\mathrm{d}X-F_X^0=V_{LX}\qquad \boldsymbol{P}_X\\&\frac{\partial F_Y}{\partial\varphi}\mathrm{d}\varphi+\frac{\partial F_Y}{\partial\omega}\mathrm{d}\omega+\frac{\partial F_Y}{\partial\kappa}\mathrm{d}\kappa+\frac{\partial F_Y}{\partial Y}\mathrm{d}Y-F_Y^0=V_{LY}\qquad \boldsymbol{P}_Y\\&\frac{\partial F_Z}{\partial\varphi}\mathrm{d}\varphi+\frac{\partial F_Z}{\partial\omega}\mathrm{d}\omega+\frac{\partial F_Z}{\partial\kappa}\mathrm{d}\kappa+\frac{\partial F_Z}{\partial Z}\mathrm{d}Z-F_Z^0=V_{LZ}\qquad \boldsymbol{P}_Z\end{aligned}\right\}\tag{6.50}$$

式中，$\begin{bmatrix}\Delta X\\\Delta Y\\\Delta Z\end{bmatrix}=\begin{bmatrix}a_{1L}&a_{2L}&a_{3L}\\b_{1L}&b_{2L}&b_{3L}\\c_{1L}&c_{2L}&c_{3L}\end{bmatrix}\begin{bmatrix}x\\y\\z\end{bmatrix}$，$\frac{\partial}{\partial\varphi}\begin{bmatrix}F_X\\F_Y\\F_Z\end{bmatrix}=\begin{bmatrix}-\Delta Z\\0\\\Delta X\end{bmatrix}$，$\frac{\partial}{\partial\omega}\begin{bmatrix}F_X\\F_Y\\F_Z\end{bmatrix}=\begin{bmatrix}-\Delta Y\sin\varphi\\\Delta X\sin\varphi-\Delta Z\cos\varphi\\\Delta Y\cos\varphi\end{bmatrix}$，$\frac{\partial}{\partial\kappa}\begin{bmatrix}F_X\\F_Y\\F_Z\end{bmatrix}=\begin{bmatrix}0&-c_3&b_3\\c_3&0&-a_3\\-b_3&a_3&0\end{bmatrix}\begin{bmatrix}\Delta X\\\Delta Y\\\Delta Z\end{bmatrix}$。

将 $\varphi=\omega=\kappa=0$ 代入上述系数，得

$$\begin{bmatrix}0&-\Delta Z&-\Delta Y&-1&0&0\\-\Delta Z&0&\Delta X&0&-1&0\\\Delta Y&\Delta X&0&0&0&-1\end{bmatrix}\begin{bmatrix}\mathrm{d}\omega\\\mathrm{d}\varphi\\\mathrm{d}\kappa\\\mathrm{d}X\\\mathrm{d}Y\\\mathrm{d}Z\end{bmatrix}-\begin{bmatrix}F_X^0\\F_Y^0\\F_Z^0\end{bmatrix}=\begin{bmatrix}V_X\\V_Y\\V_Z\end{bmatrix}\tag{6.51}$$

写为矩阵形式，即

$$\boldsymbol{At}+\boldsymbol{Bx}-\boldsymbol{l}=\boldsymbol{V}\qquad \boldsymbol{P}\tag{6.52}$$

式中：$\boldsymbol{t}$ 为外方位元素改正数向量；$\boldsymbol{A}$ 为其系数矩阵；$\boldsymbol{x}$ 为地面点坐标改正数向量；$\boldsymbol{B}$ 为其系数矩阵；$\boldsymbol{l}$ 为常数项向量；$\boldsymbol{P}$ 为权矩阵。

6.5.3　自检校光束法联合平差

针对定向参数的强相关，为保证解的稳定性，在具有定轨测姿数据时可将其视为“伪观测值”；另外，在自检校光束法平差中，附加参数的数值一般较小，而且相互之间往往也存在相关性，平差过程中一般不宜将附加参数作为自由未知数进行答解，而是把它们也当作具有适当权值的观测值来看待，再加入激光测距仪控制约束条件，则自检校光束法联合平差的基本误差方程式可表示为

$$\left.\begin{array}{lll} \boldsymbol{V}_x=\boldsymbol{A}_x\boldsymbol{X}_{\mathrm{EO}}+\boldsymbol{B}_x\boldsymbol{X}_P+\boldsymbol{C}_x\boldsymbol{X}_A & -\boldsymbol{L}_x & \boldsymbol{P}_x \\ \boldsymbol{V}_L=\boldsymbol{A}_L\boldsymbol{X}_{\mathrm{EO}}+\boldsymbol{B}_L\boldsymbol{X}_P & -\boldsymbol{L}_L & \boldsymbol{P}_L \\ \boldsymbol{V}_E=\boldsymbol{E}_E\boldsymbol{X}_{\mathrm{EO}} & -\boldsymbol{L}_E & \boldsymbol{P}_E \\ \boldsymbol{V}_A=\qquad\qquad\qquad\qquad\boldsymbol{E}_A\boldsymbol{X}_A & -\boldsymbol{L}_A & \boldsymbol{P}_A \end{array}\right\} \tag{6.53}$$

式中：$\boldsymbol{X}_{\mathrm{EO}}$、$\boldsymbol{X}_P$、$\boldsymbol{X}_A$ 分别为定向参数、地面点坐标和附加参数改正数向量；$\boldsymbol{A}_x$、$\boldsymbol{B}_x$、$\boldsymbol{C}_x$ 为以像点坐标观测值所列相应的系数矩阵；$\boldsymbol{A}_L$、$\boldsymbol{B}_L$ 为以激光测距仪观测值所列相应的系数矩阵；$\boldsymbol{L}_x$、$\boldsymbol{L}_E$、$\boldsymbol{L}_C$、$\boldsymbol{L}_A$ 为相应的不符值；$\boldsymbol{P}_x$、$\boldsymbol{P}_E$、$\boldsymbol{P}_C$、$\boldsymbol{P}_A$ 为相应的权矩阵；$\boldsymbol{E}_E$、$\boldsymbol{E}_A$ 为单位矩阵。

联合平差时，像点坐标、激光测距仪测距数据（或其转化数据）是主要的平差观测值。像点坐标观测值分为平差连接点和激光足印点两种观测值。平差连接点坐标由影像匹配获取；激光足印影像点坐标则通过激光足印在前视、正视及后视上的反投影得到。这些点的每一条投影光线都可以按式(6.53)中的第一式列出一组误差方程式，但足印点的权值应小于连接点。对激光点数据，可分别按式(6.49)和式(6.52)将激光测距数据参与光束法平差中。

平差策略如下：首先在激光测距仪观测值不参加平差的情况下，运用常规的“后交—前交”迭代方法解算外方位元素及连接点的地面坐标；然后将得到的外方位元素及加密点坐标作为初值，进行激光测距仪观测值与摄影测量观测值的联合平差，仍然采用“后交—前交”迭代方法。

第 7 章　线阵立体影像摄影测量定位

确定了立体像对左右影像的外部定向参数(外方位元素或 RPC)后,便可恢复成像瞬间两光束之间的空间方位,进而前方交会出地面点的物方坐标。

§7.1　空间前方交会

已知线阵立体像对左右影像的定向参数,求解任一同名像点相应的地面点坐标的过程称为空间前方交会。

7.1.1　投影系数法

如果已知线阵立体像对左右影像的定向参数,即可根据同名像点的影像坐标求得相应的地面坐标。与框幅式中心投影影像的前方交会不同的是,对每一对同名点都要重新解算旋转矩阵和基线分量。设某一对同名像点 p_i、p'_i 的影像坐标分别为 (x_1, y_1) 和 (x_2, y_2),则解算相应地面点 P_i 坐标 (X_i, Y_i, Z_i) 的具体步骤如下:

(1)由 x_1、x_2 按照外方位元素建模公式计算出像点 p_i、p'_i 对应的外方位元素。

(2)由角方位元素计算旋转矩阵 $\boldsymbol{R}_1$、$\boldsymbol{R}_2$。

(3)按照正视、前后视不同组合选择下列相应的公式计算 p_i、p'_i 变换坐标 (X_1, Y_1, Z_1) 及 (X_2, Y_2, Z_2)。

$$\begin{bmatrix} X_n \\ Y_n \\ Z_n \end{bmatrix} = \boldsymbol{R}_n \begin{bmatrix} 0 \\ y_n - y_{n_0} \\ -f_n \end{bmatrix}, \begin{bmatrix} X_f \\ Y_f \\ Z_f \end{bmatrix} = \boldsymbol{R}_f \begin{bmatrix} \cos\Phi_f & 0 & -\sin\Phi_f \\ 0 & 1 & 0 \\ \sin\Phi_f & 0 & \cos\Phi_f \end{bmatrix} \begin{bmatrix} 0 \\ y_f - y_{f_0} \\ -f_f \end{bmatrix}$$

$$\begin{bmatrix} X_b \\ Y_b \\ Z_b \end{bmatrix} = \boldsymbol{R}_b \begin{bmatrix} \cos\Phi_b & 0 & \sin\Phi_b \\ 0 & 1 & 0 \\ -\sin\Phi_b & 0 & \cos\Phi_b \end{bmatrix} \begin{bmatrix} 0 \\ y_b - y_{b_0} \\ -f_b \end{bmatrix}$$

(4)计算投影系数 N_1、N_2,即

$$N_1 = \frac{B_X Z_2 - B_Z X_2}{X_1 Z_2 - X_2 Z_1}, N_2 = \frac{B_X Z_1 - B_Z X_1}{X_1 Z_2 - X_2 Z_1}$$

式中,$\begin{bmatrix} B_X \\ B_Y \\ B_Z \end{bmatrix} = \begin{bmatrix} X_{S_2} - X_{S_1} \\ Y_{S_2} - Y_{S_1} \\ Z_{S_2} - Z_{S_1} \end{bmatrix}$。

(5)计算地面坐标(X_i,Y_i,Z_i),即

$$X_i=X_{S_1}+N_1X_1$$

$$Y_i=Y_{S_1}+\frac{1}{2}(N_1Y_1+N_2Y_2+B_Y)$$

$$Z_i=Z_{S_1}+N_1Z_1$$

7.1.2　基于共线条件方程式的立体定位

前方交会公式是基于摄影时立体像对的几何关系建立的,适合于一个像对的解算,不适合于多像前方交会。理论上,用一个立体像对求解同名点的地面坐标,可以列出四个方程,求解三个未知数,所以空间前方交会实质上是一个平差问题。

众所周知,共线条件方程式可用于后方交会,解算外方位元素;实际上它也可用于前方交会,解算地面点的坐标。恢复了摄影时的空间位置和姿态,即外方位元素以后,地面点与左、右相应像点均满足共线条件方程式。线阵 CCD 影像地面点坐标 X、Y、Z 与左、右像点坐标之间的关系为

$$\left.\begin{aligned}
x&=0=-f\frac{a_1(X-X_S)+b_1(Y-Y_S)+c_1(Z-Z_S)}{a_3(X-X_S)+b_3(Y-Y_S)+c_3(Z-Z_S)}\\
y&=-f\frac{a_2(X-X_S)+b_2(Y-Y_S)+c_2(Z-Z_S)}{a_3(X-X_S)+b_3(Y-Y_S)+c_3(Z-Z_S)}\\
x'&=0=-f\frac{a'_1(X-X'_S)+b'_1(Y-Y'_S)+c'_1(Z-Z'_S)}{a'_3(X-X'_S)+b'_3(Y-Y'_S)+c'_3(Z-Z'_S)}\\
y'&=-f\frac{a'_2(X-X'_S)+b'_2(Y-Y'_S)+c'_2(Z-Z'_S)}{a'_3(X-X'_S)+b'_3(Y-Y'_S)+c'_3(Z-Z'_S)}
\end{aligned}\right\}\tag{7.1}$$

式(7.1)是一个三元一次方程组,当空间两条相应光线相交于空间某一点时,方程组有唯一解,否则,需要平差解算最优解。人们知道最小二乘估计是最优无偏估计,所以将上面的方程组写成线性方程组,并求最小二乘解即得到地面点坐标的最小二乘估计值。

式(7.1)写成线性方程组形式,得到

$$\left.\begin{aligned}
F_1&=a_1(X-X_S)+b_1(Y-Y_S)+c_1(Z-Z_S)=0\\
F_2&=y[a_3(X-X_S)+b_3(Y-Y_S)+c_3(Z-Z_S)]+\\
&\quad f[a_2(X-X_S)+b_2(Y-Y_S)+c_2(Z-Z_S)]=0\\
F_3&=a'_1(X-X'_S)+b'_1(Y-Y'_S)+c'_1(Z-Z'_S)=0\\
F_4&=y'[a'_3(X-X'_S)+b'_3(Y-Y'_S)+c'_3(Z-Z'_S)]+\\
&\quad f[a'_2(X-X'_S)+b'_2(Y-Y'_S)+c'_2(Z-Z'_S)]=0
\end{aligned}\right\}\tag{7.2}$$

整理得

$$\boldsymbol{AX}=\boldsymbol{L}\tag{7.3}$$

式中

$$
\boldsymbol{A}=\begin{bmatrix} A_{11} & A_{12} & A_{13} \\ A_{21} & A_{22} & A_{23} \\ A_{31} & A_{32} & A_{33} \\ A_{41} & A_{42} & A_{43} \end{bmatrix}=\begin{bmatrix} a_1 & b_1 & c_1 \\ ya_3+fa_2 & yb_3+fb_2 & yc_3+fc_2 \\ a_1' & b_1' & c_1' \\ y'a_3'+fa_2' & y'b_3'+fb_2' & y'c_3'+fc_2' \end{bmatrix}
$$

$$
\boldsymbol{X}=[X \quad Y \quad Z]^{\mathrm{T}}
$$

$$
\boldsymbol{L}=\begin{bmatrix} A_{11}X_S & A_{12}Y_S & A_{13}Z_S \\ A_{21}X_S & A_{22}Y_S & A_{23}Z_S \\ A_{31}X_S & A_{32}Y_S & A_{33}Z_S \end{bmatrix}
$$

依据最小二乘法则，地面点坐标的解为

$$
\boldsymbol{X}=(\boldsymbol{A}^{\mathrm{T}}\boldsymbol{A})^{-1}(\boldsymbol{A}^{\mathrm{T}}\boldsymbol{L}) \tag{7.4}
$$

式(7.4)就是用共线条件方程式确定地面点坐标的公式。用这种方法确定地面点坐标，较空间前方交会有如下优点：

(1)与立体像对的重叠方式无关。无论是航向重叠还是旁向重叠，公式都适用，并且公式的形式是统一的，这对数字摄影测量的编程实现非常方便。而投影系数法对于不同的重叠方式，公式的形式不同。

(2)不受重叠像片数目的限制。当重叠像片数目大于 2 时，只要在式(7.4)中增加线性形式的误差方程式即可，这样能够充分地利用影像信息提高点的定位精度。而投影系数法仅限于一个立体像对，因此，这种解算方法理论上比投影系数法更严密。

7.1.3 基于平行投影构像模型的立体定位

将式(4.16)整理得

$$
\begin{bmatrix} A_1 & A_2 & A_3 \\ A_5 & A_6 & A_7+\dfrac{y}{m(f\cos\alpha-y\sin\alpha)} \end{bmatrix}\begin{bmatrix} X \\ Y \\ Z \end{bmatrix}=\begin{bmatrix} x-A_4 \\ \dfrac{f-\overline{Z}/(m\cos\alpha)}{f-y\tan\alpha}y-A_8 \end{bmatrix} \tag{7.5}
$$

由式(7.5)可知，在已知 9 个定向参数的情况下，给定立体像对同名像点的坐标即可解算出相应地面点的坐标。设左、右影像像点坐标为(x_l, y_l)、(x_r, y_r)，则有

$$
\begin{bmatrix} A_{l1} & A_{l2} & A_{l3} \\ A_{l5} & A_{l6} & A_{l7}+\dfrac{y_l}{m(f\cos\alpha_l-y_l\sin\alpha_l)} \\ A_{r1} & A_{r2} & A_{r3} \\ A_{r5} & A_{r6} & A_{r7}+\dfrac{y_r}{m(f\cos\alpha_r-y_r\sin\alpha_r)} \end{bmatrix}\begin{bmatrix} X \\ Y \\ Z \end{bmatrix}=\begin{bmatrix} x_l-A_{l4} \\ \dfrac{f-\overline{Z}/(m\cos\alpha_l)}{f-y_l\tan\alpha_l}y_l-A_{l8} \\ x_r-A_{r4} \\ \dfrac{f-\overline{Z}/(m\cos\alpha_r)}{f-y_r\tan\alpha_r}y_r-A_{r8} \end{bmatrix}
$$

上式记为 $\boldsymbol{AX}=\boldsymbol{L}$，则其最小二乘解为

$$\boldsymbol{X}=(\boldsymbol{A}^{\mathrm{T}}\boldsymbol{A})^{-1}(\boldsymbol{A}^{\mathrm{T}}\boldsymbol{L}) \tag{7.6}$$

§7.2　基于有理函数模型的三维几何重建

如果立体像对的左右像片都已分别建立其正解或反解 RFM，则根据任意同名像点的左右像坐标利用 RFM 可重建出相应的地面点坐标。与常规立体交会相比，在地面点上并没有实际的光线交会，因此将利用 RFM 求解三维地面坐标的过程称为“三维重建”而不是“立体交会”。对应于不同形式的 RFM，重建方式也相应地有基于反解 RFM 和基于正解 RFM 两种方法（Tao，2001a，2001b；Yang，2000；袁修孝 等，2012）。

7.2.1　基于反解 RFM 的三维重建

如果反解 RFM 均已建立，则根据立体像对同名像点的像坐标可以迭代求解出相应的地面点坐标。

将式(4.21)按照泰勒公式展开并取到一次项，得

$$X\approx\hat{X}+\frac{\partial X}{\partial Z}\Delta Z$$

$$Y\approx\hat{Y}+\frac{\partial Y}{\partial Z}\Delta Z$$

式中

$$\frac{\partial X}{\partial Z}=\frac{\dfrac{\partial p_5}{\partial Z}p_6-p_5\dfrac{\partial p_6}{\partial Z}}{p_6p_6}$$

$$\frac{\partial Y}{\partial Z}=\frac{\dfrac{\partial p_7}{\partial Z}p_8-p_7\dfrac{\partial p_8}{\partial Z}}{p_8p_8}$$

给出同名像点坐标 $(r_{\mathrm{l}},c_{\mathrm{l}})$ 及 $(r_{\mathrm{r}},c_{\mathrm{r}})$ 和初始的 Z 值，可以得到

$$X\approx\hat{X}_{\mathrm{l}}+\frac{\partial X_{\mathrm{l}}}{\partial Z}\Delta Z,Y\approx\hat{Y}_{\mathrm{l}}+\frac{\partial Y_{\mathrm{l}}}{\partial Z}\Delta Z$$

$$X\approx\hat{X}_{\mathrm{r}}+\frac{\partial X_{\mathrm{r}}}{\partial Z}\Delta Z,Y\approx\hat{Y}_{\mathrm{r}}+\frac{\partial Y_{\mathrm{r}}}{\partial Z}\Delta Z$$

消去 X、Y，得到误差方程

$$v_X=\left(\frac{\partial X_{\mathrm{r}}}{\partial Z}-\frac{\partial X_{\mathrm{l}}}{\partial Z}\right)\Delta Z-(\hat{X}_{\mathrm{l}}-\hat{X}_{\mathrm{r}})$$

$$v_Y=\left(\frac{\partial Y_{\mathrm{r}}}{\partial Z}-\frac{\partial Y_{\mathrm{l}}}{\partial Z}\right)\Delta Z-(\hat{Y}_{\mathrm{l}}-\hat{Y}_{\mathrm{r}})$$

则 ΔZ 的最小二乘解(Tao，2001a)为

$$\Delta Z=\frac{(\hat{X}_{l}-\hat{X}_{r})w_{X}\left(\frac{\partial X_{r}}{\partial Z}-\frac{\partial X_{l}}{\partial Z}\right)+(\hat{Y}_{l}-\hat{Y}_{r})w_{Y}\left(\frac{\partial Y_{r}}{\partial Z}-\frac{\partial Y_{l}}{\partial Z}\right)}{w_{X}\left(\frac{\partial X_{r}}{\partial Z}-\frac{\partial X_{l}}{\partial Z}\right)^{2}+w_{Y}\left(\frac{\partial Y_{r}}{\partial Z}-\frac{\partial Y_{l}}{\partial Z}\right)^{2}} \tag{7.7}$$

式中，w_X 和 w_Y 分别为 X 和 Y 的权。

Yang(2001)则采用下式进行迭代计算 ΔZ，即

$$\Delta Z=\frac{\hat{X}_{l}-\hat{X}_{r}+\hat{Y}_{l}-\hat{Y}_{r}}{\frac{\partial X_{r}}{\partial Z}-\frac{\partial X_{l}}{\partial Z}+\frac{\partial Y_{r}}{\partial Z}-\frac{\partial Y_{l}}{\partial Z}} \tag{7.8}$$

基于反解 RFM 的三维重建流程如图 7.1 所示。

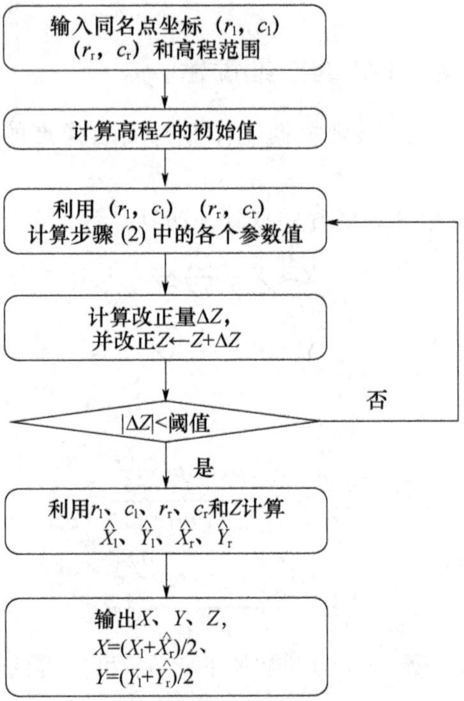

图 7.1 基于反解 RFM 的三维重建流程

具体计算过程如下：

(1)给定高程 Z 的初始值。一般可以取为影像覆盖区的平均高程值，当采用标准化坐标计算时，可以令 $Z=0$。

(2)利用 r_l、c_l 和 Z 计算 $\left(\hat{X}_l,\hat{Y}_l,p_{5l},p_{6l},p_{7l},p_{8l},\frac{\partial p_{5l}}{\partial Z},\frac{\partial p_{6l}}{\partial Z},\frac{\partial p_{7l}}{\partial Z},\frac{\partial p_{8l}}{\partial Z}\right)$；利用 r_r、c_r 和 Z 计算 $\left(\hat{X}_r,\hat{Y}_r,p_{5r},p_{6r},p_{7r},p_{8r},\frac{\partial p_{5r}}{\partial Z},\frac{\partial p_{6r}}{\partial Z},\frac{\partial p_{7r}}{\partial Z},\frac{\partial p_{8r}}{\partial Z}\right)$。

(3)利用式(7.7)或式(7.8)计算改正量 ΔZ,并使 $Z=Z+\Delta Z$。

(4)重复第(2)(3)步,每次将 Z 加上改正数 ΔZ,直到改正数 ΔZ 小于某一给定的阈值或达到最大迭代次数时停止迭代。

(5)将最终的 Z 和像点坐标(r_l,c_l)、(r_r,c_r)代入式(4.21),分别计算出$(\hat{X}_l,\hat{Y}_l)$和$(\hat{X}_r,\hat{Y}_r)$,则最终的地面点坐标取为 $X=(\hat{X}_l+\hat{X}_r)/2$、$Y=(\hat{Y}_l+\hat{Y}_r)/2$。

7.2.2 基于正解 RFM 的三维重建

将式(4.17)中的 r、c 展开为 X、Y、Z 的一阶泰勒级数

$$r\approx\hat{r}+\frac{\partial r}{\partial Z}\Delta Z+\frac{\partial r}{\partial Y}\Delta Y+\frac{\partial r}{\partial X}\Delta X$$

$$c\approx\hat{c}+\frac{\partial c}{\partial Z}\Delta Z+\frac{\partial c}{\partial Y}\Delta Y+\frac{\partial c}{\partial X}\Delta X$$

则原始误差方程为

$$v_r=\begin{bmatrix}\frac{\partial r}{\partial Z} & \frac{\partial r}{\partial Y} & \frac{\partial r}{\partial X}\end{bmatrix}\begin{bmatrix}\Delta Z\\ \Delta Y\\ \Delta X\end{bmatrix}-(r-\hat{r})$$

$$v_c=\begin{bmatrix}\frac{\partial c}{\partial Z} & \frac{\partial c}{\partial Y} & \frac{\partial c}{\partial X}\end{bmatrix}\begin{bmatrix}\Delta Z\\ \Delta Y\\ \Delta X\end{bmatrix}-(c-\hat{c})$$

式中

$$\frac{\partial r}{\partial Z}=\frac{\frac{\partial p_1}{\partial Z}p_2-p_1\frac{\partial p_2}{\partial Z}}{p_2^2}$$

$$\frac{\partial r}{\partial Y}=\frac{\frac{\partial p_1}{\partial Y}p_2-p_1\frac{\partial p_2}{\partial Y}}{p_2^2}$$

$$\frac{\partial r}{\partial X}=\frac{\frac{\partial p_1}{\partial X}p_2-p_1\frac{\partial p_2}{\partial X}}{p_2^2}$$

$$\frac{\partial c}{\partial Z}=\frac{\frac{\partial p_3}{\partial Z}p_4-p_3\frac{\partial p_4}{\partial Z}}{p_4^2}$$

$$\frac{\partial c}{\partial Y}=\frac{\frac{\partial p_3}{\partial Y}p_4-p_3\frac{\partial p_4}{\partial Y}}{p_4^2}$$

$$\frac{\partial c}{\partial X}=\frac{\frac{\partial p_3}{\partial X}p_4-p_3\frac{\partial p_4}{\partial X}}{p_4^2}$$

则由左、右像片的同名点坐标$(r_l, c_l)(r_r, c_r)$可列出4个误差方程

$$\begin{bmatrix} v_{r_l} \\ v_{r_r} \\ v_{c_l} \\ v_{c_r} \end{bmatrix} = \begin{bmatrix} \frac{\partial r_l}{\partial Z} & \frac{\partial r_l}{\partial Y} & \frac{\partial r_l}{\partial X} \\ \frac{\partial r_r}{\partial Z} & \frac{\partial r_r}{\partial Y} & \frac{\partial r_r}{\partial X} \\ \frac{\partial c_l}{\partial Z} & \frac{\partial c_l}{\partial Y} & \frac{\partial c_l}{\partial X} \\ \frac{\partial c_r}{\partial Z} & \frac{\partial c_r}{\partial Y} & \frac{\partial c_r}{\partial X} \end{bmatrix} \begin{bmatrix} \Delta Z \\ \Delta Y \\ \Delta X \end{bmatrix} - \begin{bmatrix} r_l - \hat{r}_l \\ r_r - \hat{r}_r \\ c_l - \hat{c}_l \\ c_r - \hat{c}_r \end{bmatrix} \tag{7.9}$$

即

$$\boldsymbol{v} = \boldsymbol{A}\boldsymbol{x} - \boldsymbol{l}$$

设像点坐标的权矩阵为$\boldsymbol{W}$，则$\boldsymbol{x}$的最小二乘解为

$$\boldsymbol{x} = [\Delta Z \quad \Delta Y \quad \Delta X]^{\mathrm{T}} = (\boldsymbol{A}^{\mathrm{T}}\boldsymbol{W}\boldsymbol{A})^{-1}\boldsymbol{A}^{\mathrm{T}}\boldsymbol{W}\boldsymbol{l}$$

基于正解RFM的三维重建流程如图7.2所示，具体计算过程如下：

(1)给定地面坐标X、Y、Z的初始值。既可以通过一阶的正解RFM法化求解，也可以是基于反解RFM重建的结果求解。将式(4.17)改写为

$$r = \frac{a_0 + a_1 Z + a_2 Y + a_3 X}{1 + b_1 Z + b_2 Y + b_3 X}$$

$$c = \frac{c_0 + c_1 Z + c_2 Y + c_3 X}{1 + d_1 Z + d_2 Y + d_3 X}$$

则原始误差方程为

$$v_r = [a_1 - r b_1 \quad a_2 - r b_2 \quad a_3 - r b_3] \begin{bmatrix} Z \\ Y \\ X \end{bmatrix} - (r - a_0)$$

$$v_c = [c_1 - c d_1 \quad c_2 - c d_2 \quad c_3 - c d_3] \begin{bmatrix} Z \\ Y \\ X \end{bmatrix} - (c - c_0)$$

由左、右像片的同名点坐标$(r_l, c_l)(r_r, c_r)$可列出以下4个误差方程

$$\begin{bmatrix} v_{r_l} \\ v_{r_r} \\ v_{c_l} \\ v_{c_r} \end{bmatrix} = \begin{bmatrix} a_{1l} - r_l b_{1l} & a_{2l} - r_l b_{2l} & a_{3l} - r_l b_{3l} \\ a_{1r} - r_r b_{1r} & a_{2r} - r_r b_{2r} & a_{3r} - r_r b_{3r} \\ c_{1l} - c_l d_{1l} & c_{2l} - c_l d_{2l} & c_{3l} - c_l d_{3l} \\ c_{1r} - c_r d_{1r} & c_{2r} - c_r d_{2r} & c_{3r} - c_r d_{3r} \end{bmatrix} \begin{bmatrix} Z \\ Y \\ X \end{bmatrix} - \begin{bmatrix} r_l - a_{0l} \\ r_r - a_{0r} \\ c_l - c_{0l} \\ c_r - c_{0r} \end{bmatrix}$$

将上式法化，按照最小二乘原理即可求出地面坐标初始值X、Y、Z。

(2)根据式(7.9)组误差方程式。

(3)法化答解求出坐标改正量ΔX、ΔY、ΔZ，并用其改正X、Y、Z。

(4)重复第(2)(3)步,直到改正数小于给定阈值或者达到最大迭代次数,最终的 X、Y、Z 即为重建的地面坐标结果。

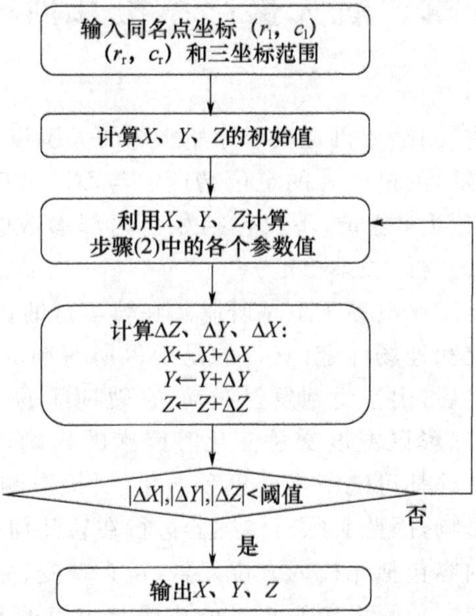

图 7.2　基于正解 RFM 的三维重建流程

第8章　航天摄影系统几何标定

在航天摄影测量中，测绘相机是获取原始影像的关键设备，其摄影几何参数的标定精度直接影响到摄影测量成果的定位精度。与面阵数字相机相比，星载线阵CCD传感器的几何检校更加复杂，不仅包括相机内部参数的检定，还包括相机与星敏、相机与相机之间的空间关系检定。

星载传感器的标定工作贯穿于卫星研制和在轨运行的各个阶段。发射前阶段的标定包括实验室标定和外场标定，其目的是确保所研制的传感器具有达到应用目标的能力。卫星发射后，由于受到发射振动、在轨期间的太阳辐射、宇宙粒子冲击、应力释放和进出地球影区温度交替变化等因素的影响，传感器系统的光学器件、机械结构、电子元件等都可能产生变化和退化，对摄影测量处理结果的精度和质量都将产生较大的影响，因此必须对传感器进行在轨几何标定。

几何标定的主要内容包括相机内方位元素、镜头畸变、立体相机交会角及星地相机夹角等。相机的内方位元素包括相机的主距与主点的坐标，其中主点定义为CCD线阵所在直线与垂直于该直线且过投影中心的直线的交点，主距定义为镜头投影中心到主点之间的距离。交会角主要指前视相机或后视相机与正视相机主光轴之间的夹角。星地相机夹角主要指星敏感器或星相机与测绘相机主光轴之间的夹角。

§8.1　实验室几何标定

实验室几何标定是根据标定的内容和要求，利用实验室的标定设备进行几何特性的标定工作。实验室标定设备包括平行光管、高精度经纬仪、二轴标定平台及标定数据处理软件等。

实验室标定的优点是标定过程在室内进行，可以不受天气等环境因素的影响，且利用摄影机检校的专门设备，检校过程比较标准和规范。但实验室标定是一种静态的检校方法，实验室的环境温度、湿度、气压等条件可能与摄影机工作时的实际情况差别较大，导致标定结果与实际情况不相符。

8.1.1　实验室及配套设备

1. 二维转台

根据检测技术指标要求，需要高精度综合标定转台。该转台与平行光管及相关检测设备配套使用，可完成测绘相机的内方位元素（系统主距、系统主点、三相机交会角）的标定和检测。

2. 气浮隔震平台

为了避免测试中振动对测量结果造成的随机影响，必须采用高精度的气浮平台。

3. 大口径平行光管

根据检测任务的要求，需要大口径平行光管，完成交会角、视轴、CCD 和基准镜等相互关系标定。

此外还要建立恒温（温度范围 18℃±2℃，4 小时温度变化小于 0.5℃）、超净（10 万级超净间）实验室，并有湿度控制设施（40%～65%）、防静电的地线、更衣室和安装风淋设备。为避免外界影响，整个平台要封闭，设备操作间与设备隔离，编制专用测试软件完成自动测试标定。

8.1.2　标定过程

根据测角法的原理，首先将自准直光管和高精度二维转台安放到气浮光学平台上，利用水平仪将二维转台调平；然后利用经纬仪和标准平面镜，采用自准直的方法将光管调水平（吴国栋，2007）。

在装校车间对相机做好光机装调后，将相机安装到二维精密转台上，然后对相机做必要的调整。将相机安装到高精度转台上，采用正倒镜测量的办法，利用事先制作的相机与转台的接口安装调整好相机相对转台位置，使相机光轴垂直于转台水平轴，在光管焦面加装带有分划板的自准直目镜，通过光学方法使线阵在光管焦面成像，按方位方向转动转台观察 CCD 边界是否扫过分划板刻线上一点，通过调整使 CCD 线阵方向与转台方位转动方向平行，并保证星点的亮度和光谱范围合适，每隔一定角度使星点在 CCD 靶面成像，记录星点坐标和转台转角。其中，像点坐标利用对 CCD 线阵方向成像的灰度值进行内插细分求出，实现亚像素精度测量，转角值由转台电控系统和计算机采集。

8.1.3　标定参数的解算

基于上述 n 组测量数据 y_i 和 ω_i，利用最小二乘回归的方法即可求得相机的主距、主点和径向畸变。公式如下

$$y_i = y_0 + f\tan\omega_i \tag{8.1}$$

式中：y_i 为不同物方视场角下像点坐标；y_0 为主点坐标；f 为相机主距；ω_i 为不同物方视场角。误差方程为

$$\begin{bmatrix} 1 & \tan\omega_i \end{bmatrix} \begin{bmatrix} y_0 \\ f \end{bmatrix} - y_i = v_i \qquad (i=1,2,\cdots,n) \tag{8.2}$$

对式(8.2)法化求解即可得到主距 f、主点 y_0，而各视场角径向畸变可按下式计算

$$D_i = v_i = (y_0 + f\tan\omega_i) - y_i \tag{8.3}$$

该装置还可以进行多线阵相机间的交会角、视轴平行性及线阵 CCD 间平行性的检测。

§8.2 在轨几何标定

纵观国外高分辨率遥感卫星，都依托地面试验场进行相机参数在轨几何标定工作。法国在全球布设 20 多个标定场，用于对 SPOT 系列卫星进行在轨标定；IKONOS 卫星发射后，美国空间成像公司将在轨几何标定作为实现高精度定位的关键环节，采用分布标定的方法，于 2001—2004 年进行多次标定工作；日本 ALOS 卫星在发射前就对 PRISM 传感器制定了标定计划，采用附加参数的自检校区域网平差方法进行在轨标定，并利用分布于日本、瑞士、南非及意大利等地的多个标定场进行标定。与此相同，国内外诸多高分辨率卫星，如 OrbView-3、GeoEye-1、IRS-P5、天绘一号、资源三号等均在卫星发射入轨后根据传感器自身的结构特点、卫星运行状况等，开展相机参数在轨标定工作，确保影像的定位精度。

由于测绘卫星对于几何精度有较高的要求，故卫星在轨运行阶段需要对其平台上涉及定位的各个设备参数及设备之间的几何关系进行标定。地面检校场作为高精度的几何基准，用来对卫星进行高精度几何标定和成像质量分析，实现卫星指标验证、内外方位元素检校、卫星测图精度验证等。以 ALOS 卫星为例，利用地面几何检校场做的主要工作包括：相机内参数标定、相机外参数标定、相机内外参数的稳定性检验、与几何相关的辐射标定及立体测图真实性检验等(雷蓉，2011；王涛，2012)。

相机内参数标定指的是在轨标定出每个相机的主点、主距；每个相机的镜头畸变，主要是径向畸变；每个相机内存在的 CCD 变形等。如果 CCD 是由多个分片 CCD 拼接而成，则还需要标定出分片 CCD 在焦平面内的相对位置及变形。

相机外参数在轨标定的内容包括：每个相机与某一星敏感器之间的夹角；相机之间的夹角；每个相机的摄影中心到 GNSS 相位中心的位移矢量；GNSS 提供的卫星位置的修正参数；卫星姿态的短周期变化等。

相机内外参数稳定性检验是为了在轨检验相机内外参数的稳定性，并标定出卫星姿态的长周期变化。具体内容包括：每个相机主点位置的稳定性；每个相机主距大小的稳定性；每个相机内的分片 CCD 在焦平面内位置的稳定性；每个相机镜头畸变的稳定性；每个相机内的分片 CCD 形状和大小的稳定性；每个相机与星敏感器之间夹角的稳定性；每个相机之间夹角的稳定性；每个相机的摄影中心到

GNSS相位中心位移矢量的稳定性;卫星姿态的长周期变化等。

卫星地面几何检校场的另外一个作用是能够进行立体测图的真实性检验,即利用多线阵相机在不同地形区域摄取的影像,全面检验和评价卫星影像的立体测图能力,评价内容包括:多线阵影像在平地、丘陵、高山区域生成DEM的精度评价;相机的地形要素提取能力评价;卫星影像的有控制/无控制定位精度评价。

卫星地面几何检校场应能够对卫星携带的各个相机的内外方位元素进行定期的、高精度标定与稳定性检验,并能够对卫星影像的测图能力做出评价。地面几何检校场除了可为特定卫星服务外,也可以对其他卫星传感器进行高精度几何标定,乃至作为新型航空航天传感器的模拟飞行试验区。

8.2.1 在轨几何标定试验场

1. 试验场选择原则

根据卫星轨道设计和地面的气象条件,在卫星发射前,要选定试验场范围,并进行试验场建设。选择和确定合适的地面试验场是试验场建设的首要环节,对试验场的建设及后期应用都具有重要影响。因此,在选址过程中,应综合考虑气候条件、地形地貌、卫星飞行轨迹、人文环境及已有基础设施等诸多因素。

试验场应选择常年气象条件良好、高差不大、地物比较丰富且交通方便的地区。地面试验场的长度要满足相应标定方法的要求,宽度要考虑摄影旁向重叠及轨道偏移等因素。同时,传输型测绘卫星都采用轨道倾角为98°左右的近圆轨道,为保证进行标定的卫星影像完全落在试验场内,试验场的方向与卫星运行方向基本一致,按照成图习惯,试验场方向选用南北方向。

(1)气候条件。对光学传感器来说,天气是决定影像获取质量的一项重要因素。与航空摄影不同,利用卫星平台进行摄影时,其运行具有固定的周期和轨道。为使卫星在过顶试验场时能更有效地获取高质量的遥感影像,要求试验场区域常年天气状况良好。在天气状况中应特别考虑云量和垂直能见度两个指标。所谓云量是指云遮蔽天空视野的成数,可通过气象部分获取相关区域一定时期内的云量统计作为参考;垂直能见度是指视力正常者垂直向上(或向下)能识别黑色目标物(大小适度)的最大距离。

(2)地形地貌。与航空相机参数几何标定相比,由地形起伏引起的相关性对相机参数标定结果影响较小,在航天相机检测场中,对地形地貌无苛刻要求。检测场内标定点要求选择点特征明确、易于在卫星影像上判读,且交通便利的点位。航天试验场一般覆盖区域较大,为了能对星载传感器进行多种地形情况下的几何标定及性能测试,试验场区域内最好能涵盖一些主要的地貌类别,包括平原、丘陵、山地等,以拓展试验场适用范围,且以各地貌类别相对完整独立为最佳。

(3)人文环境条件。试验场人文环境主要考虑人口密集程度、居民地分布、交通便利等因素。人口聚居地及周边地区往往建设和发展较快，人员、车辆活动频繁，地物多有变化，不利于试验场的长期运行与维护，因此试验场应尽量避开人口密集的城市地区；但同时人迹罕至的偏远地区在道路、电力管网建设方面比较落后，野外作业时人力、物力的投送和给养补充比较困难，遇有特殊情况也难以寻求帮助，也应尽力避开；从已有试验场的经验来看，通常选择在与大城市有一定距离的乡村地区，有小城镇和村落分布，但人口不会太密集，同时也具备一定基础设施条件。

(4)已有基础。已有基础包括试验场区域定位基准站点，已有控制点的数量及分布，已有的遥感影像、地形图及其他基础数据等。

2. 地面控制点布设要求

地面控制点布设主要考虑数量、分布及精度要求。通常在标定过程中，一定范围内，较多的像控点对标定参数的解算及标定结果可靠性的提高是有利的，但由于控制点的布设及维护工作量巨大，因此控制点的数量应以满足传感器标定需求为准，并非越多越好。地面控制点的数量及密度与区域范围、待标定传感器获取的影像分辨率有关，而在分布上除特殊要求外，均匀分布是比较合理的方案。

从目前应用情况看，由于航空标定试验场范围小、获取的影像分辨率高，因此控制点标识多采用人工制作、永久固化的方式，如水泥浇筑、埋石或采用其他材质；除了固定布设外，也可以另外制作一些移动靶标，在有标定任务时临时铺设以满足在数量、分布及密度上的不同要求，具有较大的灵活性，但应预先测量靶标布设点的空间位置并设置识别标志。控制点在布设时可以固定间隔布设，密集均匀分布；为满足不同比例尺范围的标定要求，同一试验场内可以设定不同的控制点间距，通常整体以较大间距布设，从边角或中心选择一块区域加密布设控制点。

8.2.2 在轨几何标定数学模型

1. 基于自检校光束法平差的内参数标定

自检校光束法平差的数学模型如式(6.30)或式(6.31)，当用于在轨几何标定时首要问题是如何描述扩展共线条件方程式中的$(\Delta x, \Delta y)$。对多镜头三线阵CCD传感器，各条CCD独立对应一个镜头，各有一套光学系统，对第j个线阵$\mathrm{CCD}_j\ (j=1,2,3)$，分别设置内方位元素改正数$(\Delta x_{0j}, \Delta y_{0j}, \Delta f_j)$及镜头畸变系数$k_{1j}$、$k_{2j}$、$p_{1j}$、$p_{2j}$，则有

$$\left.\begin{aligned}\Delta x_j &= \Delta x_{0j} - \frac{\Delta f_j}{f_j}\overline{x}_j + (k_{1j}r_j^2 + k_{2j}r_j^4)\overline{x}_j + p_{1j}(r_j^2 + 2\overline{x}_j^{\,2}) + 2p_{2j}\overline{x}_j\overline{y}_j + \overline{y}_j\sin\theta_j \\ \Delta y_j &= \Delta y_{0j} - \frac{\Delta f_j}{f_j}\overline{y}_j + (k_{1j}r_j^2 + k_{2j}r_j^4)\overline{y}_j + p_{2j}(r_j^2 + 2\overline{y}_j^{\,2}) + 2p_{1j}\overline{x}_j\overline{y}_j + \overline{y}_j S_{yj}\end{aligned}\right\} \tag{8.4}$$

式中：$\overline{x}=x-x_0$，$\overline{y}=y-y_0$，$r^2=\overline{x}^2+\overline{y}^2$；$\theta$ 为 CCD 在焦平面上的旋转角度；S 为线阵方向上的伸缩形变；k_1、k_2 为径向畸变系数；p_1、p_2 为偏心畸变系数。

2. 基于严密成像几何模型的在轨几何标定

由式(4.8)可知星载线阵影像的严密成像模型为

$$\begin{bmatrix} X-X_{\text{GNSS}} \\ Y-Y_{\text{GNSS}} \\ Z-Z_{\text{GNSS}} \end{bmatrix} = m\boldsymbol{R}_{\text{J2000.0}}^{\text{GCS}}\boldsymbol{R}_{\text{star}}^{\text{J2000.0}}\boldsymbol{R}_{\text{body}}^{\text{star}}\left(\begin{bmatrix} D_x \\ D_y \\ D_z \end{bmatrix} + \begin{bmatrix} d_x \\ d_y \\ d_z \end{bmatrix} + \boldsymbol{R}_{\text{camera}}^{\text{body}}\begin{bmatrix} x-x_0 \\ y-y_0 \\ -f \end{bmatrix}\right)$$

上式可精确地表达星载线阵相机成像几何，但由于模型参数的相关性，不适宜作为几何标定的数学模型。

1)基于地相机安置角的几何标定

令 $b_x^{\text{b}}=D_x+d_x$，$b_y^{\text{b}}=D_y+d_y$，$b_z^{\text{b}}=D_z+d_z$，代表从传感器投影中心到 GNSS 天线相位中心的偏心矢量在卫星本体坐标系下的坐标，则有(李德仁 等，2012)

$$\begin{bmatrix} X-X_{\text{GNSS}} \\ Y-Y_{\text{GNSS}} \\ Z-Z_{\text{GNSS}} \end{bmatrix} = m\boldsymbol{R}_{\text{J2000.0}}^{\text{GCS}}\boldsymbol{R}_{\text{star}}^{\text{J2000.0}}\boldsymbol{R}_{\text{body}}^{\text{star}}\left(\begin{bmatrix} b_x \\ b_y \\ b_z \end{bmatrix}_{\text{body}} + \boldsymbol{R}_{\text{camera}}^{\text{body}}\begin{bmatrix} x-x_0 \\ y-y_0 \\ -f \end{bmatrix}\right)$$

$$\begin{bmatrix} X-X_{\text{GNSS}} \\ Y-Y_{\text{GNSS}} \\ Z-Z_{\text{GNSS}} \end{bmatrix} = m\boldsymbol{R}_{\text{J2000.0}}^{\text{GCS}}\boldsymbol{R}_{\text{star}}^{\text{J2000.0}}\boldsymbol{R}_{\text{body}}^{\text{star}}\boldsymbol{R}_{\text{camera}}^{\text{body}}\left(\boldsymbol{R}_{\text{body}}^{\text{camera}}\begin{bmatrix} b_x^{\text{b}} \\ b_y^{\text{b}} \\ b_z^{\text{b}} \end{bmatrix} + \begin{bmatrix} x-x_0 \\ y-y_0 \\ -f \end{bmatrix}\right)$$

令

$$\begin{bmatrix} b_x^{\text{c}} \\ b_y^{\text{c}} \\ b_z^{\text{c}} \end{bmatrix} = \boldsymbol{R}_{\text{body}}^{\text{camera}}\begin{bmatrix} b_x^{\text{b}} \\ b_y^{\text{b}} \\ b_z^{\text{b}} \end{bmatrix}$$

同时引入像点坐标的系统误差，有

$$\begin{bmatrix} x-x_0+\Delta x+b_x^{\text{c}} \\ y-y_0+\Delta y+b_y^{\text{c}} \\ -f+b_z^{\text{c}} \end{bmatrix} = \frac{1}{m}\boldsymbol{R}_{\text{body}}^{\text{camera}}\boldsymbol{R}_{\text{star}}^{\text{body}}\boldsymbol{R}_{\text{J2000.0}}^{\text{star}}\boldsymbol{R}_{\text{GCS}}^{\text{J2000.0}}\begin{bmatrix} X-X_{\text{GNSS}} \\ Y-Y_{\text{GNSS}} \\ Z-Z_{\text{GNSS}} \end{bmatrix}$$

令

$$\begin{bmatrix} L \\ M \\ N \end{bmatrix} = \boldsymbol{R}_{\text{star}}^{\text{body}}\boldsymbol{R}_{\text{J2000.0}}^{\text{star}}\boldsymbol{R}_{\text{GCS}}^{\text{J2000.0}}\begin{bmatrix} X-X_{\text{GNSS}} \\ Y-Y_{\text{GNSS}} \\ Z-Z_{\text{GNSS}} \end{bmatrix}$$

$$\boldsymbol{R}_{\text{body}}^{\text{camera}}(\varphi_{\text{c}},\omega_{\text{c}},k_{\text{c}}) = \begin{bmatrix} a_1 & b_1 & c_1 \\ a_2 & b_2 & c_2 \\ a_3 & b_3 & c_3 \end{bmatrix}$$

得几何标定数学模型为

$$\left.\begin{aligned} x-x_0+\Delta x+b_x&=-(f-b_z)\frac{a_1L+b_1M+c_1N}{a_3L+b_3M+c_3M}\\ y-y_0+\Delta y+by&=-(f-b_z)\frac{a_2L+b_2M+c_2N}{a_3L+b_3M+c_3N}\end{aligned}\right\} \tag{8.5}$$

进行标定时初值均选择实验室标定结果或上次在轨标定结果，采用内定向参数与相机安置矩阵的三个角方位元素迭代答解的方式，即首先假设 $\boldsymbol{R}_{\text{body}}^{\text{camera}}$ 已知，答解内参数；然后再假设内定向参数已知，答解相机安置矩阵的三个角方位元素。

2）基于偏置矩阵的几何标定

星载线阵 CCD 推扫成像中，轨道误差与姿态误差影响几何定位精度的特性不同，但是二者可依据一定的几何关系进行等效处理。如图 8.1 所示，S 表示当前时刻卫星成像的真实位置，D_X 为卫星位置偏移误差。由图中几何关系，轨道误差 D_X 可以等效成姿态角误差 $\mathrm{d}\theta$，二者对几何定位精度影响一致。另外，式(4.8)中，$(D_x,D_y,D_z)(d_x,d_y,d_z)$ 对几何定位精度的影响完全一致，可以合并成等效的相机坐标系原点偏移误差$(\Delta X,\Delta Y,\Delta Z)$，依图 8.1 原理可等效为相机安装角误差，合并成等效的 $\boldsymbol{R}_{\text{camera}}^{\text{body}}$（蒋永华 等，2013）。因而，通过引入正交旋转矩阵（偏置矩阵）$\boldsymbol{R}_{\cup}$ 补偿实际成像光线与理想成像光线的指向偏差，便可补偿姿轨测量误差及相机安装误差，即

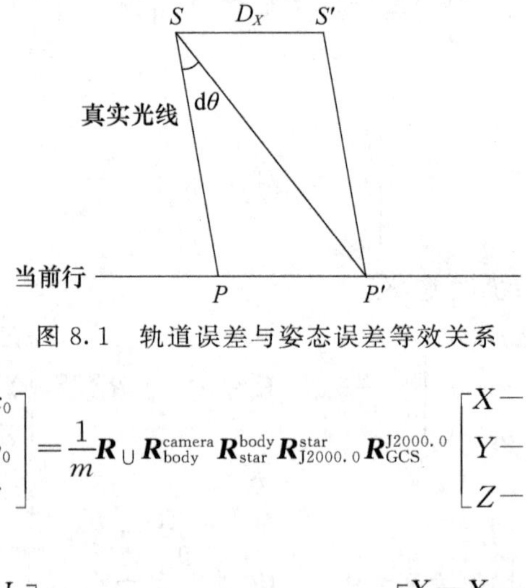

图 8.1 轨道误差与姿态误差等效关系

$$\begin{bmatrix} x-x_0\\ y-y_0\\ -f\end{bmatrix}=\frac{1}{m}\boldsymbol{R}_{\cup}\boldsymbol{R}_{\text{body}}^{\text{camera}}\boldsymbol{R}_{\text{star}}^{\text{body}}\boldsymbol{R}_{\text{J2000.0}}^{\text{star}}\boldsymbol{R}_{\text{GCS}}^{\text{J2000.0}}\begin{bmatrix} X-X_{\text{GNSS}}\\ Y-Y_{\text{GNSS}}\\ Z-Z_{\text{GNSS}}\end{bmatrix}$$

令

$$\begin{bmatrix} L\\ M\\ N\end{bmatrix}=\boldsymbol{R}_{\text{body}}^{\text{camera}}\boldsymbol{R}_{\text{star}}^{\text{body}}\boldsymbol{R}_{\text{J2000.0}}^{\text{star}}\boldsymbol{R}_{\text{GCS}}^{\text{J2000.0}}\begin{bmatrix} X-X_{\text{GNSS}}\\ Y-Y_{\text{GNSS}}\\ Z-Z_{\text{GNSS}}\end{bmatrix}$$

$$\boldsymbol{R}_{\cup}=\begin{bmatrix} a_1 & b_1 & c_1\\ a_2 & b_2 & c_2\\ a_3 & b_3 & c_3\end{bmatrix}$$

得到用于几何标定的数学模型

$$\left.\begin{aligned} x-x_0+\Delta x&=-f\frac{a_1L+b_1M+c_1N}{a_3L+b_3M+c_3M}\\ y-y_0+\Delta y&=-f\frac{a_2L+b_2M+c_2N}{a_3L+b_3M+c_3N}\end{aligned}\right\}\tag{8.6}$$

进行标定时初值均选择实验室标定结果或上次在轨标定结果，采用内参数与偏置矩阵的三个角方位元素迭代答解的方式，即首先假设 $\boldsymbol{R}_{\mathrm{U}}$ 已知（初值为单位矩阵），求解内定向参数；然后再假设内参数已知，求解偏置矩阵的三个角方位元素。

3）基于探元指向角的在轨几何标定

该方法的基本思想是不去一一区分引起定位误差的诸多因素，而将各项定向误差的综合影响归化为每个 CCD 像素的指向角。线阵相机推扫过程中，卫星轨道位置和姿态的变化，使得每个像点的视向量处于不断的变化过程中，传统的内外方位元素统一建模的方法很容易将以上外方位元素引入解算过程中，从而使内外方位元素发生耦合，不易获得精确的相机光学畸变参数。虽然每个视向量的指向都在发生变化，但是同一时刻，线阵 CCD 不同探元的指向角却没有发生变化。由于光学相机的畸变主要是以径向畸变为主，探元的指向角同时也包含了该畸变信息，因此通过地面控制点提取探元的指向角信息，则能够获得畸变模型参数，实现内外参数解算（曹金山 等，2014）。

将式(4.8)改写为探元指向角的表达式

$$\begin{bmatrix} X-X_{\mathrm{GNSS}}\\ Y-Y_{\mathrm{GNSS}}\\ Z-Z_{\mathrm{GNSS}}\end{bmatrix}=m\boldsymbol{R}_{\mathrm{J2000.0}}^{\mathrm{GCS}}\boldsymbol{R}_{\mathrm{star}}^{\mathrm{J2000.0}}\boldsymbol{R}_{\mathrm{body}}^{\mathrm{star}}\left(\begin{bmatrix} D_x\\ D_y\\ D_z\end{bmatrix}+\begin{bmatrix} d_x\\ d_y\\ d_z\end{bmatrix}+\boldsymbol{R}_{\mathrm{camera}}^{\mathrm{body}}\begin{bmatrix}\tan\psi_Y\\ \tan\psi_X\\ -1\end{bmatrix}f\right)\tag{8.7}$$

式中，(ψ_Y,ψ_X) 为地面点 P 所对应的 CCD 探元在地相机坐标系下的指向角。令

$$\begin{bmatrix}\overline{x}\\ \overline{y}\\ \overline{z}\end{bmatrix}=\boldsymbol{R}_{\mathrm{body}}^{\mathrm{star}}\left(\begin{bmatrix} D_x\\ D_y\\ D_z\end{bmatrix}+\begin{bmatrix} d_x\\ d_y\\ d_z\end{bmatrix}+\boldsymbol{R}_{\mathrm{camera}}^{\mathrm{body}}\begin{bmatrix}\tan\psi_Y\\ \tan\psi_X\\ -1\end{bmatrix}f\right)\tag{8.8}$$

式中，$[\overline{x}\quad\overline{y}\quad\overline{z}]^{\mathrm{T}}$ 为线阵 CCD 各探元在星相机坐标系下的坐标。进一步令

$$\tan\psi'_Y=-\frac{\overline{x}}{\overline{z}}$$

$$\tan\psi'_X=-\frac{\overline{y}}{\overline{z}}$$

式中，(ψ'_Y,ψ'_X) 为线阵 CCD 各探元在星相机坐标系下的指向角。将式(8.8)中的三个方程式均除以 $-\overline{z}$，得

$$\begin{bmatrix}\tan\psi'_Y\\ \tan\psi'_X\\ -1\end{bmatrix}=-\frac{1}{\overline{z}}\boldsymbol{R}_{\mathrm{body}}^{\mathrm{star}}\left(\begin{bmatrix} D_x\\ D_y\\ D_z\end{bmatrix}+\begin{bmatrix} d_x\\ d_y\\ d_z\end{bmatrix}+\boldsymbol{R}_{\mathrm{camera}}^{\mathrm{body}}\begin{bmatrix}\tan\psi_Y\\ \tan\psi_X\\ -1\end{bmatrix}f\right)\tag{8.9}$$

由式(8.9)可知,(ψ'_Y,ψ'_X)可以同时描述外标定参数$(D_x,D_y,D_z)(d_x,d_y,d_z)$、$\boldsymbol{R}_{\text{star}}^{\text{body}}$、$\boldsymbol{R}_{\text{camera}}^{\text{body}}$及内标定参数$(\psi_Y,\psi_X)$、$f$对线阵影像目标定位精度的综合影响。

将式(8.9)代入式(8.7)有

$$\begin{bmatrix} X-X_{\text{GNSS}} \\ Y-Y_{\text{GNSS}} \\ Z-Z_{\text{GNSS}} \end{bmatrix}=\lambda\boldsymbol{R}_{\text{J2000.0}}^{\text{GCS}}\boldsymbol{R}_{\text{star}}^{\text{J2000.0}}\begin{bmatrix} \tan\psi'_Y \\ \tan\psi'_X \\ -1 \end{bmatrix} \tag{8.10}$$

式中,$\lambda=-m\bar{z}$,即

$$\begin{bmatrix} \tan\psi'_Y \\ \tan\psi'_X \\ -1 \end{bmatrix}=\frac{1}{\lambda}\boldsymbol{R}_{\text{J2000.0}}^{\text{star}}\boldsymbol{R}_{\text{GCS}}^{\text{J2000.0}}\begin{bmatrix} X-X_{\text{GNSS}} \\ Y-Y_{\text{GNSS}} \\ Z-Z_{\text{GNSS}} \end{bmatrix} \tag{8.11}$$

式(8.11)即为探元指向角法在轨几何标定的严密数学模型。正视相机、前后视相机拼接后的CCD线阵分别包含有成千上万个探元,如果直接利用式(8.11)求解每个探元的指向角,则需要在影像每列方向上至少布设一个地面控制点,这势必要有大量的地面控制点,实际应用中难以操作。为此可以用三次多项式来描述各CCD探元的指向角,即

$$\left.\begin{aligned} \psi'_Y &= a_0+a_1S+a_2S^2+a_3S^3 \\ \psi'_X &= b_0+b_1S+b_2S^2+b_3S^3 \end{aligned}\right\} \tag{8.12}$$

式中:a_i、$b_i$$(i=0,1,2,3)$为多项式系数;$S$为CCD探元编号。

由此可见,探元指向角法在轨几何标定只需求解出式(8.12)中的8个多项式系数,而无须分别求解内、外标定参数。因此,当影像覆盖范围内有4个以上地面控制点时,便可采用最小二乘平差原理求解。对各CCD探元指向角进行在轨几何标定时,理论上要求地面控制点对应的CCD探元在CCD线阵上均匀分布,即地面控制点应覆盖整个影像幅宽方向,且在影像幅宽方向上均匀分布。具体流程如下:

(1)根据各地面控制点,由式(8.11)的第三式求出比例因子λ。

(2)根据式(8.11)的第一、二式求解出控制点对应的CCD探元在星相机坐标系下的指向角(ψ'_Y,ψ'_X)。

(3)根据式(8.12)建立误差方程,然后法化答解即可得到8个多项式系数,即

$$\boldsymbol{AX}-\boldsymbol{L}=\boldsymbol{V}$$

式中:$\boldsymbol{A}=\begin{bmatrix} 1 & S & S^2 & S^3 & 0 & 0 & 0 & 0 \\ 0 & 0 & 0 & 0 & 1 & S & S^2 & S^3 \end{bmatrix}$;$\boldsymbol{L}=\begin{bmatrix} \psi'_Y \\ \psi'_X \end{bmatrix}$;$\boldsymbol{V}=\begin{bmatrix} \nu_{\psi'_Y} \\ \nu_{\psi'_X} \end{bmatrix}$;$\boldsymbol{X}=[a_0\quad a_1\quad a_2\quad a_3\quad b_0\quad b_1\quad b_2\quad b_3]^{\mathrm{T}}$。

(4)根据式(8.12)求解每个CCD探元在星相机坐标系下的指向角。

上述方法建立的误差方程为线性方程,无须迭代求解,也无须初始值。

3. 基于EFP光束法平差的相机重组

天绘一号卫星相机参数在轨标定中,利用线面阵混合CCD(line-matrix CCD,

LMCCD)影像的成像特点,以三线阵立体影像为基础,以小面阵影像为框架,采用等效框幅式影像构网的思想,建立了 LMCCD 影像进行 EFP 光束法平差模型,将变化了的 3 个相机重组为等效框幅相机,采用框幅影像的数学模型,按空中三角测量反解原理进行重组,实现对摄影测量参数高精度的在轨标定。标定参数包括 3 个主点坐标、3 个相机主距及星地相机 3 个角元素转换参数的附加改正值(简称星地相机夹角改正数),共 12 个参数,其中只有 11 个独立待解参数。

基于 LMCCD 影像的 EFP 光束法平差数学模型仍采用后方交会与前方交会交替迭代的方式。

1)前方交会

在两条短基线范围内,根据 EFP 时刻建立一系列等效框幅像片,第 i 片的第 j 个地面点的前方交会改正数方程为

$$\begin{bmatrix} v_{x_{ij}} \\ v_{y_{ij}} \end{bmatrix} = \boldsymbol{B}_{ij}\boldsymbol{\delta}_j - \begin{bmatrix} l_{x_{ij}} \\ l_{y_{ij}} \end{bmatrix} \qquad (i=0,\cdots,n)$$

式中:$v_{x_{ij}}$、$v_{y_{ij}}$ 为像点坐标余差;$\boldsymbol{\delta}_j = [\delta X_j \quad \delta Y_j \quad \delta Z_j]^{\mathrm{T}}$ 为点 j 的地面坐标改正数;$\boldsymbol{B}_{ij} = \begin{bmatrix} -a_{111} & -a_{112} & -a_{113} \\ -a_{221} & -a_{222} & -a_{223} \end{bmatrix}_{ij}$ 为其系数矩阵;$l_{x_{ij}} = x_{ij} - \dot{x}_{ij}$,$l_{y_{ij}} = y_{ij} - \dot{y}_{ij}$,$\dot{x}_{ij}$、$\dot{y}_{ij}$ 为利用外方位元素初值或迭代中间值代入共线条件方程式后的计算值。

2)后方交会

后方交会中,第 i 片、第 j 个像点的改正数方程为

$$\begin{bmatrix} v_{x_{ij}} \\ v_{y_{ij}} \end{bmatrix} = \boldsymbol{A}_{ij}\boldsymbol{\delta}_i - \begin{bmatrix} l_{x_{ij}} \\ l_{y_{ij}} \end{bmatrix} \qquad (i=0,\cdots,n)$$

式中:$v_{x_{ij}}$、$v_{y_{ij}}$ 为像点坐标余差;$\boldsymbol{A}_{ij}$ 为系数矩阵;n 为航线中 EFP 的像片数;$l_{x_{ij}} = x_{ij} - \mathring{x}_{ij}$,$l_{y_{ij}} = y_{ij} - \mathring{y}_{ij}$,$\mathring{x}_{ij}$、$\mathring{y}_{ij}$ 为外方位元素初始值或迭代逼近值代入共线条件方程式中的计算值;X_j 为外方位元素及内方位元素等参数的改正数,即

$$\boldsymbol{X}_j = [\Delta X_{s_i} \quad \Delta Y_{s_i} \quad \Delta Z_{s_i} \quad \Delta\varphi_i \quad \Delta\omega_i \quad \Delta\kappa_i \quad \Delta f_l \quad \Delta f_v \quad \Delta f_r \quad \Delta x_l \quad \Delta x_v \quad \Delta x_r \quad \Delta y_l \quad \Delta y_v \quad \Delta y_r \quad \Delta\varphi_c \quad \Delta\omega_c \quad \Delta\kappa_c]^{\mathrm{T}}$$

式中:ΔX_{s_i}、ΔY_{s_i}、ΔZ_{s_i}、$\Delta\varphi_i$、$\Delta\omega_i$、$\Delta\kappa_i$ 为外方位元素改正值;Δf_l、Δf_v、Δf_r、Δx_l、Δx_v、Δx_r、Δy_l、Δy_v、Δy_r 为前、正及后视相机内方位元素改正值;$\Delta\varphi_c$、$\Delta\omega_c$、$\Delta\kappa_c$ 为星地相机夹角改正值。

3)外方位元素平滑条件

卫星飞行平稳,姿态变化率较小,对于一定区间内外方位角元素变化不高于二次线性,可以设定二阶差分等零的条件

$$\boldsymbol{V}_k = \boldsymbol{\delta}_{k+1} - 2\boldsymbol{\delta}_k + \boldsymbol{\delta}_{k-1} - \boldsymbol{l}_k \qquad (k=1,\cdots,n-1)$$

式中：$\boldsymbol{V}_k=[V_{\varphi_k} \quad V_{\omega_k} \quad V_{\kappa_k}]^{\mathrm{T}}$；$\boldsymbol{\delta}_k=[\Delta\varphi_k \quad \Delta\omega_k \quad \Delta\kappa_k]^{\mathrm{T}}$；$\boldsymbol{l}_k=\mathring{\boldsymbol{P}}_{k+1}-2\mathring{\boldsymbol{P}}_k+\mathring{\boldsymbol{P}}_{k-1}$，$\mathring{\boldsymbol{P}}_i$为EO平差值。

卫星摄影状况下，摄站坐标在一定区间内高于二次线性，故应设置三阶差分等于零的条件

$$\boldsymbol{V}_k=\boldsymbol{\delta}_{k+2}-3\boldsymbol{\delta}_{k+1}+3\boldsymbol{\delta}_k-\boldsymbol{\delta}_{k-1}-\boldsymbol{l}_k \qquad (k=2,\cdots,n-1)$$

式中：$\boldsymbol{V}_k=[V_{X_{s_k}} \quad V_{Y_{s_k}} \quad V_{Z_{s_k}}]^{\mathrm{T}}$；$\boldsymbol{\delta}_k=[\Delta X_{s_k} \quad \Delta Y_{s_k} \quad \Delta Z_{s_k}]^{\mathrm{T}}$；$\boldsymbol{l}_k=\mathring{\boldsymbol{P}}_{k+2}-3\boldsymbol{P}_{k+1}+3\mathring{\boldsymbol{P}}_k-\mathring{\boldsymbol{P}}_{k-1}$。

4)外方位元素改正数方程

$$\boldsymbol{V}_i=\boldsymbol{\delta}_i-\boldsymbol{l}_i \qquad (i=0,\cdots,n)$$

式中：$\boldsymbol{\delta}_i=[\Delta X_{s_i} \quad \Delta Y_{s_i} \quad \Delta Z_{s_i} \quad \Delta\varphi_i \quad \Delta\omega_i \quad \Delta\kappa_i]^{\mathrm{T}}$；$\boldsymbol{l}_i=\boldsymbol{P}_i-\mathring{\boldsymbol{P}}_i$，$\boldsymbol{P}_i$ 为外方位元素观测值，$\mathring{\boldsymbol{P}}_i$为外方位元素平差值。

5)正视相机内方位元素虚拟改正数方程

在后方交会中待解参数为 12 个，在相机参数重组中，以正视相机为基准，因此，应增加 δx_v 的虚拟改正数方程，并赋予较大的权值。

$$\boldsymbol{V}_{x_v}=\delta\boldsymbol{x}_v$$

基于 EFP 光束法平差的相机参数在轨标定，是将变化了的三个相机重组为等效框幅相机，采用框幅影像的数学模型，按解析空中三角测量原理对所有未知参数整体解算，实现对摄影测量参数高精度的在轨标定。该方法性能稳定、适应性强，且无须在国外设立标定场，仅基于国内单个标定场的相机在轨标定参数，便满足了全球测图的需求。

参考文献

柏林，2001. 三轴稳定卫星姿态确定和姿态控制系统研究[D]. 西安：西北工业大学.

曹金山，袁修孝，龚健雅，等，2014. 资源三号卫星成像在轨几何定标的探元指向角法[J]. 测绘学报，43(10)：1039-1045.

巩丹超，2000. 高分辨率卫星遥感立体影像处理模型与算法[D]. 郑州：信息工程大学.

龚辉，2011. 基于四元数的高分辨率卫星遥感影像定位理论与方法研究[D]. 郑州：信息工程大学.

谷德峰，涂先勤，易东云，2008. 利用 SLR 数据校准 GPS 精密定轨系统误差[J]. 国防科技大学学报(6)：14-18.

韩保民，2003. 基于星载 GPS 的低轨卫星几何法定轨理论研究[D]. 武汉：中国科学院测量与地球物理研究所.

何钰，2006. 基于月面 CCD 影像和激光测高数据的月球形貌测绘技术研究[D]. 郑州：信息工程大学.

洪晓瑜，2007. VLBI 技术的发展和"嫦娥工程"中的应用[J]. 自然杂志(5)：297-299.

胡莘，曹喜滨，2006. 三线阵测绘卫星的偏流角改正问题[J]. 测绘科学技术学报(5)：321-324.

黄谟涛，翟国君，管铮，等，1998. 空间直角坐标和大地坐标的转换[J]. 解放军测绘学院学报(3)：164-168.

贾辉，2010. 高精度星敏感器星点提取与星图识别研究[D]. 长沙：国防科学技术大学.

江振治，2009. 基于恒星相机的卫星像片姿态测定方法研究[D]. 西安：长安大学.

蒋永华，张过，唐新明，等，2013. 资源三号测绘卫星三线阵影像高精度几何检校[J]. 测绘学报(4)：523-529.

雷蓉，2011. 星载线阵传感器在轨几何标定的理论与算法研究[D]. 郑州：信息工程大学.

李德仁，王密，2012."资源三号"卫星在轨几何定标及精度评估[J]. 航天返回与遥感，33(3)：1-6.

李济生，1995. 人造卫星精密轨道确定[M]. 北京：解放军出版社.

李征航，魏二虎，王正涛，等，2010. 空间大地测量学[M]. 武汉：武汉大学出版社.

刘朝山，刘光斌，王新国，等，2010. 弹载星敏感器原理及系统应用[M]. 北京：国防工业出版社.

刘红新，2006. CHAMP 卫星定轨方法研究[D]. 上海：同济大学博士学位论文.

刘军，2003. 高分辨率卫星 CCD 立体影像定位技术研究[D]. 郑州：信息工程大学.

刘军，2007. GPS/IMU 辅助机载线阵 CCD 影像定位技术研究[D]. 郑州：信息工程大学.

刘军，王冬红，刘敬贤，等，2006. 利用 RPC 模型进行 IKONOS 影像的精确定位[J]. 测绘科学技术学报(3)：228-231.

刘俊宏，2011. DORIS 系统卫星定轨方法研究[D]. 长沙：国防科学技术大学.

马高峰，马国强，张捍卫，等，2011. 岁差章动量的关系与坐标转换方法[J]. 测绘科学技术学报，

28(1):5-9.

马雪,2008. 基于 GPS 的卫星精密定轨方法研究[D]. 哈尔滨:哈尔滨工业大学.

钱曾波,刘静宇,肖国超,1992. 航天摄影测量[M]. 北京:解放军出版社.

唐新明,谢俊峰,张过,2012. 测绘卫星技术总体发展和现状[J]. 航天返回与遥感,33(2):17-24.

王建荣,王任享,胡莘,等,2013. 利用激光测距数据处理线阵卫星摄影测量影像[J]. 测绘科学,38(2):15-16.

王军武,2002. 基于 GPS 的微小卫星定姿及定轨研究[D]. 西安:西北工业大学.

王任享,2006. 三线阵 CCD 影像卫星摄影测量原理[M]. 北京:测绘出版社.

王任享,2014. 中国无地面控制点摄影测量卫星追述(二)——1:1 万传输型摄影测量卫星技术思考[J]. 航天返回与遥感,35(2):1-5.

王任享,胡莘,2004. 无地面控制点卫星摄影测量难点[J]. 测绘科学,29(3):3-5.

王任享,王建荣,2014. 二线阵 CCD 卫星影像联合激光测距数据光束法平差技术[J]. 测绘科学技术学报,31(1):1-4.

王涛,2012. 线阵 CCD 传感器实验场几何定标的理论与方法研究[D]. 郑州:信息工程大学.

王晓慧,彭海龙,林明森,等,2014. HY-2 卫星激光观测精密定轨技术[J]. 中国工程科学(6):90-96.

王忠立,刘佳音,贾云得,2003. 基于 CCD 与 CMOS 的影像传感技术[J]. 光学技术(3):361-364.

吴国栋,韩冰,何煦,2007. 精密测角法的线阵 CCD 相机几何参数实验室标定方法[J]. 光学精密工程,15(10):1628-1631.

吴志华,2011. 基于星敏感器/陀螺组合定姿系统研究[D]. 哈尔滨:哈尔滨工业大学.

肖业伦,1995. 航天器飞行动力学原理[M]. 北京:宇航出版社.

刑帅,2008. 多源遥感影像联合定位技术研究[D]. 郑州:信息工程大学.

薛旭成,石俊霞,吕恒毅,等,2011. 空间遥感相机 TDI CCD 积分级数和增益的优化设置[J]. 光学精密工程(4):857-863.

杨嘉墀,范剑锋,2009. 航天器轨道动力学与控制[M]. 北京:中国宇航出版社.

袁修孝,曹金山,等,2012. 高分辨率卫星遥感精确对地目标定位理论与方法[M]. 北京:科学出版社.

岳春宇,郑永超,陶宇亮,2013. 星载激光测高仪辅助卫星摄影测量浅析[J]. 航天返回与遥感,34(4):71-75.

张广军,2011. 星图识别[M]. 北京:国防工业出版社.

张过,袁修孝,李德仁,2007. 基于偏置矩阵的卫星遥感影像系统误差补偿[J]. 辽宁工程技术大学学报,26(4):517-519.

张剑清,张勇,程莹,2005. 基于新模型的高分辨率遥感影像光束法区域网平差[J]. 武汉大学学报(信息科学版),30(8):659-663.

张剑清,张祖勋,2002. 高分辨率遥感影像基于仿射变换的严格几何模型[J]. 武汉大学学报(信息科学版),27(6):555-559.

张永生，巩丹超，等，2004. 高分辨率遥感卫星应用：成像模型、处理算法及应用技术[M]. 北京：科学出版社.

张永生，王仁礼，1995. 遥感动态监测[M]. 北京：解放军出版社.

郑作亚，卢秀山，2007. 星载 GPS 精密定轨进展及其数学模型[J]. 大地测量与地球动力学，27(1)：112-118.

BALTSAVIAS E，KOCAMAN S，WOLFF K，2008. Analysis of Cartosat-1 images regarding image quality，3D point measurement and DSM generation[J]. The Photogrammetric Record，23(123)：305-322.

BROVELLI M A，CRESPI M，FRATARCANGELI F，et al.，2008. Accuracy assessment of high resolution satellite imagery orientation by leave-one-out method[J]. ISPRS Journal of Photogrammetry and Remote Sensing，63(4)：427-440.

DONGWOOK K，TAEJUNG K，2008. Modeling of absolute orientation of adjacent satellite image strips using a few ground control points[C]//The International Archives of the Photogrammetry，Remote Sensing and Spatial Information Sciences，XXXVII，Part B1. Beijing：[s. n.]：909-912.

DOWMAN I，MICHALIS P，2003. Generic rigorous model for along track stereo satellite sensors[C]//Proceedings of ISPRS Workshop on High Resolution Mapping from Space. Hanover：[s. n.].

EBNER H，MULLER F，ZHANG S，1989. Studies of object reconstruction from space using three-line scanner imagery [J]. ISPRS Journal of Photogrammetry and Remote Sensing，44(4)：225-233.

FRASER C S，HANLEY H B，2003. Bias compensation in rational functions for IKONOS satellite imagery[J]. Photogrammetric Engineering and Remote Sensing，69(1)：53-57.

FRASER C S，HANLEY H B，YAMAKAWA T，2002. Three dimensional geopositioning accuracy of IKONOS imagery[J]. The Photogrammetric Record，17(99)：465-479.

GONCALVES J A，2008. Orientation and DEM extraction from ALOS PRISM images using the SRTM DEM as ground control[C]//The International Archives of the Photogrammetry，Remote Sensing and Spatial Information Sciences，XXXVII，Part B1. Beijing：[s. n.]：1177-1182.

JACOBSEN K，2008. Satellite image orientation [C]//The International Archives of the Photogrammetry，Remote Sensing and Spatial Information Sciences，XXXVII，Part B1. Beijing：[s. n.]：703-709.

JEONG I，BETHEL J，2008. Trajectory modeling for satellite image triangulation[C]// The International Archives of the Photogrammetry，Remote Sensing and Spatial Information Sciences，XXXVII，Part B1. Beijing：[s. n.]：901-908.

JUNG H S，KIM S W，WON J S，et al.，2007. Line of sight (LOS) vector adjustment model for geopositioning of SPOT-5 stereo images [J]. Photogrammetric Engineering and Remote Sensing，73 (11)：1267-1276.

JUNG H S，WON J S，2008. Formulation of distortion error for the line of sight (LOS) vector adjustment model and its role in restitution of SPOT imagery [J]. ISPRS Journal of Photogrammetry and Remote Sensing，63(6)：610-620.

KOCAMAN S A，2008. Sensor modeling and validation for linear array aerial and satellite imagery[D]. Zurich：Swiss Federal Institute of Technology Zurich.

KOCAMAN S A，GRUEN A，2008. Orientation and self calibration of ALOS PRISM imagery [J]. The Photogrammetric Record，23(123)：323-340.

KRATKY V，1989. Rigorous photogrammetric processing of SPOT images at CCM Canada[J]. ISPRS Journal of Photogrammetry and Remote Sensing，44(2)：53-71.

LI A K Y，BATCHVAROVA T，2008. Topographic mapping and terrain modeling from multi-sensor satellite imagery [C]//The International Archives of the Photogrammetry，Remote Sensing and Spatial Information Sciences，XXXVII，Part B1. Beijing：[s. n.]：809-814.

MADANI M，1999. Real time sensor-independent positioning by rational functions [C]// Proceedings of ISPRS Workshop on Direct versus Indirect Methods of Sensor Orientation. Barcelona：[s. n.]：64-75.

NAGASUBRAMANIAN V，RADHADEVI P V，RAMACHANDRAN R，et al.，2008. 3D reconstruction with rational function model [J]. Journal of the Indian Society of Remote Sensing，36(1)：27-35.

OKAMOTO A，1988. Orientation theory for satellite CCD line scanner images[J]. International Archives of Photogrammetry and Remote Sensing，27(B3)：609-617.

OKAMOTO A，FRASER C，HATTORL S，et al.，1998. An alternative approach to the triangulation of SPOT imagery [J]. International Archives of Photogrammetry and Remote Sensing，32(4)：457-462.

OKAMOTO A，ONO T，1999. The geometric characteristics of six alternative triangulation models for satellite imagery[C]//Proceedings of ASPRS-RTI 1999 Annual Conference. Oregon：[s. n.]：64-72.

ONO T，HATTORI S，HASEGAWA H，et al.，2000. Digital mapping using high resolution satellite imagery based on 2D affine projection model[J]. International Archives of Photogrammetry and Remote Sensing，33(B3/2，Part 3)：672-677.

PADGETT C，KREUTZ-DELGADO K，1997. A grid algorithm for autonomous star identification[J]. IEEE Transactions on Aerospace and Electronic Systems，33(1)：202-213.

POLI D，2005. Modeling of spaceborne linear array sensors[M]. Zurich：Institute of Geodesy and Photogrammetry，Swiss Federal Institute of Technology，ETH.

PUATANACHOKCHAI C，MIKHAIL E M，2008. Adjustability and error propagation for true replacement sensor models[J]. ISPRS Journal of Photogrammetry and Remote Sensing，63 (3)：352-364.

RADHADEVI P V，RAMACHDRAN R，1998. Restitution of IRS-1C PAN data using an orbit attitude model and minimum control [J]. ISPRS Journal of Photogrammetry and Remote

Sensing, 53(5):262-271.

RADHADEVI P V, SOLANKI S S, 2008. In-flight geometric calibration of different cameras of IRS-P6 using a physical sensor model[J]. The Photogrammetric Record, 23(121):69-89.

SAMADZADEGAN F, RAMZI P, ABOOTALEBI A, 2008. Capability assessment of high resolution satellite imagery for 3D reconstruction using RPC parameters[C]//The International Archives of the Photogrammetry, Remote Sensing and Spatial Information Sciences, XXXVII, Part B1. Beijing:[s. n.]:889-894.

SCHNEIDER M, LEHNER M, MÜLLER R, et al., 2008. Stereo evaluation of ALOS/PRISM data on ESAAO test sites first DLR results[C]//The International Archives of the Photogrammetry, Remote Sensing and Spatial Information Sciences, XXXVII, Part B1. Beijing:[s. n.]:723-729.

SHAKER A, 2008. Satellite sensor modeling and 3D geo-positioning using empirical models[J]. International Journal of Applied Earth Observation and Geo-information, 10(3):282-295.

TAO C V, HU Y, 2000a. Image rectification using a generic sensor model: rational function model[J]. International Archives of Photogrammetry and Remote Sensing, XIX(B4):874-881.

TAO C V, HU Y, 2000b. Investigation on the rational function model[C]// Proceedings of the ASPRS Annual Convention. Washington D C:[s. n.]:359-366.

TAO C V, HU Y, 2001a. 3D reconstruction algorithm based on the rational function model and their application for IKONOS stereo imagery[C]// Proceedings of ISPRS Workshop on High Resolution Mapping from Space. Hanover:[s. n.].

TAO C V, HU Y, 2001b. A comprehensive study of the rational function model for photogrammetry processing[J]. Photogrammetric Engineering and Remote Sensing. 67(12): 1347-1357.

TOPAN H, KUTOGLU H S, 2009. Georeferencing accuracy assessment of high resolution satellite images using figure condition method[J]. IEEE Transactions on Geoscience and Remote Sensing, 47(4):1256-261.

TOUTIN T, 2006. Generation of DSMs from SPOT-5 in-track HRS and across-track HRG stereo data using spatiotriangulation and autocalibration[J]. ISPRS Journal of Photogrammetry and Remote Sensing, 60(3):178-181.

WESER T, ROTTENSTEINER F, WILLNEFF J, et al., 2008a. An improved pushbroom scanner model for precise georeferencing of ALOS PRISM imagery[C]//The International Archives of the Photogrammetry, Remote Sensing and Spatial Information Sciences, XXXVII, Part B1. Beijing:[s. n.]:723-730.

WESER T, ROTTENSTEINER F, WILLNEFF J, et al., 2008b. Development and testing of a generic sensor model for pushbroom satellite imagery[J]. The Photogrammetric Record, 23 (123):255-274.

WESTIN T, 1990. Precision rectification of SPOT imagery[J]. Photogrammetric Engineering and

Remote Sensing,56(2):247-253.

WILLNEFF J, WESER T, 2008. Precise Georeference of Cartosat Imagery via Different Orientation Models[C]. The International Archives of the Photogrammetry, Remote Sensing and Spatial Information Sciences, XXXVII, Part B1. Beijing:[s. n.]:1287-1293.

YANG X, 2000. Accuracy of rational function approximation in photogrammetry [C]// Proceedings of the ASPRS Annual Convention. Washington D C:[s. n.]:146-156.